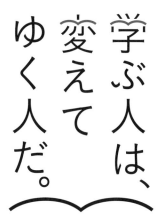

学ぶ人は、
変えて
ゆく人だ。

目の前にある問題はもちろん、

社会

挑み続ける

「学び」で、

少しずつ世界は変えてゆける。

いつでも、どこでも、誰でも、

学ぶことができる世の中へ。

旺文社

大学受験 Do Series

五訂版

漆原の
物理 物理基礎・物理
最強の99題

漆原 晃 著

旺文社

　よく，生徒から「基本問題なら解けるのですが，模擬試験などで少しひねった応用問題が出題されると，とたんに手が出なくなるんです。」という相談を受けます。おそらく，その生徒の頭には，物理の1つ1つの公式がバラバラになって入っているのでしょう。それではまだ，応用問題を解けるようにはなりません。

　実は，物理の公式というのは，互いに密接に関連し合っていて，問題を解く時には，ある決まった手順でそれぞれの公式が使われていくのです。その手順のことを，私は『解法体系』と呼んでいます。この『解法体系』は物理全体を見渡しても，たった26個ほどしかありません。究極的に言えば，入試当日までにこの26の『解法体系』を自分のものにすれば，合格点が取れるのです。

　本書の目標は，26のセクションを通して，この26の『解法体系』を無理なく効果的にマスターすることです。

　各セクションには，充分に応用力が身につくように，典型的問題のみにとどまらないバラエティ溢れる問題を取り上げました。そして解説には，これらさまざまな切り口をもった問題が，どれも同じ『解法体系』で解けてしまうことを明快に示しました。本書をしっかりと学習すれば，「試験本番で初見の問題が出題されても，同じように解けるぞ！」と自信がつくはずです。

　また本書では，全ての問題を毎回初めから丁寧に説明することを心がけています。例えば，力学であれば力の書き込みも座標の設定も全くない状態，電気回路なら何も書き込まれていない"まっさらな"回路が与えられた時，はじめの一歩で何をどう考え，どのような手順で手を動かして作図をしていくのかまで，具体的に示しています。これにより，応用問題集であってもスムーズに自学自習が進むようになっています。

　皆さんが本書の学習を通して，物理の応用力をおおいに伸ばし，志望校合格の夢を叶えることを切に願っています。

漆原晃

本書の特長と使い方

　本書は入試問題を徹底的に分析し，物理基礎・物理の全分野を26のセクションに分け，各セクションごとに実際の入試問題から厳選した例題を解きながら，実戦的な解法である『漆原の解法』が自然に学べるように構成されています。

　さらに，セクション末には入試問題から厳選した重要問題全99題を掲載し，例題で学んだ解法を，確実に身につけられるようになっています。

　重要問題は入試標準〜応用レベルのものを中心とし，典型的な問題のみならず，総合的な問題やいわゆる「難問」，受験生の多くが「苦手」とする問題まで扱いました。

　重要問題の解説にも，試験で知らないと大損する，新たな考え方やコツ，テクニックが満載されています。これほど懇切丁寧に解説を施した応用問題集はまずない，というくらいに詳しい解説になっています。本書をマスターすれば，さまざまな応用問題にも対応できる実力が充分に身につき，きっと『漆原の解法』のパワーを実感してもらえることでしょう。

- -

| まずは **漆原の解法** を理解しよう | 問題解法の切り札です。どんな問題でも同じように解ける「一般的解法体系」です。例題は，この解法に沿って解いていきます。 |
| この問題で ✔ **解法Check!** | 実際の入試問題から厳選した例題です。例題を通して，『漆原の解法』の手順，考え方，具体的な手の動かし方(図の描き方など)を学んでいきます。 |

 必要な知識と重要事項を明快に解説してあります。

 『漆原の解法』の使い方と問題の解き方を丁寧に解説してあります。分かりやすい語り口調で解説してあるので，最前列で授業を受けているような臨場感を味わいながら学習できるでしょう。

| 入試問題を **漆原の解法** で解こう | 厳選した入試問題を取り上げ，次の4つに分けました。なお，より実力と解法が身につくように，問題は適宜改題してあります。 |

　　無印　標準的な重要問題

まず何よりも先に取り組んでほしい重要中の重要の超頻出問題。

 知らないと大損するテクニックを含む問題や，総合的な実力をつけることができるお得な問題。

 学校の授業ではあまり扱わないが，入試ではよく出る問題です。つまり，一度解いたか解かないかが影響する，まさに，「一度はやっとく！」べき問題です。

「解答と解説」編について

　重要問題の解答と詳しい解説は，使いやすい別冊になっています。解説には随所に試験で知らないと大損する考え方やコツ，テクニックが掲載されています。

 まさに重要なテクニックで，これを知らないと大損するというポイント。

 得られた答に対して，その物理的なイメージが充分に納得できるように解説しました。

 式変形のコツなど，ちょっとした工夫で，よりスムーズに解答を進めるためのポイント。

 知っておくと便利な関連知識です。

 覚えてしまえば，即，点数に結びつく公式的なポイント。

 特別にまとめておきたい重要な事柄や解法です。

　本書は，『大学受験 Do シリーズ　漆原の物理　明快解法講座』の姉妹書です。もしも本書を使ってみて，「この物理用語の意味はなんだろう」とか，「この解法の背景をもっと詳しく知りたい」と思った方には，ぜひ，『明快解法講座』を読んでほしいと思います。『明快解法講座』の該当する章を読めば，より理解が深まるでしょう。

目次

等加速度運動

まずは 漆原の解法 を理解しよう

■ 運動方程式の立て方❸ステップ

S T E P 1 加速度ベクトルを書く。

S T E P 2 加速度方向に x 軸，それと垂直に y 軸を立て，力を分解する。

S T E P 3 x 方向には運動方程式，y 方向には力のつりあいの式を立てる。

■ 等加速度運動の「3点セット」と公式

x 軸をしっかり立て（原点，正の向きをチェック），その上で初期位置，初速度，加速度の「3点セット」を求める。

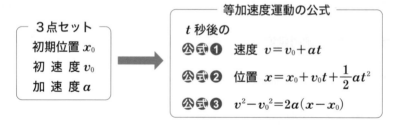

3点セット
初期位置 x_0
初 速 度 v_0
加 速 度 a

等加速度運動の公式
t 秒後の
公式❶ 速度 $v = v_0 + at$
公式❷ 位置 $x = x_0 + v_0 t + \dfrac{1}{2} at^2$
公式❸ $v^2 - v_0^2 = 2a(x - x_0)$

公式❶〜**公式❸**のどの式を用いるかは，何と何の関係を問われているかによって3択する。

t と v の関係を問う　⟶　**公式❶**
t と x の関係を問う　⟶　**公式❷**
v と x の関係を問う　⟶　**公式❸**

特に放物運動のときは，x–y 軸を立て，x，y 方向別々に分けて考える。

例題

長さ l, 傾斜面角 θ のなめらかな斜面 AB の頂点 A より, 質量 m の物体をすべらせる。ただし, 空気の抵抗は無視できるものとし, 重力加速度の大きさを g とする。

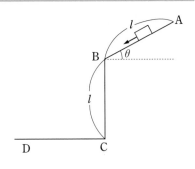

(1) 物体がすべり始めてから, AB をすべりきるのに要する時間 t_1 を g, l, θ を使って表せ。

(2) 物体が点 B を通過するときの速さ v_1 を求めよ。

(3) 斜面の下端 B より下に高さ l だけ下がった所に, 水平な地面 CD がある。物体は点 B で空間に投げ出されて, 点 D に落下するものとする。$\theta = 30°$ のときの CD の距離を l を使って答えよ。〈千葉大〉

 入る前に 解法の流れはワンパターンである。

$$\left(\begin{array}{c}\text{力の}\\\text{書き込み}\end{array}\right) \longrightarrow \left(\begin{array}{c}\text{運動方程式を立て}\\\text{加速度を出す}\end{array}\right) \longrightarrow \left(\begin{array}{c}\text{等加速度運動}\\\text{の公式}\end{array}\right)$$

力学の基本となる解法の流れなので, しっかりとマスターしてほしい。

解説

(1) 斜面上で, 物体は一定の大きさの力を受けるので, 等加速度運動をする。

まず, 斜面平行下向きの加速度 a を, 次の**運動方程式の立て方3ステップ**で求めよう (ただし, すでに**力の書き込み** (⇒ p.14 参照) は終っているものとする)。

STEP 1 加速度ベクトル a を書き込む。

STEP 2 加速度と同じ向きに x 軸, 垂直方向に y 軸を立て, x, y 方向に力を分解する。

STEP 3 x 方向には運動方程式, y 方向には力のつりあいの式を立てる。

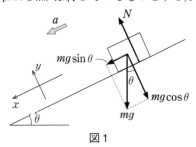

図 1

本問では図1を見て,

$$\begin{cases} x : ma = mg\sin\theta \\ y : N = mg\cos\theta \end{cases} \qquad \therefore \quad a = g\sin\theta$$

次に，等加速度運動の公式に入ろう。

t 秒後の

公式❶ 速度 $v=v_0+at$

公式❷ 位置 $x=x_0+v_0t+\dfrac{1}{2}at^2$

公式❸ $\underset{\text{(速度)}^2\text{の変化}}{v^2-v_0{}^2}=2a\underset{\text{変位}}{(x-x_0)}$

公式❶〜公式❸のどの式を用いるかは，
t と v の関係を問うとき 公式❶
t と x の関係を問うとき 公式❷
v と x の関係を問うとき 公式❸
の3択になる。

ここで大切なことは，等加速度運動は次の **3点セット**

| 初期（初めの）位置 x_0 | 初速度 v_0 | 加速度 a |

だけで決まってしまうことなのだ。図2のように，物体がスタートした点Aを原点にして x 軸をとると，**3点セット** は，

初期位置	$x_0=0$
初 速 度	$v_0=0$
加 速 度	$a=g\sin\theta$

となる。ここで，$t=t_1$ で $x=l$
の点Bを通過するので，等加速度
運動の公式 公式❷ を使って，

$$l=0+0\cdot t_1+\dfrac{1}{2}\cdot g\sin\theta\cdot t_1{}^2$$

$$\therefore\quad t_1=\sqrt{\dfrac{2l}{g\sin\theta}}\quad\cdots\text{答}$$

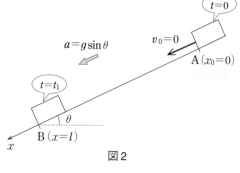

図2

(2) 本問では移動距離（変位）$x=l$ がわかっているとき，速度 $v=v_1$（の変化）を求めるのに便利な等加速度運動の公式 公式❸ を使ってみよう。

$$v_1{}^2-0^2=2g\sin\theta\cdot(l-0)$$

$$\therefore\quad v_1=\sqrt{2gl\sin\theta}\quad\cdots①\text{答}$$

別解 t_1 秒後の速度が v_1 ということで，等加速度運動の公式 公式❶ を使うと，

$$v_1=0+g\sin\theta\cdot t_1=g\sin\theta\cdot\sqrt{\dfrac{2l}{g\sin\theta}}=\sqrt{2gl\sin\theta}\quad\cdots\text{答}$$

(3) 放物運動の命は，$x,\ y$ 方向を別々に分けて考えることである。x（水平）方向には，重力を受けないので等速運動を，y（鉛直）方向には，下向きに重力 mg を受けるため，下向きに加速度 g をもって等加速度運動をすることをイメージしよう。

実際に解くときに大切なのは，**はっきりと x-y 軸を立てること**である。特に，その原点を放物運動の発射点Bにとると，式が簡単で楽になる。

　これより，図3のように x-y 軸を立てることができ，x 方向では速度 $\dfrac{\sqrt{3}}{2}v_1$ の等速度運動をする。

一方，y 方向では，

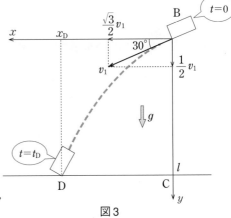

初期位置	$y_0 = 0$
初 速 度	$v_0 = \dfrac{1}{2}v_1$
加 速 度	$a = g$

の等加速度運動をする。

　ここで，まず y 方向だけを考え，$\underline{t = t_\mathrm{D}}$ で $y = l$ の点Dに落下したので，等加速度運動の公式 公式❷ より，

図3

$$l = 0 + \frac{1}{2}v_1 \cdot t_\mathrm{D} + \frac{1}{2}g{t_\mathrm{D}}^2$$

$$\therefore \quad \frac{1}{2}g{t_\mathrm{D}}^2 + \frac{1}{2}v_1 t_\mathrm{D} - l = 0$$

この式に①で $\theta = 30°$ とした $v_1 = \sqrt{2gl\sin 30°} = \sqrt{gl}$ を代入して，

$$\frac{1}{2}g{t_\mathrm{D}}^2 + \frac{1}{2} \cdot \sqrt{gl} \cdot t_\mathrm{D} - l = 0$$

$$ {t_\mathrm{D}}^2 + \sqrt{\frac{l}{g}}\, t_\mathrm{D} - \frac{2l}{g} = 0$$

$$\therefore \quad \left(t_\mathrm{D} - \sqrt{\frac{l}{g}}\right)\left(t_\mathrm{D} + 2\sqrt{\frac{l}{g}}\right) = 0$$

ここで，$t_\mathrm{D} > 0$ より $t_\mathrm{D} = \sqrt{\dfrac{l}{g}}$ となる。

　y 方向だけで考え，点Dまで落下する時間が $t_\mathrm{D} = \sqrt{\dfrac{l}{g}}$ とわかった。次に **x 方向を考えると**，この t_D の間に速度 $\dfrac{\sqrt{3}}{2}v_1$ の**等速度運動をしている**。よって，点Dの x 座標 x_D は，

$$x_\mathrm{D} = \frac{\sqrt{3}}{2}v_1 \cdot t_\mathrm{D} = \frac{\sqrt{3}}{2} \cdot \sqrt{gl} \cdot \sqrt{\frac{l}{g}} = \frac{\sqrt{3}}{2}l \quad \cdots 答$$

入試問題を 漆原の解法 で解こう

↳ 解答編 p. 4 ～p. 9

重要問題 01 糸でつながれた2物体の運動   最重要

　図のように，伸び縮みしない糸の一端を水平とθの角をなすなめらかな斜面上のおもりAと結び，その他端を定滑車P，およびおもりBがつり下がっている動滑車Qに通し，天井に固定した。いま，おもりBを床からLの高さに置き，静かに手を放したところ，おもりAは斜面に沿って上り，おもりBは落下を始めた。おもりAとBの質量をそれぞれM_1とM_2，重力加速度の大きさをgとし，滑車と糸の質量および滑車と糸の間の摩擦は無視できるものとする。

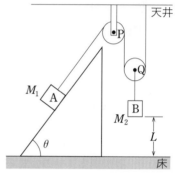

(1)　おもりAの加速度の大きさは，おもりBの加速度の大きさの何倍か。

(2)　糸の張力の大きさを求めよ。

(3)　おもりBの加速度の大きさを求めよ。

(4)　おもりBが床に衝突するときの速さを求めよ。

(5)　おもりAが斜面に沿って登り得る最大の距離を求めよ。　　　　　　〈東海大〉

重要問題 02 摩擦力を介した2物体の運動

　水平面に対して角θ傾いた広い斜面がある。図のように，斜面上に質量m_1の平板Aを置き，さらにAの上に質量m_2の小板Bを置き，両者が動かないように支えておく。支えを静かにはずしたとき，斜面の上をAが，またAの上をBが，それぞれ下方にすべり出した。斜面とAとの間，およびAとBとの間の動摩

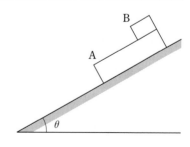

擦係数をそれぞれμ_1，$\mu_2$$(\mu_1 > \mu_2)$，重力加速度の大きさを$g$とする。

(1)　斜面に平行な方向のBの加速度を求めよ。ただし，斜面下向きを正とする。

⑵　斜面に平行な方向のAの加速度を求めよ。ただし，斜面下向きを正とする。

⑶　すべり出してから t 秒後に，BがAの上を移動した距離 l を求めよ。

〈学習院大〉

重要問題 **03**　斜面上の放物運動　　　差が
つく!

　図に示すように，水平面と角 θ をなす
斜面がある。斜面に沿った長さ s の区間
CDには摩擦があるが，それ以外はなめ
らかで摩擦は無視できる。

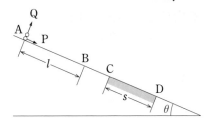

　斜面上の点Aには物体Pと物体Qとが
あり，物体Pは斜面に沿って動き，物体
Qは斜面に直角に放出されるようになっている。物体Pと物体Qの質量はいずれ
も m である。斜面と物体，および物体どうしの反発係数は 0 であり，衝突しても
はねかえらないものとする。また，重力加速度の大きさを g とし，空気の抵抗お
よび物体の大きさは無視できるものとする。斜面に沿った速度は，斜面下向きを
正とする。

⑴　まず，物体Qを初速度 v_Q で斜面に直角に放出したら，点Aから斜面に沿って
　距離 l だけ離れた斜面上の点Bに落下した。放出してから落下するまでの時間
　T，および v_Q を，l，θ，g を用いて示せ。

⑵　次に，物体Qを前問のように放出すると同時に，物体Pを点Aから斜面に沿っ
　てすべらせた。物体Pの斜面に沿って初速度 v_P がいくらであったら，物体P
　は物体Qと点Bで衝突するか。

⑶　前問で，斜面上で衝突する直前の，物体Pと物体Qの斜面に沿った速度 v_1，
　v_2 を求めよ。

⑷　物体Pと物体Qは，衝突後に合体し，衝突直後の斜面に沿った速度は，v_B と
　なった。速度 v_B を，l，θ，g を用いて示せ。

⑸　その後，物体Pと物体Qは合体したまま，点Cを斜面に沿った速度 v_C で通過
　し，摩擦のある区間 CD の間で停止した。物体と斜面の間の動摩擦係数を μ と
　したとき，μ の値はどれだけ以上であったか。v_C，s，θ，g を用いて示せ。

〈名古屋大〉

物理基礎　物理

力のつりあい・モーメント

まずは 　漆原の解法　 を理解しよう

■ 力の書き込み❸ステップ

STEP 1　着目物体を決める。

STEP 2　物体をナデまわして，接触する（コツンとぶつかる）点で受ける力を書き込む。

STEP 3　重力（ジューりょく）を書き込む。

> **ナデコツ＆ジュー**
> を書き込む
> と覚えよう！

■ 力のモーメントのつりあいの式の立て方❸ステップ

STEP 1　支点⊙を 1 つ決める。

STEP 2　力の作用線に垂線を下ろして「うで」をつくる。

STEP 3　力を「うで」の位置までずらして，力のモーメントのつりあいの式を立てる。

この問題で 　 解法Check!

例題　　長さ $2l$，質量 m の一様な棒が図のようになめらかな壁に立てかけてある。重力加速度の大きさを g とする。

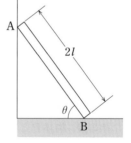

(1)　棒が壁から受ける垂直抗力を N_1，床からの垂直抗力を N_2，床と棒の間の摩擦力を R として，棒に作用する力を図に示せ。

(2)　水平・鉛直方向の力のつりあいの式を記せ。

(3)　力のモーメントのつりあいの式を記せ。

(4)　床と棒の静止摩擦係数を μ とするとき，$\tan\theta$ がいくらのとき棒がすべり始めるか。　　〈東京理科大〉

解説

(1)　**力の書き込み 3 ステップ**で忠実に力を作図しよう。

STEP1 着目物体を決める。

STEP2 着目物体の周囲で，外部と接触する点から受ける力を書き込む。（この力を本書では「接触力」という。）

本問では，図1のように棒を指でなでまわすと，点Aと点Bで外部と接触する（コツンとぶつかる）。よって，各点で受ける力は，

A：なめらかな壁（面）→ 垂直抗力 N_1 のみ

B：あらい床（面）→ 垂直抗力 N_2，摩擦力 R の2つ

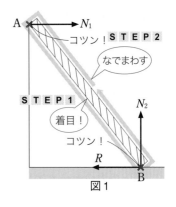

図1

STEP3 「重力（質量m×重力加速度g）」を書き込む。

本問のような力のモーメントの問題では，必ず，重力の始点は重心に合わせる。特に，一様な棒では，重心は棒の中央にある。

以上より**答**は図2。

(2) 棒は上下，左右ともに静止しているので，力のつりあいの式が成り立つ。

水平方向：$N_1 = R$ …① **答**

鉛直方向：$N_2 = mg$ …②

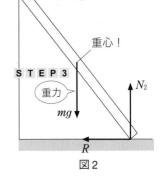

図2

(3) 式①，②の2つの式だけでは，3つの未知数，N_1，N_2，R は求まらない!!

そこで，**力のモーメントのつりあいの式の立て方3ステップ**に入ろう。

STEP1 支点⊙を1つ決める。

支点はどこでもよいが，なるべく未知の力が集まっている所にとると，それらの力のモーメントを考えなくてよいので楽である。

とすると，本問では図3のように，点Aより点Bを支点にとると，RとN_2のモーメントを考えなくてよいので楽。よって，支点は点Bと決め，グリグリと点を打つ。

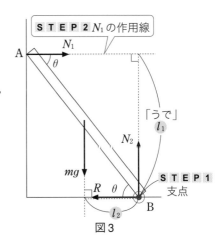

図3

STEP2 「うで」をつくる。

　まず，前ページの図3のように N_1 の力の矢印をテンテン…と延長したライン（N_1 の作用線）を書き，そこに向かって支点⊙から垂線 l_1 をピューンポコン！と下ろう。この垂線 l_1 のことを N_1 の「うで」という。

　同様にして mg の「うで」は図3の l_2 となる。

　ここで，$\boxed{（力のモーメント）＝（力 F）×（うでの長さ l）}$ より，

N_1 の力のモーメント：$N_1 \times l_1 = N_1 \times \underset{\text{図3より}}{\underline{2l\sin\theta}}$

mg の力のモーメント：$mg \times l_2 = mg \times \underset{\text{図3より}}{\underline{l\cos\theta}}$

 重要

力のモーメントの作図の3拍子
$$\underset{\text{支点をとる}}{\underline{グリグリ}}・\underset{\text{作用線を延ばす}}{\underline{テンテン}}・\underset{\text{「うで」を下ろす}}{\underline{ピューンポコン}}$$

STEP3 力を「うで」の位置までずらして，時計・反時計まわりを判定し，力のモーメントのつりあいの式を立てる。

　図4のように，力をうでの位置までずらす。支点⊙を回転軸として，mg は $l_2 = l\cos\theta$ のうでで「反時計まわり」に，N_1 は $l_1 = 2l\sin\theta$ のうでを「時計まわり」に回転させようとすると判定する。そして，

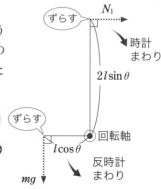

$$\left(\begin{array}{c}反時計まわりの力の\\モーメントの和\end{array}\right)＝\left(\begin{array}{c}時計まわりの力の\\モーメントの和\end{array}\right)$$

$$mg \times l\cos\theta ＝ N_1 \times 2l\sin\theta \quad \cdots 答$$

$$\therefore \quad N_1 = \frac{mg\cos\theta}{2\sin\theta} \quad \cdots ③$$

図4

(4)　本問では，$\boxed{すべる直前 \Longleftrightarrow 最大静止摩擦力}$ より，

$$R = \mu N_2 \quad \cdots ④$$

④の左辺に①，③を，右辺に②を代入して，

$$\frac{mg\cos\theta}{2\sin\theta} = \mu mg \quad \therefore \quad \tan\theta = \frac{1}{2\mu} \quad \cdots 答$$

入試問題を 漆原の解法 で解こう

↳ 解答編 p.10〜p.13

重要問題 04 力のモーメント（水平な棒・すべる条件） 最重要

　図のように，長さが l で質量 M の太さが一様な棒 AB の端Aを鉛直なあらい壁面に押し当て，端Bを軽くて伸びない糸で結び，糸の他端を点Cに固定する。また，端Bには質量 M のおもりMをつり下げた。糸 BC と棒 AB のなす角度は θ である。重力加速度の大きさを g とする。

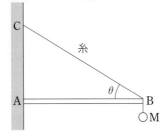

　壁面と棒の間の静止摩擦力の大きさは ⎣⎤ (1) であり，点Aでの垂直抗力の大きさは ⎣⎤ (2) である。また，糸の張力の大きさは ⎣⎤ (3) である。

　M のつり下げる位置を点BからAの方にゆっくり移動していくと，M が点Bから x 離れたPの位置にきたとき棒の端Aがすべり始めた。壁面と棒の間の静止摩擦係数を μ とすると PB 間の距離 x は ⎣⎤ (4) である。　　〈芝浦工大〉

重要問題 05 力のモーメント（重心・ばねの弾性力） 差がつく！

　一様な密度で一様な厚さの長方形板（縦 $2L$ 〔m〕，横 $3L$ 〔m〕，質量 M 〔kg〕）から，一辺 L 〔m〕の正方形板を切り取って，図1のような階段型の板をつくった。つるまきばね A，B は，ばね定数が異なるが，自然の長さが同じ l_0 〔m〕である。重力加速度の大きさを g 〔m/s²〕とする。

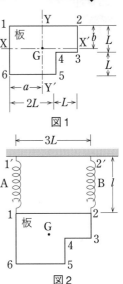

　板の重心Gを通り，辺 $\overline{1-2}$ と平行な軸 XX′ と，辺 $\overline{1-6}$ と平行な軸 YY′ を図1のようにとると，a は ⎣⎤ (1) 〔m〕，b は ⎣⎤ (2) 〔m〕である。

　次に，図2のように，板を水平な天井の点 1′，点 2′ より，つるまきばね A，B でつるしたところ，2つのばねとも同じ長さ l 〔m〕になった。つるまきばね A のばね定数 k_A は ⎣⎤ (3) 〔N/m〕であり，つるまきばね B のばね定数 k_B は ⎣⎤ (4) 〔N/m〕である。　　〈東京理科大〉

図1

図2

慣性力

まずは ▶ 漆原の解法 を理解しよう

究極の
2択 ⟨
大地の人から見る ➡ 慣性力は用いない！
加速度をもつ人から見る ➡ 慣性力を用いる！

■ 慣性力問題の解法❹ステップ

STEP1 大地から見た動く台（板や三角台，またはエレベーターのような箱）の加速度を書く。
STEP2 大地から見た動く台の運動方程式を立て，動く台の加速度を求める。
STEP3 台上の人から見て，台上の物体に働く慣性力を書き込む。
STEP4 物体に働く力を書き込み，台上から見た運動方程式または力のつりあいの式を立てる。

この問題で ✔ 解法Check!

例題 　図のように水平面に対する傾きが θ の，表面がなめらかな台の上に観測者が乗っている。台と観測者の合計の質量を M とし，観測者が質量 m のおもりを静かに下へすべらせる実験を行う。ただし，重力加速度の大きさを g とする。

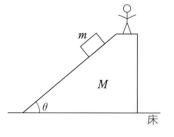

問1　台が床の上に固定されているとき，おもりは台から垂直抗力　(1)　を受けながら運動を始め，観測者に対する加速度は　(2)　となる。

問2　台が床に固定されてなく，台と床の間に摩擦がないとする。上と同じ実験を行うと，おもりは台から垂直抗力　(3)　を受けながら運動を始め，観測者の乗った台は加速度　(4)　で右方向に動き出す。そのときの観測者は，おもりが加速度　(5)　で運動を始めるのを観測する。　　〈上智大〉

問1(1) 運動方程式（力のつりあいの式）を立てるときは，いつも

$$\boxed{\text{誰が見ているのか}}$$

をはっきりさせて，

> 大地（または一定速度）の人から見る ── 慣性力を用いない
> 加速度をもつ人から見る ─────── 慣性力を用いる

のどちらになるかに気をつけよう。

　本問では，台が床の上に固定されて動かないので，たとえ台上から見ても，それは大地の人から見たのと全く同じである。よって，慣性力は用いない。これより，図1において垂直抗力Nは，斜面垂直方向の力のつりあいより，

$$N = mg\cos\theta \cdots \text{答}$$

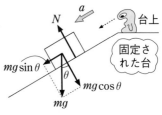

(2) (1)と同様で，斜面平行方向の運動方程式は，

$$ma = mg\sin\theta$$
$$\therefore \quad a = g\sin\theta \cdots \text{答}$$

図1

問2(3) 本問では，加速度をもって動く台上から見ているので慣性力を用いる。慣性力を用いる問題は，どれも次の**慣性力問題の解法4ステップ**で解けてしまう。

STEP 1 まず何よりも先に，動く台の加速度αを書き込む。

　図2のように，加速度αを書き込む。（この加速度は<u>大地の人から見たもの</u>であることに注意！）

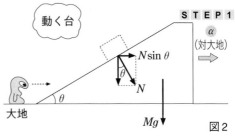

図2

STEP 2 大地の人から見た動く台の運動方程式を立て，加速度αを求める。（ここでは大地の人から見ているので，慣性力を用いない!!）

　図2において，水平方向における運動方程式を立てて，

$$M\alpha = N\sin\theta \cdots ①$$

STEP 3 台上の人から見て，物体に働く慣性力$m\alpha$を台の加速度とは逆向きに書き込む。

図2において，台は水平右向きに
動いているので，おもりには，図3
のように水平左向きに慣性力 $m\alpha$
を書き込む。

STEP 4 物体に働く力を書き込
む。次に，台上の人から見た物体の
運動方程式，または静止して見える
場合は力のつりあいの式を立てる。

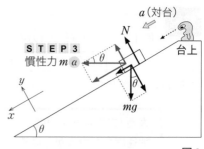

図3

　図3において，おもりは台上の人から x 方向に加速度 a で運動して見える
ので，運動方程式を立てて，

$$x : ma = mg\sin\theta + m\alpha\cos\theta \quad \cdots ②$$

また，y 方向の力のつりあいの式は，

$$y : N + m\alpha\sin\theta = mg\cos\theta \quad \cdots ③$$

あとは，①〜③の式で未知数 N，α，a について解けばよい。
①を③に代入して，α を消去すると，

$$N + m \cdot \frac{N}{M}\sin\theta \cdot \sin\theta = mg\cos\theta$$

$$\therefore \quad N = \frac{mMg\cos\theta}{m\sin^2\theta + M} \quad \cdots ④ ㊎$$

(4)　④を①に代入して，

$$M\alpha = \frac{mMg\cos\theta}{m\sin^2\theta + M} \cdot \sin\theta$$

$$\therefore \quad \alpha = \frac{mg\sin\theta\cos\theta}{m\sin^2\theta + M} \quad \cdots ⑤ ㊎$$

(5)　⑤を②に代入して，

$$ma = mg\sin\theta + m \cdot \frac{mg\sin\theta\cos\theta}{m\sin^2\theta + M} \cdot \cos\theta$$

$$\therefore \quad a = \frac{(m+M)g\sin\theta}{m\sin^2\theta + M} \quad \cdots ⑥ ㊎$$

なっ得
イメージ
　上で求めた式④，⑤，⑥で $M \to \infty$，つまり台は重くて動かないとし
てみよう。すると…，N，α，a は，

$$N = mg\cos\theta, \quad \alpha = 0, \quad a = g\sin\theta$$

となってしまう。なるほど！　これは固定されて動かない台上のときの答えと
なっているのだ。──(1)，(2)の㊎を見てみよう。

入試問題を 漆原の解法 で解こう

↳ 解答編 p.14〜p.17

重要問題 06 　動く三角台 　　　　　　　　最重要

図において，水平に対して角 θ をなす三角台が水平面上を動いていて，その加速度は矢印の方向に a である。三角台と床との間に摩擦はない。重力加速度の大きさを g とする。

(1) 三角台の斜面がなめらかなとき，物体の，斜面に対して平行下向きの加速度 b を求めよ。

(2) 次に，斜面があらいとする。斜面に対して静止していた物体が，a をしだいに大きくしていったら動き出した。動き出した瞬間における a を求めよ。物体と斜面との間の静止摩擦係数を μ とする。　　　　　　　　　　　〈法政大〉

重要問題 07 　動く台上の連結物体 　　　　　　　差がつく!

図に示すように質量 M の直方体Mがなめらかな水平面上に置かれている。Mのなめらかな上面に置かれた質量 M_2 の物体 M_2 から水平に張ったひもを滑車にかけ，その先端に質量 M_1 の物体 M_1 を鉛直につり下げる。M_1 の側面はMと接し，上下になめらかにすべることはできるが，離れないような構造になっている。た

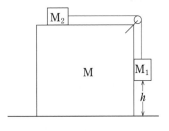

だし，ひもは伸びず，その質量は無視できる。また，重力加速度の大きさは g とする。

(1) M_2 から手を放したとき，M_1 が水平面に達するまでの間にMが動く向き，および距離 x を求めよ。

(2) (1)でMに水平方向右向きに，常に一定な力 F を加えてMを動かし，M_1，M_2 から手を放していても M_1，M_2 がMに対して動かないようにしたい。F を求めよ。　　　　　　　　　　　〈東京工大〉

仕事とエネルギー

まずは 漆原の解法 を理解しよう

■ 仕事とエネルギーを使った 解法手順

手順1 前, 中, 後の図を描いて, 速さ, 高さ, 伸び (縮み) を求める。
（わからない場合はとりあえず仮定する）

手順2 中で重力・弾性力 以外 の力がした仕事 W を求める。

手順3 $W = 0 \implies$ 力学的エネルギー保存則 ┐ 使い
$W \neq 0 \implies$ 仕事とエネルギーの関係 ┘ 分け

この問題で ✔ 解法 Check!

例題　　長さ l の板の両端を P, Q, また中
点を O とする。PO 間は摩擦のない面であ
り, OQ 間は摩擦のある面とする。以下の
問いに答えよ。ただし, 重力加速度の大き
さを g, 空気抵抗は無視できるものとする。
また, OQ 間の動摩擦係数を μ とする。

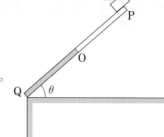

(1) 図のように点 P を持ち上げて, 水平面
と θ の角度をもつ斜面 PQ をつくる。
点 P に質量 M の物体 A を置くと, PO 間は摩擦がないのですぐに物体 A は
すべり始める。このとき, 点 O を通過するときの速さ v を求めよ。

(2) さらにこの物体 A が OQ 間で止まらないとすれば, 点 Q を通過するとき
の速さ v' を求めよ。　　　　　　　　　　　　　　　　　　　　　〈埼玉工大〉

解説

　　(1) 「速さ, 高さ, 伸び縮み」を問う問題で, 仕事とエネルギーの考えを
使うときにいつもやるのは, 次の 3 つの 手順 だ。

手順1 まず, 図 1 のように着目物体の運動の前, 中, 後の図を描く。そして,
前, 後での着目物体の速さ v, 高さ h, (ばねがある場合は) ばねの伸びまた
は縮み X を求める。ここで, 高さ 0 の基準点はどこにとってもよいが, なる

べく最下点にとるとラク。この $\underline{v}$, $\underline{h}$, $\underline{X}$（「**エネルギーの3要素**」）によって，力学的エネルギー $E=\dfrac{1}{2}m\underline{v}^2+mg\underline{h}+\dfrac{1}{2}k\underline{X}^2$ と求めることができる。

[手順2] 次に⊕で物体に働く力を書き込む。そして，<u>重力・弾性力**以外**</u>の力がした仕事 W を求める。

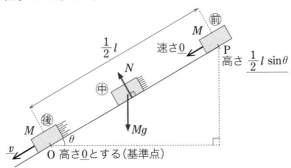

図1：なめらかな面

　本問では図1より，<u>重力・弾性力**以外**</u>の力は垂直抗力 N だが，この垂直抗力は移動方向と垂直の力なので仕事をしない。よって，$W=0$ である。

　なぜ，<u>重力・弾性力**以外**</u>の力のみの仕事を考えるのか。それは，例えば<u>重力 mg</u> が仕事をするとその仕事の分，重力の位置エネルギー mgh が減少する。一方，それ以外のエネルギー（運動エネルギーと弾性力による位置エネルギーの和）が mgh 増加する。よって，重力がいくら仕事をしても，全体の力学的エネルギーの総和を変えることはできないのだ。全く同様に<u>弾性力</u>が仕事をしても，力学的エネルギーを変えることはできない。だから，<u>重力・弾性力**以外**</u>の力がした仕事 W のみ考えるのだ。

[手順3] **力学的エネルギー保存則**と**仕事とエネルギーの関係**を [手順2] の結果より使い分けする。

● $W=0$ のとき

　➡ **力学的エネルギー保存則**より

$$\left(\begin{array}{c}前の\\ 力学的エネルギー\end{array}\right)=\left(\begin{array}{c}後の\\ 力学的エネルギー\end{array}\right)$$

● $W\neq0$ のとき

　➡ **仕事とエネルギーの関係**より

$$\left(\begin{array}{c}前の\\ 力学的エネルギー\end{array}\right)+\left(\begin{array}{c}⊕で重力・弾性力\text{以外}\\ の力がした仕事 W\end{array}\right)=\left(\begin{array}{c}後の\\ 力学的エネルギー\end{array}\right)$$

仕事なので正・負に注意!!

本問では，手順2 より $W = 0$ なので，**力学的エネルギー保存則**より，

$$\underbrace{Mg \cdot \frac{1}{2} l \sin\theta}_{\text{前の力学的エネルギー}} = \underbrace{\frac{1}{2} Mv^2}_{\text{後の力学的エネルギー}} \qquad \therefore \quad v = \sqrt{gl\sin\theta} \quad \cdots ① \text{答}$$

(2) 本問では動摩擦力が出てくるので注意。それでは(1)と同様に3つの 手順 を行ってみよう。

手順1 図2のように点Oから点Qにおいて，前，中，後の図を描く。

手順2 図2において，中で働

く力のうち**重力・弾性力 以外**の力は，垂直抗力 N と動摩擦力 μN である。そのうち仕事をするのは μN のほうである。斜面と垂直方向の力のつりあいの式より

$N = Mg\cos\theta$ であることと，**動摩擦力 μN は移動方向と逆向きなので負の仕事をする**ことに注意して，動摩擦力のする仕事 W は，

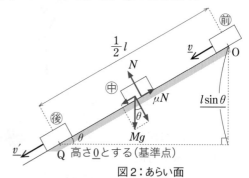

図2：あらい面

$$W = -\mu N \cdot \frac{1}{2} l = -\frac{1}{2}\mu Mgl\cos\theta$$

手順3 手順2 より，$W \neq 0$ なので，今回は**仕事とエネルギーの関係**で解く。

$$\underbrace{\frac{1}{2}Mv^2 + Mg\cdot\frac{1}{2}l\sin\theta}_{\text{前の力学的エネルギー}} + \underbrace{\left(-\frac{1}{2}\mu Mgl\cos\theta\right)}_{\text{中で動摩擦力がした仕事}} = \underbrace{\frac{1}{2}Mv'^2}_{\text{後の力学的エネルギー}}$$

$$\therefore \quad v' = \sqrt{v^2 + gl\sin\theta - \mu gl\cos\theta}$$
$$= \sqrt{gl(2\sin\theta - \mu\cos\theta)} \quad (①より) \quad \cdots 答$$

入試問題を 漆原の解法 で解こう

↳ 解答編 p.18〜p.21

重要問題 08 仕事とエネルギー（重力，動摩擦力） 最重要

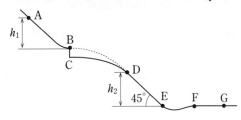

　質量 m〔kg〕の小物体が図の点A
から初速 0 m/s でなめらかな斜面
を動き始め，点Bで水平方向に飛び
出し，水平面に対し 45° をなすあら
い平らな斜面 DE に接するように
点Dに落下した。その後，この斜面

DE，なめらかな曲面 EF およびあらい水平な面 FG を移動して，点Gで停止した。
AB の鉛直距離が h_1〔m〕，DE の鉛直距離は h_2〔m〕であり，点Fは点Eと同じ
高さにある。小物体と2つのあらい面との動摩擦係数をいずれも μ'（<1），重力
加速度の大きさを g〔m/s²〕として，以下の問いに答えよ。ただし，空気抵抗は
無視できるものとする。

⑴　点Bにおける水平方向の速さを求めよ。
⑵　点Bと点Dとの間の鉛直距離を求めよ。
⑶　点Eにおける速さを求めよ。
⑷　小物体が DE を移動する間に重力と摩擦力のそれぞれがした仕事を求めよ。
⑸　FG の距離を求めよ。　　　　　　　　　　　　　　　　　　　　　　〈岩手大〉

重要問題 09 仕事とエネルギー（ばねの力，動摩擦力） 差がつく！

　自然の長さが $4l$ のばねの一端を固定し，他端
に質量 m の小物体をつなぎ鉛直につるすと，ばね
の長さは $5l$ になった。重力加速度の大きさを g

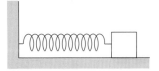

とすると，ばね定数 k は ⑴ ×$\dfrac{mg}{l}$ である。

　この小物体とばねを図のように水平で，あらい板の上に置き，ばねの一端を壁
に固定する。ばねの長さが $5l$ となるまで小物体を引っ張ってから手を放した。
小物体と板の間の動摩擦係数を 0.1 とすると，左側に動き出した小物体は，ばね
が自然の長さから ⑵ ×l だけ縮んだ位置まで進む。小物体は，再び右に動き
出し，ばねが自然の長さから ⑶ ×l だけ伸びた位置まで進む。　　〈近畿大〉

力積と運動量

まずは　漆原の解法　を理解しよう

■ 力積と運動量を使った解法手順

手順1　軸を立て，前，中，後の図を描く。

手順2　着目物体を決め，中で物体が外力から受ける力積 $(\vec{I_{外}})$ を求める。

手順3　力積がないとき $(\vec{I_{外}}=\vec{0})$ ⟹ 運動量保存則 ┐
　　　　力積があるとき $(\vec{I_{外}}\neq\vec{0})$ ⟹ 力積と運動量の関係 ┘ 使い分け

この問題で ✔ 解法Check!

例題　　南に向かってすべってきた質量 $1.0\,\mathrm{kg}$ の円盤Aが，静止している質量 $2.0\,\mathrm{kg}$ の円盤 Bと衝突した。Bの衝突直後の速さは $3.0\,\mathrm{m/s}$ であった。衝突後，Aは南東に，Bは南西にすべっていった。

(1)　Aの衝突直前の速さは□□□，衝突直後の速さは□□□となる。

(2)　この衝突でAが受けた力積の大きさは□□□，その向きは□□□である。衝突の接触時間を $1.0\times10^{-2}\,\mathrm{s}$ とすると，Aが受けた平均の力の大きさは□□□である。　　〈岡山大〉

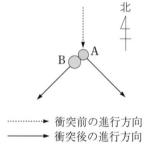

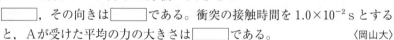

⋯⋯⋯▶ 衝突前の進行方向
━━━━▶ 衝突後の進行方向

解説

(1)　衝突や分裂など2物体の速度の関係の問題は，いつも力積と運動量の考え方を使って解く。解法はカンタンで次の3つの 手順 でOK！　この際に，**力積や運動量はベクトルなので常に向きに注意**して，その正・負を，軸を立ててはっきりさせよう。

手順1 まず，図1のように x，y 軸を
立て（原点は衝突点，x 軸は衝突前の
物体の速度と同じ向きにとる），衝突
の前，中，後の図を描く。ここで，衝
突前，後のAの速さをそれぞれ v，V
〔m/s〕とする。

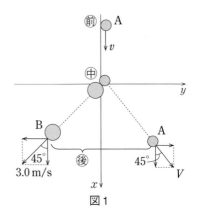

図1

次に続く 手順2，手順3 は，x，y
方向で完全に別々で考えるので，速度
ベクトルはすべて x，y 方向に分解し
ておく。

手順2 着目物体の範囲（今，考えないといけない物体はどれか）を決め，中で
着目物体の外から受ける力（外力）の力積 $\vec{I_{外}}$（力×時間）を求める。

（着目物体の内側でやりとりされる内力の力積は，作用・反作用の法則によ
り，必ずベクトル和はゼロとなり打ち消され
てしまうので考えなくてよい。）

本問では，**A＋B 全体に着目する。** 中で受
ける力は，図2のようにAB間の内側でやり
とりされる垂直抗力 N（内力）だけで，A＋B
が外から受ける外力はない。よって，x，y 方
向ともに外力による力積はない（$\vec{I_{外}}=\vec{0}$）。

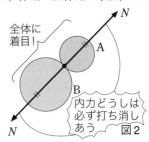

全体に
着目！

内力どうしは
必ず打ち消し
あう　図2

手順3 運動量保存則と力積と運動量の関係を，手順2 の結果より使い分けす
る。

● 外力から力積を受けない（$\vec{I_{外}}=\vec{0}$）とき

　➡ 運動量保存則より

$$\begin{pmatrix} 前の着目物体の \\ 全運動量 \end{pmatrix} = \begin{pmatrix} 後の着目物体の \\ 全運動量 \end{pmatrix}$$

● 外力から力積を受ける（$\vec{I_{外}} \neq \vec{0}$）とき

　➡ 力積と運動量の関係より

$$\begin{pmatrix} 前の着目物体の \\ 全運動量 \end{pmatrix} + \begin{pmatrix} 中で外力から \\ 受けた力積 \end{pmatrix} = \begin{pmatrix} 後の着目物体の \\ 全運動量 \end{pmatrix}$$

本問では，x, y 方向ともに**外力による力積はない**（$\vec{I_{外}}=\vec{0}$）ので，**運動量保存則を使う**。ここで，図1を見て，x, y 方向別々に分けて考えることがポイント！

x 方向：$1.0v=1.0\times V\cos 45°+2.0\times 3.0\cos 45°$ …①

y 方向：$\underbrace{0}_{\substack{\text{前のAの}\\\text{運動量}}}=\underbrace{1.0\times V\sin 45°}_{\text{後のAの運動量}}+\underbrace{(-2.0\times 3.0\sin 45°)}_{\substack{\text{後のBの運動量}\\\text{(注意：軸と逆向きのときは負)}}}$ …②

②より，Aの衝突直後の速さは，$V=6.0\,[\mathrm{m/s}]$ …③ 圏

①に代入してAの衝突前の速さは，

$$v=6.0\times\frac{1}{\sqrt{2}}+6.0\times\frac{1}{\sqrt{2}}=6\sqrt{2}\ (\cdots④)\fallingdotseq 8.5\,[\mathrm{m/s}]\ \cdots圏$$

(2) (1)と同様に3つの **手順** を行ってみよう。

手順1 今度は図3のように**Aのみについて**，前，中，後の図を描く。

手順2 **Aのみに着目する**（これが着目物体の範囲！）。するとBは外部の物体になるので，**Bから受ける垂直抗力 $N\,[\mathrm{N}]$ は外力**になる。その x, y 方向の大きさを $N_x\,[\mathrm{N}]$，$N_y\,[\mathrm{N}]$ とする。これより，外力による力積の x, y 成分は，

$I_x=-N_x\times 1.0\times 10^{-2}$ …⑤

$I_y=N_y\times 1.0\times 10^{-2}$ …⑥

（注意：軸と逆向きのベクトルは負）

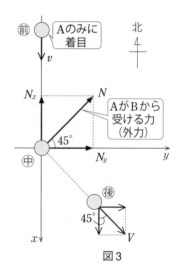

図3

手順3 今回は**外力の力積があるので**，**力積と運動量の関係**で解く。図3を見て，x, y 方向で別々に考えると，

x 方向：$1.0\times v+I_x=1.0\times V\cos 45°$ …⑦

y 方向：$\underbrace{0}_{\text{前}}+\underbrace{I_y}_{\text{中}}=\underbrace{1.0\times V\sin 45°}_{\text{後}}$ …⑧

③，④，⑦，⑧より，$I_x=-3\sqrt{2}\,[\mathrm{N\cdot s}]$，$I_y=3\sqrt{2}\,[\mathrm{N\cdot s}]$

よって，力積の大きさは，$I=\sqrt{I_x{}^2+I_y{}^2}=6.0\,[\mathrm{N\cdot s}]$ …圏

その向きは図3より，AがBから受ける外力 N と同じ北東方向 …圏

⑤，⑥に代入すると，$N_x=300\sqrt{2}\,[\mathrm{N}]$，$N_y=300\sqrt{2}\,[\mathrm{N}]$

よって，平均の力の大きさは，$N=\sqrt{N_x{}^2+N_y{}^2}=6.0\times 10^2\,[\mathrm{N}]$ …圏

入試問題を 漆原の解法 で解こう

↳ 解答編 p.22〜p.30

重要問題 **10** 正面衝突の繰り返し

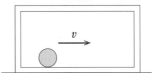

なめらかな水平面上に，直方体の箱（質量M）が置かれている。この中に質量mの球がある。これが初速度vで箱の内壁に垂直に衝突して，速度v_1ではねかえり，再び反対側の壁に衝突して，

速度v_2ではねかえる。ここで，初速度vの向きを正の向きとする。球と壁との間の反発係数を$e(0<e<1)$とし，$Me>m$であるとする。また，球と箱の底面との間の摩擦はないものとする。

(1) 1回目の衝突後の球の速度v_1を求めよ。

(2) 2回目の衝突後の球の速度v_2を求めよ。

(3) 衝突のたびごとに球と箱との相対速度が減少するので，衝突を無限に繰り返せば，ついには2物体の速度が等しくなる。このときの最終速度uを求めよ。

〈宮崎大〉

重要問題 **11** 水平面上でのバウンドの繰り返し

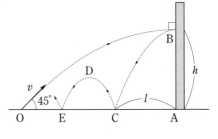

図に示すように，なめらかで水平な床面上の点Oから水平方向より角45°上向きに，質量mの小球を速さvで投げた。小球は，床面上の点Aの位置に垂直に固定したなめらかな壁面に，点Bで垂直に衝突し，はねかえって落下した。小球は点Cで床面に反発係数eで衝突してはね

かえった後，点Dで最高点に達し，点Eで再び床面に衝突した。ここで点Cは線分OAを3:2に内分する点であった。重力加速度の大きさをgとする。

(1) 小球が壁面に衝突する直前の速さを，vを用いて表せ。

(2) OA間の距離を，g，vを用いて表せ。

(3) 点Bの床面からの高さhを，g，vを用いて表せ。

(4) 小球と壁面との間の反発係数e'はいくらか。

(5) 点Dの高さを，h，eを用いて表せ。

(6) 小球が点Cで床面に衝突した後，点Eで再び衝突するまでの時間を，g，v，e を用いて表せ。

(7) AC 間の距離を l として，CE 間の距離を l，e を用いて表せ。　　　　〈法政大〉

重要問題 12 斜面上でのバウンドの繰り返し 差がつく！

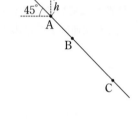

図のように，水平面に対して 45° の角をなす斜面上の点Aの真上，高さ h の所から，小球を自由落下させた。小球はAで衝突し，はねかえされた後，次々に斜面上の点B，Cに衝突しながら落ちていった。

重力加速度の大きさを g として，次の問いに答えよ。ただし，面はなめらかで，それぞれの衝突は弾性衝突とする。

(1) AB 間の距離はいくらか。

(2) Bに衝突する直前の速さはいくらか。

(3) BC 間の距離はいくらか。　　　　〈慶應義塾大〉

重要問題 13 分裂 差がつく！

質量 M〔kg〕の球Aが，図1のように力 F〔N〕を T〔s〕間受けて，質量 m〔kg〕の半球Bと質量 $M-m$〔kg〕の半球Cに分裂する場合について考える。重力は無視できるとして次の　　　　に適当な式を入れよ。

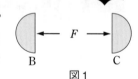

図1

初めAが静止している場合，分裂後のBの速さは　(1)　〔m/s〕である。次に図2のように，Aが運動量 p〔kg·m/s〕で等速直線運動してきて点Dで分裂を起こした後，B，Cが，点DからL〔m〕だけ離れてAの進行方向と垂直に置かれた板に衝突する場合，分裂の方向はさまざまであることを考えると，Bの運動量の最大値は　(2)　

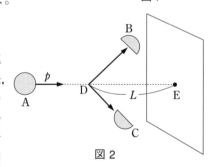

図2

〔kg·m/s〕である。また分裂がAの進行方向と垂直な方向に起こった場合，Bの運動量の大きさは　(3)　〔kg·m/s〕である。この場合，Bは板上，点Eから　(4)　〔m〕離れた所へ衝突する。　　　　〈三重大〉

力学の2大保存則の活用法

まずは 漆原の解法 を理解しよう

■ 力学の2大保存則が使える条件 (着目物体の範囲を決めよ)

● 重力・弾性力の力が仕事をしない (打ち消す)

➡ 力学的エネルギー保存則

● ある方向に外力の力積を受けない ➡ その方向の運動量保存則

この問題で ✓ 解法 Check!

例題 図に示す方向に鉛直方向と $60°$ の点から, 糸がたるまないようにして, 静かに質量 m の小球Rを放して, 点Aにある質量 m の小球Pに衝突させた。

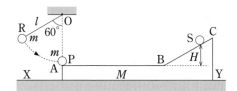

すると, 小球Pは質量 M の台の AB 上をすべり斜面 BC を登り, 最高点Sに達した後ふたたび下降した。台と水平面 XY, および小球Pと台との間に摩擦はない。重力加速度の大きさを g とする。

(1) 衝突直前の小球Rの速さ V_R を求めよ。

(2) 小球P, R間の反発係数を e として, 衝突直後の小球Rの速さ v_R および Pの速さ v_0 を求めよ。以下の(3)と(4)は, この v_0 を使って答えよ。

(3) 小球Pが最高点Sに達したときの台の速さ v_1 および方向を求めよ。

(4) 水平面 AB からの点Sの高さ H を求めよ。 〈岐阜大〉

解法に入る前に 力学でよく使われる**運動量保存則**, 力学的エネルギー保存則の2大保存則は, 着目物体が運動している途中に働く力さえ見れば, 使ってよいかどうかすぐわかるのだ。

力学の2大保存則が使える条件

① **力学的エネルギー保存則**

  条件 途中で着目物体に**重力・弾性力以外**の力が仕事をしない (打ち消す)

ときに使える。

(重力・弾性力しかない場合は，即，力学的エネルギー保存則が使える！！)

代表例 それぞれの例のようす (図) を頭に思い浮かべながら見ていこう。

・空中を飛ぶ物体 → 重力のみ

・なめらかな面上の物体 → 垂直抗力は移動方向と垂直なので仕事をしない

・振り子 → 糸の張力は常に移動方向と垂直で仕事をしない

・単振動 → ばねの弾性力，重力のみ

注意：衝突における特別な場合 (弾性衝突) 以外では，衝突時に熱が発生するので，力学的エネルギー保存則は使ってはいけない。

② 運動量保存則 (ベクトルなので x，y 方向別々に考える)

条件 途中で着目物体が，いま考えている方向に外力の力積を受けないときに使える。

代表例 衝突や分裂。もっと一般的に言うと，2物体が作用・反作用の力 (内力) を及ぼしあいながらするすべての運動。

解説

(1) 本問では，図1のように⊕で，糸の張力 T (重力・弾性力以外の力) は運動方向と垂直なので仕事をしない。よって力学的エネルギー保存則が使える。

$$\underbrace{mg \cdot \frac{1}{2}l}_{前} = \underbrace{\frac{1}{2}mV_R^2}_{後} \quad \therefore \quad V_R = \sqrt{gl} \quad \cdots ① 答$$

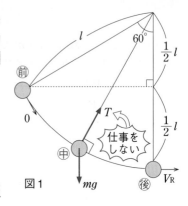

図1

(2) 図2のように⊕で，R，P 全体に着目すると，水平方向に外力による力積を受けていないので運動量保存則が使える。

$$x : \underbrace{mV_R}_{前} = \underbrace{mv_R + mv_0}_{後} \quad \cdots ②$$

また，反発係数の式より，

$$e = \frac{v_0 - v_R}{V_R} \quad \cdots ③$$

①，②，③より，

$$v_R = \frac{1-e}{2}\sqrt{gl} \quad \cdots 答$$

$$v_0 = \frac{1+e}{2}\sqrt{gl}$$

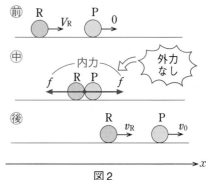

図2

(3) 図3のように⊕で、**台とP全体に着目すると、水平方向には全く外力の力積を受けていない。**よって、水平方向で**運動量保存則**が使える。

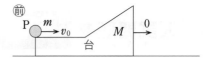

もう1つ。Pが最高点に達した瞬間、台とPは床から見ると、ともに同じ速度 v_1 に見える（図3後）。

これより、**運動量保存則**の式を立てると、

$$x: \underset{\text{前}}{mv_0} = \underset{\text{後}}{(m+M)v_1}$$

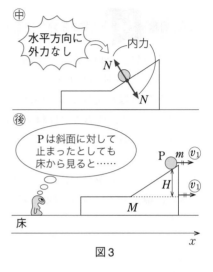

水平方向に外力なし　内力

$$\therefore \quad v_1 = \frac{m}{m+M}v_0 \,(右向き) \cdots ④\text{答}$$

何度もいうが…、衝突以外のこのような場合でも、

「**外力なし** ➡ **運動量保存則**」を思いつけるようになろう！

Pは斜面に対して止まったとしても床から見ると……

(4) 図4のように台とP全体に着目する。⊕で、垂直抗力 N が台にする仕事（正の仕事 Nd）とPにする仕事（負の仕事 $-Nd$）は打ち消しあう。

よって、**台とP全体としては、重力・弾性力**以外**の力の仕事の和＝0** なので、**力学的エネルギー保存則**が使える。

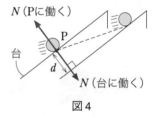

N（Pに働く）

N（台に働く）

図4

$$\underset{\text{前}}{\frac{1}{2}mv_0^2} = \underset{\text{後}}{\frac{1}{2}(m+M)v_1^2 + mgH} \cdots ⑤$$

④、⑤より v_1 を消去して、

$$H = \frac{Mv_0^2}{2(m+M)g} \cdots \text{答}$$

解答編 p.31～p.35

重要問題 **14** ばねを介した2物体の分裂と衝突 〔最重要〕

図のように，なめらかな水平面上に質量 m の物体Aと質量 $M(M>m)$ の物体Bが あり，Bにはばね定数 k の軽いばねが取り つけてある。A，Bおよびばねは一直線上にある。

まず，AとBでばねを押し縮めて，ばねが自然長から l だけ縮んだところで， AとBを同時に放した。

(1) Aがばねから離れた後，Aは速さ [   ] で動き，Bは速さ [   ] で動く。

次に，静止しているBに向かってAを速さ v でばねに衝突させた。衝突時には 力学的エネルギーが失われることはないものとする。

(2) 衝突後，Aがばねと接触している間に，AとBの速度が等しくなるときがあ る。このとき，A，Bは速さ [   ] で動き，ばねは最も [   ] いる状態。

(3) Aがばねから離れるとき，Aは図の [   ] 向きに速さ [   ] で動く。

〈福岡大〉

重要問題 **15** なめらかに動く台 〔差がつく!〕

図のように，なめらかで水平な氷の上 に質量 M 〔kg〕の台が置かれている。そ の頂点Aに，質量 m 〔kg〕の小球を静か に置き，手を放したところなめらかな斜 面に沿ってすべり始めた。高さが h 〔m〕 だけ変化したところで，氷からの高さが 同じく h 〔m〕の地点Bから水平方向に 飛び出した。飛び出した瞬間の小球の氷に対する速さは [(1)] 〔m/s〕である。 小球が氷の上に落ちた瞬間，小球と飛び出した台の端Cとの水平距離は [(2)] 〔m〕であった。重力加速度の大きさを g 〔m/s²〕とする。ただし，氷と台の間に も小球と斜面の間にも摩擦がなく，空気抵抗も無視できるものとする。 〈立教大〉

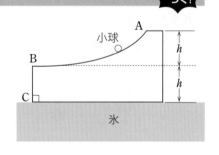

円運動

まずは 漆原の解法 を理解しよう

■ 回る人から見た円運動の解法❸ステップ

S T E P 1 回転中心，半径 r，速さ v（または角速度 ω）を求める。

S T E P 2 回る人から見て遠心力 $m\dfrac{v^2}{r}=mr\omega^2$ を図示。

S T E P 3 力を書き込み，半径方向の力のつりあいの式を立てる。

■ 大地の人から見た円運動の解法❸ステップ

S T E P 1 上と同じ。

S T E P 2 向心加速度 $a_{向心}=\dfrac{v^2}{r}=r\omega^2$ を図示。

S T E P 3 力を書き込み，半径方向の運動方程式 $ma_{向心}=\underset{\text{向心力}}{(合力)}$ を立てる。

※ 2 つの「解法」があるが，オススメは回る人から見て遠心力を用いる 3 ステップ。ただし 重要問題 17 のように "円運動の加速度を求めよ" という問題のときは，$a_{向心}=r\omega^2=\dfrac{v^2}{r}$ を使って向心加速度を求め，運動方程式を立てよう。

この問題で ✔ 解法Check!

例題 図のように水平な机の面上に垂直に立てた長さ $4h$ の棒を，下から $3h$ のところで直角に曲げ，その端に質量 m のおもりをつけた糸を結び，棒を毎秒 n 回の割合で

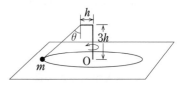

回転させた。このとき糸は鉛直線と $\theta=\dfrac{\pi}{4}$ の角度を保ち，おもりは机に接して円運動した。ただし，糸はたるむことなく，糸と棒は同一平面を保つとする。また，おもりと机の間の摩擦力は無視できる。重力加速度の大きさを g として，次の問いに答えよ。

(1) 棒の回転を速くすると，おもりは机から離れるが，そのときの1秒あたりの回転数 n_0 を求めよ。

(2) おもりが机から h だけ上がったときの角速度 ω を求めよ。　〈山口大〉

解説

(1) ハンマー投げの選手のように，物体とともにぐるぐる**回る人**から見て，**円運動の解法3ステップ**で解く。

STEP 1 円運動必須の3点セット「回転中心」，「半径 r」，「速さ $v\left(\text{または角速度 } \omega=\dfrac{v}{r}\right)$」を求める。

- 回転中心は点 $\underline{O}$
- 半径 r は問題文の図より，$3h\tan 45°+h=4h$
- 角速度（1秒あたりの回転角）$\underline{\omega}$ は，$\omega=\underset{\text{1回転で}}{\underline{2\pi}}\times\underset{\text{回転数}}{\underline{n}}=2\pi n$

ここで，回転中心の位置には注意すること。また，半径 r は大抵，sin や cos のような三角関数や三平方の定理を使って導く（表す）ことを頭に入れておこう。そして，**以上の3点セットがわかれば，次のステップの遠心力の向きと大きさが必ず求められるのだ。円運動の解法はこの3点セットを求めることがほとんどすべてと言ってもよい!!**

STEP 2 **回る人から見て遠心力を図示する。**

図1のように記入でき，その大きさは，

$$\boxed{\text{遠心力 } m\frac{v^2}{r}=mr\omega^2}$$

$$=mr(2\pi n)^2=m\cdot 4h(2\pi n)^2$$
$$=16\pi^2 mn^2 h$$

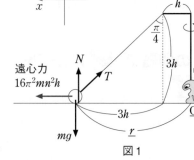

遠心力 $16\pi^2 mn^2 h$

図1

STEP 3 **物体に働く力を書き込み，回る人から見た半径方向の力の**つりあいの式を立てる。ここでイメージしてほしいのは**回る人**（ハンマー投げの選手）から見ると，物体（ハンマー）はいつも目の前にあり，静止して見えること！　つまり力のつりあいの式を立てることができる。

本問では，図1より x，y 方向の力のつりあいの式は，垂直抗力を N，張力を T として，

$$x : 16\pi^2 m n^2 h = T \sin\frac{\pi}{4}$$

$$y : N + T\cos\frac{\pi}{4} = mg$$

$$\therefore \quad N = mg - 16\pi^2 m n^2 h$$

$n = n_0$ のとき，おもりが $\boxed{\text{床から離れる条件} \Longleftrightarrow \text{垂直抗力 } N = 0}$ より，

$$mg - 16\pi^2 m n_0^2 h = 0 \quad \therefore \quad n_0 = \frac{1}{4\pi}\sqrt{\frac{g}{h}} \ \cdots\text{⛊}$$

(2)　(1)と同様に解き，円運動の解法をマスターしてしまおう。

STEP 1　まず，回転中心は図2のように，**点 $\underline{O'}$ へ移動していること**に注意。糸の長さは $3\sqrt{2}\,h$ なので，新しい半径 $\underline{r'}$ は，

$$r' = \sqrt{(3\sqrt{2}\,h)^2 - (2h)^2} + h$$

$$= \sqrt{14}\,h + h = (\sqrt{14} + 1)h$$

また，求める角速度を $\underline{\omega}$ とおく。

STEP 2　**遠心力は図2のようになる。その大きさは，**

$$m r' \omega^2 = m(\sqrt{14} + 1)h\omega^2$$

STEP 3　図2より**回る人**から見た x，y 方向の力のつりあいの式は，

$$x : m(\sqrt{14} + 1)h\omega^2 = T'\sin\theta$$

$$y : T'\cos\theta = mg$$

辺々割って，

$$\frac{(\sqrt{14} + 1)h\omega^2}{g} = \tan\theta \ \cdots①$$

ここで図2より，

$$\tan\theta = \frac{\sqrt{14}\,h}{2h} = \frac{\sqrt{14}}{2}$$

これを式①に代入して，

$$\frac{(\sqrt{14} + 1)h\omega^2}{g} = \frac{\sqrt{14}}{2} \quad \therefore \quad \omega = \sqrt{\frac{\sqrt{14}\,g}{2(\sqrt{14} + 1)h}} \ \cdots\text{⛊}$$

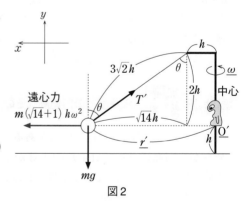

図2

解答編 p.36〜p.44

重要問題 16 水平面での円運動 (その1) 最重要

図のように，長さ l の軽い糸の一端を水平な床
から高さ h $(h>l)$ の点Pに固定し，他端につるし
た質量 m の小球を水平面内で等速円運動させる。
そのとき，糸は鉛直下方と θ の角をなしていると
する。重力加速度の大きさ g，および l, h, m, θ
のうち適当なものを用いて，以下の問いに答えよ。

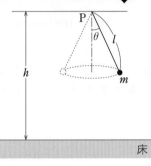

(1) 小球に働くすべての力を，床の上に静止した
観測者から見た場合と，小球といっしょに回転
する観測者から見た場合について図示し，それらの名前を記入せよ。

(2) 糸の張力 T を求めよ。

(3) 円運動の速さをゆっくり増やしていくと，糸の角度 θ は徐々に大きくなり，
$\theta=\theta_1$ で糸が切れた。そこで，同じ糸にばねばかりをつけて引っ張ったところ，
$2mg$ の力で糸が切れることがわかった。角度 θ_1，および糸が切れる直前の小
球の速さ v_1 を求めよ。

(4) 床に落ちるまでに小球が水平方向に進んだ距離を求めよ。 〈熊本大〉

重要問題 17 水平面での円運動 (その2) 最重要

図のように半頂角 45° の円すい面がある。その
なめらかな内面に沿って質量 m の小球が水平な
円軌道を描きながら角速度 ω で等速円運動を行っ
ている。軌道面の高さは頂点から h であり，重力
加速度の大きさを g とする。

(1) 円運動の加速度の大きさを h, ω で，角速度
ω を g, h を用いて求めよ。

(2) 円運動の周期 T を求めよ。

(3) 頂点を位置エネルギーの基準として小球の力学的エネルギー E を求めよ。

(4) 軌道面の高さが $\dfrac{h}{2}$ である場合の角速度 ω' を求めよ。 〈千葉工大〉

　図は，なめらかな水平面と，半径が r で内面がなめらかな半円筒を，Aにおいてなめらかにつないだものを，鉛直面内で切った断面図を表している。図の左端において，ばね定数 k のばねが，質量 m の小さな物体を水平に打ち出すように設定されている。いま，ばねを自然長から a だけ縮めて放したとする。すると，物体は水平面上をすべり，円筒面の内面に沿って上昇する。ここで，ばねのエネルギーは物体のエネルギーに完全に変わるものとする。重力加速度の大きさを g として，次の問いに答えよ。

(1)　円筒に入射するときの物体の速さを求めよ。

(2)　円筒面に沿って上昇するときの物体の速度の2乗および抗力を，直径の他端Bから測った角度 θ，およびそれ以外の与えられた量を使って求めよ。

(3)　物体が円筒面を離れるときの $\cos\theta$ を求めよ。ただし $0<\theta<\dfrac{\pi}{2}$ とする。

(4)　物体が円筒面を離れた後に，ちょうど円の中心を通過するようにしたい。そのためには，k, m, a, g, r の間には一定の関係がなければならない。k を m, a, g, r で表せ。　　　　　　　　　　　　　　　〈立命館大〉

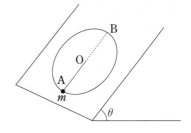

　水平面となす角 θ の斜面上の1点Oに長さ l の軽い糸の一端を固定し，他端には質量 m の物体をつけた。点Oを中心とする半径 l の円の下端をA，上端をBとする。斜面はなめらかとし，重力加速度の大きさを g として以下の問いに答えよ。

　円の下端Aにおいて，円の接線方向に初速度 v を与えたところ，糸はたるむことなく，物体は円の上端Bを通り円運動をした。

(1)　物体が円の上端Bを通過するときの物体の速さ V_B，このときの糸の張力 T_B を求めよ。

(2) 糸がたるむことなく，物体が点Bを通過するには，初速度 v はどのような条件を満たさなければならないか。

(3) (2)で糸の代わりに，長さ l の軽い棒を用いたとき，物体が点Bを通過するためには，初速度 v はどのような条件を満たさなければならないか。 〈九州工大〉

重要問題 **20** 鉛直面内での円運動（その2） 最重要

　図のように，一端を点Sで固定された，質量を無視できるばね定数 k のばねに接して，質量 m の小球Aがなめらかな水平面上に置いてある。水

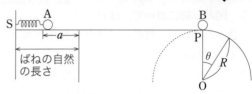

平面の点Pの上には，質量，半径がAと全く同じ球Bが置いてあり，水平面はPで半径 R の半円柱面となめらかにつながっている。A，Bの中心およびS，Pは同一鉛直面内にあり，円柱面の中心軸Oはその鉛直面に垂直であるとする。いま，Aを左方に押して，ばねを自然の長さより a だけ縮めて静かに放したら，Aは直進して，速さ v_A でBと衝突し，衝突直後のA，Bの速さは，それぞれ $v_A{}'$，$v_B{}'$ となった。円柱面とBの間の摩擦は無視できるとし，また，AとBとの衝突における反発係数は 0.5 であるとする。小球の半径は十分小さいとし，重力加速度の大きさを g として以下の問いに答えよ。

(1) 縮みが a のとき，ばねに蓄えられた弾性力による位置エネルギーを k，a を用いて求めよ。

(2) 衝突直前のAの運動量の大きさを m，k，a を用いて求めよ。

(3) $v_A{}'$，$v_B{}'$ を v_A で表せ。

(4) この衝突で失われた力学的エネルギーを m，v_A を用いて求めよ。

(5) $v_B{}'$ が大きすぎると，BはPで円柱面から離れて重力による落下運動をするから，Bが円柱面をわずかでもすべり下りるためには，$v_B{}'$ はある値より小さくなければならない。その値を g，R を用いて求めよ。

(6) (5)のようにBが円柱面をわずかでもすべり下りるために，初めにばねに与えなければならない縮み a の範囲を m，k，g，R で表せ。

(7) Bは円柱面をすべり下りるとその速さを増していく。図の角度 θ のときBはまだ円柱面をすべり下りているとして，Bの速さを $v_B{}'$，g，R，θ を用いて求めよ。

(8) Bが円柱面から離れるときの角度を θ' とする。$\cos\theta'$ を $v_B{}'$，g，R で表せ。

〈静岡大〉

まずは 漆原の解法 を理解しよう

■ 3つの出題パターンに合わせた解法で解く！

1. 円運動のとき ⟹ 円運動の解法3ステップで解く。(出題パターン1)
2. 楕円運動のとき ⟹ 次の2式を連立させて解く。(出題パターン2)
   - 面積速度一定の法則
   - 力学的エネルギー保存則
3. 無限遠への脱出のとき ⟹ 力学的エネルギー保存則で解く。(出題パターン3)
   (重要問題 21 を見よ。)

✔ この問題で 解法Check!

例題
図で地球の質量を M, 半径を R, また重力加速度の大きさを g とする。

(1) 半径 r の円軌道Aを描く人工衛星の速さ v_0 を求めよ。

(2) 衛星の運動方向と逆向きに, 人工衛星のロケットをごく短時間噴射して減速し, 衛星を地球に帰還させる。このとき, 人工衛星が地球に帰還するときの運動方向が, 地球の接線方向となる(軌道B)ようにするためには, 地球に帰還したときの速さ V は, 減速直後の衛星の速さ v の何倍になるか。

(3) (2)の場合, v は v_0 の何倍に減速すればよいか。

〈名古屋市立大〉

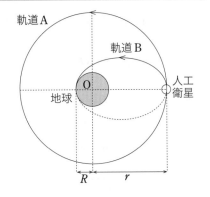

軌道A
軌道B
人工衛星
O
地球
R
r

解説

(1) 万有引力の問題で，**何よりも先にチェックしてほしいのは**，重力加速度 g と万有引力定数 G のうちどちらが与えられているかだ。

万有引力定数 G が与えられているときは問題ないが，本問のように「人工衛星」などが出てくる万有引力（宇宙スケール）の問題において，重力加速度の大きさ g のみが与えられているときは大注意!!

そのようなときは超重要な（図1を見よ）

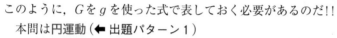

地表上での万有引力＝重力

の関係を使って，

$$G\frac{Mm}{R^2}=mg \qquad \therefore \quad GM=gR^2 \cdots ①$$

このように，G を g を使った式で表しておく必要があるのだ!!

本問は円運動（◀ 出題パターン1）
なので，**回る人**から見た**円運動の解法**
3ステップで解く（図2）。

S T E P 1 中心は点 $\underline{O}$，半径は $\underline{r}$，
速さは $\underline{v_0}$

S T E P 2 遠心力を図2のように
作図。

S T E P 3 **回る人**から見た半径方
向の力のつりあいの式より，

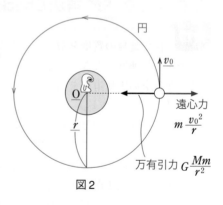

$$G\frac{Mm}{r^2}=m\frac{{v_0}^2}{r}$$

$$\therefore \quad v_0=\sqrt{\frac{GM}{r}} \cdots ②$$

ここで，**万有引力定数 G は与えられていない**ので，この形のままではダメ!!
そこで①を②に代入して，次のようにする。

$$v_0=\sqrt{\frac{gR^2}{r}} \cdots ③ \text{啓}$$

(2), (3) 本問は楕円運動（◀ 出題パターン2）なので，ケプラーの第2法則（面積速度一定の法則）を使う（面積速度を実際に求めるのはカンタン！）。

例えば，図3の⑪では地球中心O
と人工衛星の速度ベクトル$\vec{v}$とで
囲まれる三角形の面積Sを求めれば
よい。⑯も同様。面積速度一定の法
則より，

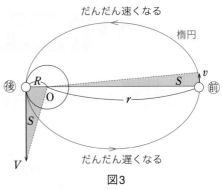

図3

$$S=\underbrace{\frac{1}{2}rv}_{\substack{⑪の\\面積速度}}=\underbrace{\frac{1}{2}RV}_{\substack{⑯の\\面積速度}}$$

$$\therefore \quad \frac{V}{v}=\frac{r}{R}〔倍〕\cdots④ \quad (2)の\text{⊛}$$

また，人工衛星は**万有引力のみしか受けていない**。よって，力学的エネルギ
ー保存則が使える。ここで注意したいのは，宇宙スケールでは，重力の位置エ
ネルギーmghの代わりに，万有引力による位置エネルギー $U_G=-G\dfrac{Mm}{r}$
を使わねばならないことだ（rは地球中心からの距離!!）。

$$\underbrace{\frac{1}{2}mv^2+\left(-G\frac{Mm}{r}\right)}_{⑪の力学的エネルギー}=\underbrace{\frac{1}{2}mV^2+\left(-G\frac{Mm}{R}\right)}_{⑯の力学的エネルギー} \cdots⑤$$

④と⑤を未知数v, Vの連立方程式として解く。（このように「出題パターン2」の楕
円軌道のときは，この2式を連立させて速度を求めるのが最大のポイント。）
④を⑤に代入してVを消すと，

$$\frac{1}{2}mv^2+\left(-G\frac{Mm}{r}\right)=\frac{1}{2}m\left\{\left(\frac{r}{R}\right)v\right\}^2+\left(-G\frac{Mm}{R}\right)$$

$$\frac{1}{2}m\left(1-\frac{r^2}{R^2}\right)v^2=GMm\left(\frac{1}{r}-\frac{1}{R}\right) \quad \left(\begin{array}{l}左辺に運動エネルギーを寄せ，\\右辺に位置エネルギーを寄せる。\end{array}\right)$$

$$\therefore \quad v=\sqrt{\frac{GMm\left(\dfrac{1}{r}-\dfrac{1}{R}\right)}{\dfrac{1}{2}m\left(1-\dfrac{r^2}{R^2}\right)}}=\sqrt{\frac{2GMR^2}{R^2-r^2}\left(\frac{R-r}{Rr}\right)}=\sqrt{\frac{2GMR}{(R+r)r}}$$

$$=\sqrt{\frac{2gR^3}{(R+r)r}} \quad \left(\begin{array}{l}①を代入して $G\to g$ へおきかえることを\\忘れない！\end{array}\right)$$

この式を変形して，③を代入すると，

$$v=\sqrt{\frac{gR^2}{r}}\cdot\sqrt{\frac{2R}{R+r}}=v_0\sqrt{\frac{2R}{R+r}}$$

よって，$\sqrt{\dfrac{2R}{R+r}}$〔倍〕$\cdots(3)の\text{⊛}$

入試問題を 漆原の解法 で解こう

↳ 解答編 p.45〜p.48

重要問題 21 無限遠への脱出 【最重要】

人工衛星

地表から高さ h の円軌道上を，地球の自転と同じ周期 T で，地球の自転と同じ向きに赤道上を回る人工衛星は地上から静止して見えるので静止衛星という。地球の質量を M，人工衛星の質量を m，地球の半径を R，地表における重力加速度の大きさを g とする。

この静止衛星について以下の問いに答えよ。

(1) 静止衛星の角速度 ω を T で表せ。

(2) 静止衛星の速度 v を R, h, T で表せ。

(3) 静止衛星の地表からの高さ h を g, R, v で表せ。

この静止衛星から衛星の一部である質量 m' の物体を，静止衛星に対し速度 v' で，静止衛星の軌道の接線方向に発射した。発射した方向は静止衛星の進行方向と逆向きであり，$v' = -v$ であった。以下の問いに答えよ。

(4) 物体を発射することにより，人工衛星の速度は v から u に変化した。人工衛星の新しい速度 u を v, m, m' で表せ。

(5) 物体を発射することによってこの人工衛星が無限遠方に飛び去るためには，どれだけの質量を発射しなければならないか。発射しなければならない最小の質量 m_{m}' を m で表せ。　〈千葉大〉

重要問題 22 円軌道・楕円軌道の周期 【差がつく！】

地球を半径 6.4×10^6 m の球とし，地表での重力加速度の大きさを 9.8 m/s^2 として，以下の問いに答えよ。

(1) 円軌道を描いている人工衛星の地表からの高さが，ちょうど地球の直径に等しいとき，人工衛星の周期を求めよ。

(2) この人工衛星の速さを求めよ。

(3) この人工衛星が，進行方向にごく短時間の逆噴射を行ったところ，楕円軌道に移り，その周期が変化した。新しい軌道上で地球に最も近い点での地表からの高さが，地球の半径に等しいとき，新しい周期はもとの周期の何倍であるか。　〈大阪公立大〉

単振動

まずは 漆原の解法 を理解しよう

■ 単振動の解法❸ステップ

S T E P 1 x軸を立てる。

S T E P 2 DATA 1 … 振動中心×, DATA 2 … 折り返し点○を求める。

S T E P 3 運動方程式の形から DATA 3 … 周期を求める。

この問題で 解法Check!

例題 質量mのおもりをつるすと, d伸びてつりあう, つる巻きばねがある。このばねの上端を固定し下端にその質量mのおもりをつり下げ, ばねの自然長の状態から初速度0でおもりを手放し単振動させた。ばねの質量は無視できるものとし, また, 重力加速度の大きさはgとする。自然長の位置を原点とし, 下向きを正とするx軸を立てる。

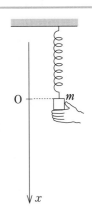

(1) このばねのばね定数kは□□□□である。

　（以後kを用いてもよい）

(2) ばねの最大の伸びは□□□□である。

(3) 座標xでの運動方程式は加速度をaとして□□□□と書けるので, この単振動の周期は□□□□となる。

(4) この単振動の最大速度の大きさは□□□□である。

〈茨城大〉

解説

(1) おもりがつりあったときの力のつりあいの式より,

$$kd = mg$$

$$\therefore \quad k = \frac{mg}{d} \quad \cdots ① 答$$

(2) 単振動の問題を解くときに必ずやるべきことは, 次の**単振動の解法３ステップ**によって, 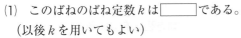 DATA 1 … 振動中心, DATA 2 … 折り返し点, DATA 3 … 周期,

の単振動の3つのデータを求めることである。

STEP 1 x軸を定める（原点とx軸の正の向きを必ず確認！）。

　本問では，問題文の通り，自然長の位置を原点とし，鉛直下向きを正とするx軸を図1のように立てる。

STEP 2 x軸上で，自然長の位置をはっきりさせ振動中心に×印，折り返し点に〇印をつける。

　振動中心とは，速さ最大で加速度0の点であるが，その見つけ方は，

（合力）＝0 の力のつりあい点

を見つけることである。本問では，おもりがつりあう $x=d$ である。

　折り返し点は，| 速さ $v=0$ の点 | で，本問では，**初速度0で手放した自然長の $x=0$ の点**と，振動中心に関して対称な点である $x=2d$ の点である。これで DATA 1 ，DATA 2 を get できた！

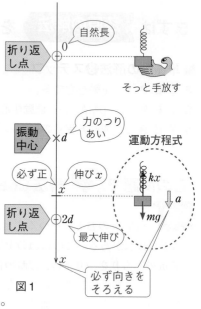

図1

　図1より，最大の伸びは $2d$ 🈞である。

(3) 単振動では，運動方程式の形から，その**周期**がわかる！

STEP 3 座標x（必ず $x>0$）での運動方程式を立てる。

運動方程式が $ma=-K(x-x_0)$ となったとき	その形から ⟹	● 振動中心 $x=x_0$ ● 周期 $T=2\pi\sqrt{\dfrac{m}{K}}$

　本問の場合，図1の位置 $(x>0)$ で運動方程式を立てると，

$$ma=-kx+mg=-k\left(x-\frac{mg}{k}\right)=-k(x-d)\ (①より)\ \cdots🈞$$

　これより，振動中心 $x=d$，周期 $T=2\pi\sqrt{\dfrac{m}{k}}$ $\cdots$🈞 DATA 3 get！

(4) 最大速度の点といえば…そう，DATA 1 の振動中心だ。つまり，本問は「**振動中心での速さを求めよ**」ということである。

ここで，単振動における**力学的エネルギー保存則**を飛躍的に能率アップさせられる見かけの水平ばね振り子というワザを伝授しよう。

　図2の㋐の力のつりあいより $kd=mg$ …②である。㋐からさらに x だけ伸ばして㋑にすると，ばねの力は $k(d+x)$，重力は mg である。この2力の合力をとると，②より kd と mg は等しい大きさで逆向きなので，打ち消しあって，結局，㋒のように kx のみ残る。これは㋐の力のつりあいの位置を見かけ上の自然長としたときの水平ばね振り子におけるばねの力の形をしている。

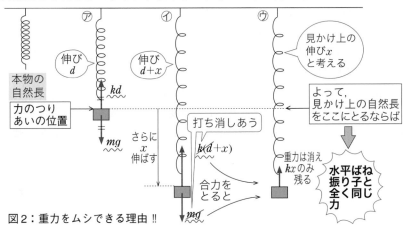

図2：重力をムシできる理由‼

重要　合力で考えると，力のつりあいの位置を自然長とする水平ばね振り子と全く同じ力となる。よって，エネルギー保存の式も水平ばね振り子と同じ式に従う。

　本問では，図3のように $x=d$ の振動中心（力のつりあい点）で働く力の合力は0。そこから上へ d だけ上がった $x=0$ の位置での合力は下向きに kd。これは，$x=d$ を見かけ上の自然長とした水平ばね振り子と同じ力。よって，エネルギー保存の式も水平ばね振り子と同じ式に従い，

$$\underbrace{\frac{1}{2}kd^2}_{前}=\underbrace{\frac{1}{2}mv^2}_{後} \quad \therefore \quad v=\sqrt{\frac{k}{m}}d \cdots 答$$

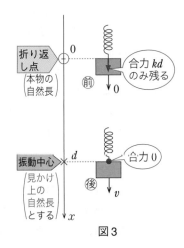

図3

入試問題を 漆原の解法 で解こう

↳ 解答編 p.49〜p.66

重要問題 **23**　3つのばねによる単振動　**最重要**

　質量 m の物体をなめらかな水平台の
上に置き，図のように物体の両側を，2
本のばねで右側の壁に，1本のばねで左
側の壁に，それぞれ固定した。これら3
本のばねは同等でばね定数は k である。

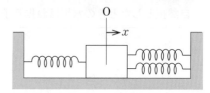

物体が静止しているとき，3本のばねの長さは自然の長さとする。

(1)　物体を静止位置Oから水平に右へ R だけ変位させて放すと，物体は単振動する。変位が x のときの物体の加速度を a として，物体の運動方程式を記せ。

(2)　単振動の周期 T を求めよ。

(3)　物体の変位 x，速度 v および加速度 a を時間 t の関数として表せ。

〈東京都市大〉

重要問題 **24**　斜面上の物体の単振動　**最重要**

　図のように傾斜角 θ で長さが L のなめ
らかな斜面がある。自然の長さが l_0 の
ばねの一端に質量 $2m$ の小さいおもりA
をつけ，他端を斜面の上端Oに固定して
斜面上に静止させた。ばねは非常に軽く
質量は無視できる。おもりAに向かって
斜面の下端より質量 m の小球Bを射出

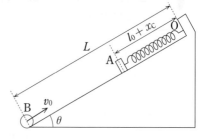

し，正面衝突させた。小球Bの衝突直前の速度は v であった。重力加速度の大きさを g，速度は斜面上向きを正として次の問いに答えよ。

問1　最初，おもりAをつけたばねは x_C だけ伸びて静止していた。

(1)　ばね定数 k を x_C，m，θ，g を用いて表せ。

(2)　射出させた小球Bの初速度 v_0 を L，l_0，x_C，v，θ，g を用いて表せ。

問2　次に，衝突は弾性衝突であったとする。

(3)　おもりA，小球Bそれぞれの衝突直後の速度 v_A，v_B を v を用いて表せ。

(4) 衝突後，おもりAは斜面上で振動を始めた。この振動の周期 T を x_c, θ, g を用いて表せ。

(5) この振動の振幅 A を x_c, v, θ, g を用いて表せ。　　　　〈新潟大〉

重要問題 **25** 鉛直方向の単振動と物体の衝突　　　差がつく!

　図のように，ある質量の小板Aがばねの上端に水平に取りつけられている。床からの高さ h のところから，同一質量のおもりBを静かに落として小板Aに衝突させる。衝突時間は非常に短く，衝突は完全非弾性的とすると，衝突後ばねの伸縮にともなって，小板AとおもりBが離れずに一体となって，鉛直に単振動をする。しかし，おもり

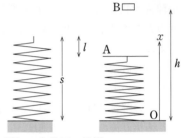

ばねの自然長の状態

Bの高さ h がある高さを越えると，おもりBは衝突後の一周期以内で小板Aから離れてしまう。

　いま衝突前の，ばねの自然長 s（ばねに小板もおもりも乗っていないときの長さ）からの縮みを l とし，重力加速度の大きさを g とする。以下の問いに h, s, l, g の記号から必要なもののみを用いて答えよ。ただし，小板Aの厚さ，おもりBの大きさ，空気の抵抗およびばねの質量は無視できるものとする。さらに，おもりBと小板Aの接触している面には，垂直抗力のみが作用するものとする。また座標軸はばねの下端を原点として，鉛直上向きに x 軸をとるものとする。

(1) 衝突直前のおもりBの速さ v_B を求めよ。

(2) 衝突直後のおもりBの速さ $v_B{}'$ を求めよ。

(3) おもりBが小板Aと一体になって単振動をする場合について，この振動の中心座標 x_0，周期 T，および振幅 a を求めよ。

(4) おもりBが小板Aから離れて運動する場合について，

　(i) 離れるときの床からの高さ d を求めよ。

　(ii) 離れる瞬間のおもりBの速さ v^* を求めよ。

　(iii) 離れた瞬間からおもりBが最高点に達するまでの時間 t を求めよ。

　(iv) 床から最高点までの高さ H を求めよ。　　　　〈茨城大〉

2つの小球AとBがそれぞれ等しい長さ l の軽い糸で支点Oにつながれている。図のように，初め小球Aは鉛直より角度 θ の位置に支えてあり，小球Bは鉛直の位置に静止している。小球Aを静かに放すと最下点で小球Bと衝突する。運動は同一平面内で行われ，小球AとBの衝突は弾性衝突である。小球Aの質量 M は，小球Bの質量 m より大きい。重力加速度の大きさは g，速度は水平右向きを正とする。次の問いに答えよ。

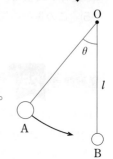

(1)　衝突直前の小球Aの速度 V_0 と小球Aを支える糸の張力 S を求めよ。

　以下の解答には V_0 を用いてもよい。

(2)　衝突直後の小球Aの速度 V_1 と小球Bの速度 v_1 を求めよ。

(3)　初めの衝突後に2つの小球AとBは再び衝突する。小球Aの初めに置かれた角度 θ は小さいものとして，初めの衝突から2回目の衝突までの時間および衝突する位置を答えよ。

(4)　前問において，2回目の衝突直後の小球Aの速度 V_2 と小球Bの速度 v_2 を求めよ。　　　　　　　　　　　　　　　　　　　　　　　　　　〈電気通信大〉

　重力加速度の大きさを g として，以下の問いに答えよ。

(1)　周期 T をもつ長さ l の単振り子がある。この単振り子を一定の加速度 α で上昇しているエレベーターの中で小さく振らせると，周期が T' であった。周期の比 $\dfrac{T'}{T}$ はいくらか。

(2)　水平な直線路上を一定の加速度 α で走っている電車の中で，長さ l の糸に質量 m のおもりをつけて静かにつるしたところ，この単振り子は鉛直方向に対して θ だけ傾いて静止したという。$\tan\theta$ を求めよ。

(3)　(2)での単振り子を，静止した点のまわりに電車の進行方向を含む鉛直面内で小さく振らせた。この単振り子の周期を求めよ。　　　　　　　　　〈近畿大〉

液中に直立する円筒形のウキ（浮子）がある。ウキの断面積 S は一様で，長さは L，質量は M である。

このウキをある液体に浮かべたところ，図Aのように液中の部分が b で静止した。この静止状態から，ウキを手で図Bの位置まで静かに押し沈めた。その後，急に手を離すと，ウキは上下に振動を始めた。重力加速度の大きさを g として，以下の問いに答えよ。ただし，ウキは常に直立の状態を保つものとする。

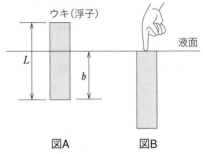

図A　図B

なお，$\dfrac{L}{2} < b < L$ であり，ウキの浮き沈みによって液面の高さは変わらず，また，ウキの運動に対する空気や液体の抵抗は考えないものとする。

(1) この液体の密度はいくらか。

(2) ウキの液中部分の長さが $b+x$ のとき，手の力を F として，F と x の関係を式で示せ。ただし，$0 \leqq x \leqq L-b$ とする。

(3) (2)で求めた F と x の関係は，$-b \leqq x < 0$ の場合も成り立つことがわかっている。ウキの上下振動の周期と振幅はいくらか。

(4) ウキが振動しているとき，図Aの位置における上下方向の速さはいくらか。

(5) 図Bの状態から，初めて図Aの位置に達するまでに，かかる時間を求めよ。

〈茨城大〉

図に示すように，質量Mの物体1，2，3の中心にまっすぐな棒Rを通し，物体1と物体2を自然長L，ばね定数kのばねS_1で連結し，静止させた。物体1，2，3の大きさおよび棒の太さは無視できるほど小さく，これら物体と棒の間

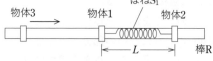

に摩擦はない。ばねおよび棒の質量は無視でき，重力も無視できるものとする。また，物体1から物体2への速度の向きを正にとることにする。

物体3が物体1に速度vで衝突した瞬間に結合し，そのまま運動を始めたとしよう。このとき，物体1，2，3およびばねS_1からなる系の重心の速度は　(1)　，振動の周期は　(2)　，ばねの最大の長さは　(3)　である。　〈慶應義塾大-医〉

図のように，細い中空の直角に曲がった管のなかに，質量が無視でき，自然長がlのばねが取りつけられている。ばねの一方の端には質量mの小さなおもりWがついていて，管の水平部分BCをなめらかに動けるようになっている。ばねのもう一方の端Eは鉛直部分ABの任意の位置で固定することができる。また，この管は，下部に連結されたモーターによって，ABを中心軸として回転させることができる。管の水平部分BCの長さは$2l$である。

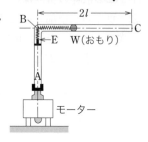

ばねは常にフックの法則に従い，摩擦はすべて無視でき，管の曲がり角にばねが引っかかることはないものとする。ばね定数をkとして，次の問いに答えよ。

(1)　最初，管およびばねは静止しており，端点EはBから下へ距離$\dfrac{l}{4}$の位置にあった。時刻$t=0$に，瞬間的にEをさらに距離$\dfrac{l}{4}$だけ下方へ下げて固定したところ，おもりは単振動を始めた。振動の周期と，おもりWのBからの距離の最小値を求めよ。

(2)　次に，ばねの端点Eを点Bの位置まで上げて固定し，ばねと管を完全に静止の状態にもどした。その後，ある時刻から，突然管を一定の角速度ωで回転させたところ，おもりは管の中で単振動を始めた。おもりの振動数と，振動の中心点のBからの距離，ばねの長さの最大値を求めよ。　〈東京大〉

全運動量0と重心の活用法
（ゼロ）

まずは 漆原の解法 を理解しよう

■ 2物体の全運動量が0ならば，次のテクニックが使える！

| テクニック❶ | 質量逆比分配則。 |

| テクニック❷ | 衝突後の速度は各々 $-e$ 倍ずつになる。 |

| テクニック❸ | 全体の重心は不動。 |

| テクニック❹ | 2物体の重心に乗って見ると，必ず全運動量が0に見えるので |

上記のテクニックが使える。

この問題で ✓ 解法Check!

例題 図のように，質量 M で水平面上をなめらかに動ける半径 r の $\dfrac{1}{4}$ 円筒面をもつ台 M の上に，質量 m の質点 m が図のように置かれている。全体を静かに放すと，斜面上をなめらかにすべった質点 m は，台の右端の壁と垂直に反発係数 e の非弾性衝突をした。重力加速度の大きさを g とする。

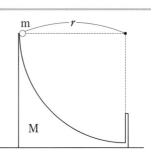

(1) 衝突直前の台 M と質点 m の速さ V, v を求めよ。

(2) 衝突直後の台 M と質点 m の速さ V', v' を e, v, V を用いて求めよ。

(3) 十分時間後，台 M は最初の位置からどちら向きに，いくらの距離ずれているかを求めよ。 〈兵庫県立大〉

解法に入る前に　「全運動量 0 で外力なし」という条件を目にした瞬間，熟練した受験生はガッとアドレナリンが出るものだ。そこには非常に豊かなテクニックの世界が展開するからだ。

テクニック❶　全運動量が 0 の 2 物体の運動エネルギーの比は質量の逆比となる。

図 1 のように，質量 m と $M(m < M)$ の小物体 m と M が静止している。突然互いに分裂し速さ v と V で正反対方向に飛んで行ったとする。このとき運動量保存の法則より，

$$x : \underset{前}{0} = \underset{後}{MV - mv}$$

$$\therefore \quad v : V = M : m \quad \cdots ①$$

よって，m と M の運動エネルギーの比は

$$\frac{1}{2}mv^2 : \frac{1}{2}MV^2 = mM^2 : Mm^2 \quad (①より)$$

$$= \underset{質量の逆比}{M : m}$$

つまり，分裂の**エネルギー**が，2 物体にそれらの質量の逆比に分配されている（**質量逆比分配則**という）。

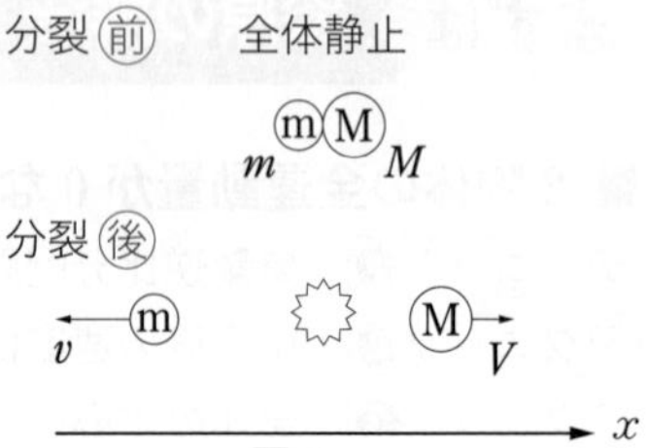

分裂 前　　全体静止

m M
m M

分裂 後

v ← m　　　　M
　　　　　　　　V

図 1 → x

テクニック❷　全運動量が 0 の 2 物体が衝突するとき，衝突後，2 物体の速度は各々 $-e$ 倍ずつになる。

図 2 のように，m と M が全運動量 0 を満たしつつ反発係数 e の衝突をする。外力はなく，全運動量は保存するので，

$$x : \underset{条件}{0} = \underset{前}{mv - MV} = \underset{後}{-mv' + MV'} \quad \cdots ②$$

一方，反発係数の式より，

$$e = \frac{v' + V'}{v + V} \quad \cdots ③$$

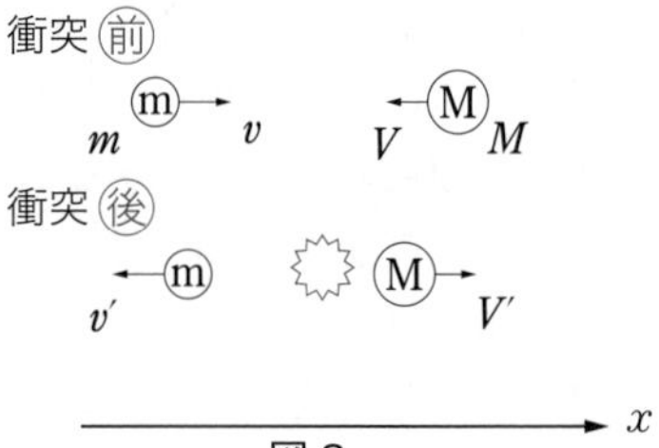

衝突 前

m → v　　　V ← M
m　　　　　　　M

衝突 後

m　　　　M →
v'　　　　　V'

図 2 → x

③に②を代入して V, V' を消して,

$$e = \frac{v' + \dfrac{m}{M}v'}{v + \dfrac{m}{M}v} = \frac{v'}{v} \qquad \therefore \quad v' = ev$$

この式変形も慣れてほしい

同じく③に②を代入して v, v' を消して,

$$e = \frac{\dfrac{M}{m}V' + V'}{\dfrac{M}{m}V + V} = \frac{V'}{V} \qquad \therefore \quad V' = eV$$

以上より, 向きまで含めると, 衝突後の速度は各々 $-e$ 倍ずつになっている。

| テクニック❸ | 全運動量 0 で外力のない方向について, 2 物体全体の重心は不動である。

別冊「解答と解説」p.62 の「重要」にあるように,

重心速度 $v_G = \dfrac{mv + MV}{m + M} = \dfrac{全運動量}{全質量}$ ‥‥④

ここで, 全運動量＝0 とすると 重心速度＝0 となる。つまり, 重心は不動となる。

| テクニック❹ | 床から見た全運動量が 0 でないときでも, 外力さえなければ, 重心に乗って見ると必ず全運動量は 0 に見えてしまう。つまり重心に乗って見るとテクニック❶❷❸が必然的に使える。

図3のように, m が v, M が V の速度で動いているとき, 全体の重心と同じ速度 v_G で動いている観測者から両物体を見るときの相対速度は各々 $v - v_G$, $V - v_G$ に見える。よって, 重心から見た全運動量は

$$m(v - v_G) + M(V - v_G)$$
$$= mv + MV - (m + M)v_G$$
$$= 0 \quad (④より)$$

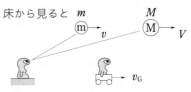

床から見ると

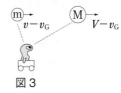

v_G で動く人から見ると

図3

なんと！ 重心に乗って見ると, 必ず全運動量は 0 となってしまう!! よって, 重心に乗って見ると必然的に上で見た❶❷❸の テクニック が使えてしまうのだ!! これが「重心に乗って見る」ことの最大のメリットなのだ。

（1） 本問では全体静止した状態からスタートするので，水平（x）方向の全運動量は 0 となっている。よって，テクニック❶ の**質量逆比分配則**より，初めに持っていた重力の位置エネルギー mgr を，m と M で質量の逆比に分けあって，

$$\frac{1}{2}\,m\,v^2 = mgr \times \underbrace{\frac{M}{m+M}}_{\text{質量の逆比}} \text{〔倍〕}$$

$$\frac{1}{2}\,M\,V^2 = mgr \times \underbrace{\frac{m}{m+M}}_{\text{質量の逆比}} \text{〔倍〕}$$

以上より，

$$v = \sqrt{\frac{2grM}{m+M}} \quad \cdots \text{答}$$

$$V = \sqrt{\frac{2grm^2}{M(m+M)}} \quad \cdots \text{答}$$

と一瞬で解けた。

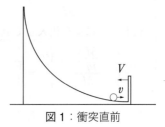

図1：衝突直前

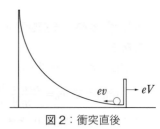

図2：衝突直後

（2） テクニック❷ より各々の速度は $-e$ 倍ずつになるので，速さは，

$$v' = |(-e)v| = ev \quad \cdots \text{答}$$

$$V' = |(-e)V| = eV \quad \cdots \text{答}$$

と秒殺である。

（3） 図3のように台の重心を台の左下端にとるのがコツ（台の重心がどこにあろうと，台の水平方向の運動方程式には関係ないので台の重心は勝手に選んでいいのだ！）。

テクニック❸ より**全体の重心の x 座標は不動**なので，求める台の変位は左向き答で，その大きさ ΔX は図3より，

$$\Delta X = r \times \frac{m}{M+m} \quad \cdots \text{答}$$

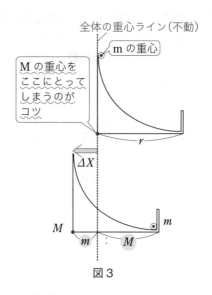

全体の重心ライン（不動）

m の重心

M の重心をここにとってしまうのがコツ

図3

入試問題を 漆原の解法 で解こう

↳ 解答編 p.67〜p.68

重要問題 31 質量逆比分配則(1)

SECTION 10 の テクニック❶ を用いて答えよ。

図のように，なめらかな水平面上に質量mの物体Aと質量$M(M>m)$の物体Bがあり，Bにはばね定数kの軽いばねが取りつけてある。A，Bおよびばねは一直線上にある。

AとBでばねを押し縮めて，ばねが自然長からlだけ縮んだところで，AとBを同時に放した。Aがばねから離れた後，Aは速さ□□□□で動き，Bは速さ□□□□で動く。 〈福岡大〉

（※ 重要問題 14 (p.34) と問題設定は同じです）

重要問題 32 質量逆比分配則(2)

SECTION 10 の テクニック❶ を用いて答えよ。

図のように，なめらかで水平な氷の上に質量M〔kg〕の台が置かれている。その頂点Aに，質量m〔kg〕の小球を静かに置き，手を放したところなめらかな斜面に沿ってすべり始めた。高さがh〔m〕だけ変化したところで，氷からの高さが同じくh〔m〕の地点Bから水平方向に

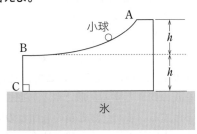

飛び出した。飛び出した瞬間の小球の氷に対する速さは□□□□〔m/s〕である。重力加速度の大きさをg〔m/s²〕とする。ただし，氷と台の間にも小球と斜面の間にも摩擦がなく，空気抵抗も無視できるものとする。 〈立教大〉

（※ 重要問題 15 (p.34) と問題設定は同じです）

重要問題 **33** 重心不動

SECTION 10 の テクニック❸ を用いて答えよ。

図に示すように質量 M の直方体 M がなめら
かな水平面上に置かれている。M のなめらか
な上面に置かれた質量 M_2 の物体 M_2 から水平
に張ったひもを滑車にかけ，その先端に質量
M_1 の物体 M_1 を鉛直につり下げる。M_1 の側面
はMと接し，上下になめらかにすべることはで
きるが，離れないような構造になっている。た
だし，ひもは伸びず，その質量は無視できる。

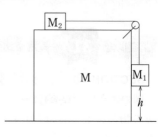

M_2 から手を放したとき，M_1 が水平面に達するまでの間にMが動く向き，およ
び距離 x を求めよ。 〈東京工大〉

（※ 重要問題 **07** (p.21) と問題設定は同じです）

重要問題 **34** 重心に乗って見ると必ず全運動量 0 に見える

SECTION 10 の テクニック❷， テクニック❹ を用いて答えよ。

なめらかな水平面上に，直方体の箱（質量 M）
が置かれている。この中に質量 m の球がある。
これが初速度 v で箱の内壁に垂直に衝突して，速
度 v_1 ではねかえり，再び反対側の壁に衝突して，
速度 v_2 ではねかえる。ここで，初速度 v の向き

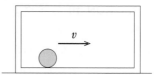

を正の向きとする。球と壁との間の反発係数を e $(0<e<1)$ とし，$Me>m$ であ
るとする。また，球と箱の底面との間の摩擦はないものとする。

(1) 1回目の衝突後の球の速度 v_1 を求めよ。

(2) 2回目の衝突後の球の速度 v_2 を求めよ。

(3) 衝突のたびごとに球と箱との相対速度が減少するので，衝突を無限に繰り返
せば，ついには2物体の速度が等しくなる。このときの最終速度 u を求めよ。

〈宮崎大〉

（※ 重要問題 **10** (p.29) と問題設定は同じです）

気体の熱力学

まずは 漆原の解法 を理解しよう

■熱力学の解法❸ステップ

S T E P 1 p, V, n, Tを図示して，次の式を立てる。

- いつも心に　　　　　　　　── 状態方程式　$pV=nRT$
- ピストンが静止しているとき ── 力のつりあいの式
- 断熱変化のとき　　　　　　── ポアソンの式

S T E P 2 p–V グラフを作図。

S T E P 3 熱力学第1法則を表にまとめる。

この問題で ✓解法Check!

例題　断熱材でつくられたピストンつきの円筒形の容器に1 molの単原子分子の理想気体が入っている。ピストンの質量はM〔kg〕で，上面は圧力p_0〔N/m²〕，温度T_0〔K〕の大気に接している。ピストンはストッパーAで止まっており，容器の底面からピストンの下面までの高さはL〔m〕である。気体定数をR〔J/(mol·K)〕，重力加速度の大きさをg〔m/s²〕とする。なお，答えはM, T_0, R, Lおよびgの一部または全部を用いて表せ。

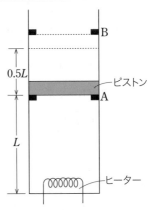

(1)　最初，理想気体の圧力はp_0〔N/m²〕，温度はT_0〔K〕であった。その内部エネルギーはいくらか。

(2)　ヒーターで気体を加熱し，気体の温度がT_1〔K〕になったときピストンが上に動き始めた。温度T_1と気体に加えた熱量Q_1〔J〕を求めよ。

(3)　加熱を続けるとピストンはゆっくり上昇を続けた。ピストンが上のストッパーBに接したとき，気体の高さは$1.5L$〔m〕であった。このときの温度T_2〔K〕を求めよ。また，ピストンが動き始めてからこのときまでに理

想気体に加えた熱量 Q_2〔J〕および気体がなした仕事 W_2〔J〕を求めよ。

(4) さらに加熱を続けると圧力は上昇し気体の温度は T_3〔K〕になった。こ
こで加熱を止め，ストッパーBを外すとピストンはゆっくり動いた(断熱
変化)。ピストンは気体の高さが $2L$〔m〕になったところで静止した。こ
のときの気体の温度は T_4〔K〕であった。T_3 および T_4 を求めよ。ただし，
この断熱変化の過程では絶対温度 T と体積 V の間には

$$TV^{\gamma-1} = 一定 \quad \left(比熱比 \ \gamma = \frac{5}{3}\right)$$

の関係がある。 〈京都工繊大〉

解説

(1) 熱力学で最も大切なのは，内部エネルギーとは何かということ。

内部エネルギー U〔J〕＝気体分子(ボール⬤)の運動エネルギーの総和

この定義より，U はモル数 n(⬤の数)と絶対温度 T(⬤1個あたりの運動エ
ネルギー)に比例する。つまり，U は，$n \times T$ に比例するので，比例定数 C_V を
用いて，**内部エネルギーの式** $U = C_V nT$ と書ける。

ここで C_V は気体の種類(何原子分子か)だけで決まる定数であり，特に単原
子分子のときの $C_V = \dfrac{3}{2}R$ は必ず覚えよう。

本問では，単原子分子なので $C_V = \dfrac{3}{2}R$ となり，気体のモル数 n は 1 mol で
温度が T_0〔K〕であるので，内部エネルギー U〔J〕は，

$$U = C_V nT = \frac{3}{2}R \times 1 \times T_0 = \frac{3}{2}RT_0 〔J〕 \cdots 答$$

(2), (3) すべての熱力学の問題は，次の**熱力学の解法3ステップ**で解ける。
STEP1 各状態の圧力 p，体積 V，モル数 n，温度 T で，与えられてない
ものは，とりあえず未知数として仮定し(図を描くとイメージがわきやすい)，
次の式から求める。
- いつも心に ⟶ 状態方程式
- ピストンが静止しているとき ⟶ ピストンの力のつりあいの式
- 断熱変化のとき ⟶ ポアソンの式

次ページの図Ⅰ，Ⅱ，Ⅲは，それぞれ問い(1)，(2)，(3)の状態に対応してい
る。

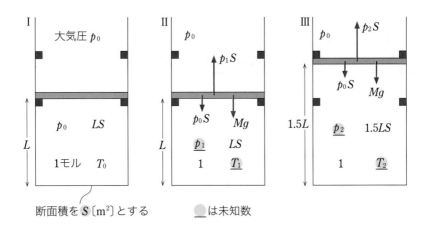

断面積を S〔m²〕とする　　　　 は未知数

状態方程式より，

Ⅰ：$p_0 \cdot LS = 1 \cdot RT_0$ 　　　…①

Ⅱ：$p_1 \cdot LS = 1 \cdot RT_1$ 　　　…②

Ⅲ：$p_2 \cdot 1.5LS = 1 \cdot RT_2$ 　　…③

状態方程式で「**辺々割る**」をする。

②÷① より，$T_1 = \dfrac{T_0}{p_0}p_1$ 　　…④

③÷① より，$T_2 = \dfrac{1.5\,T_0}{p_0}p_2$ 　…⑤

ピストンにかかる力のつりあいの式より，

　　Ⅱ：$p_1 S = p_0 S + Mg$ 　　∴　$p_1 = p_0 + \dfrac{Mg}{S}$ …⑥

　　Ⅲ：$p_2 S = p_0 S + Mg$ 　　∴　$p_2 = p_0 + \dfrac{Mg}{S}$ …⑦

⑥，⑦より，$p_1 = p_2$（一定の力を受けるピストンのときは圧力不変！）

④，⑥より，$T_1 = \dfrac{T_0}{p_0}\left(p_0 + \dfrac{Mg}{S}\right) \underset{\text{①を変形して代入}}{=} T_0 + \dfrac{MgL}{R}$ 〔K〕…⑧ (2)の🈩

⑤，⑦より，$T_2 = \dfrac{1.5\,T_0}{p_0}\left(p_0 + \dfrac{Mg}{S}\right) = 1.5\left(T_0 + \dfrac{MgL}{R}\right)$ 〔K〕…⑨ (3)の🈩

STEP 2 **STEP 1** の結果を，「圧力
p- 体積 V」グラフに作図する。

　グラフは右のようになるが，**STEP 1**
の図を参照しながらだと描きやすい。

STEP 3 　各変化での熱力学第 1 法則

　　$Q_{in} = \Delta U + W_{out}$

を表にまとめる。

● $\Delta U \rightarrow W_{out} \rightarrow Q_{in}$ の順に埋める！

● ΔU，W_{out}，Q_{in} の求め方は押さえておこう！

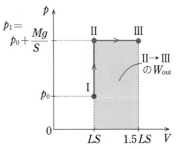

[求め方]	Q_{in} = [最後に上式で求める] (断熱変化では 0)	ΔU + $\begin{bmatrix} U_{後} - U_{前} \\ C_V n \Delta T \end{bmatrix}$	W_{out} $\begin{bmatrix} \pm(p\text{-}V \text{ グラフの下の面積}) \\ \hookrightarrow (\text{ピストンが押し込まれたときマイナス}) \end{bmatrix}$
I → II (定積 変化)	$Q_1 = \dfrac{3}{2}MgL$ 〔J〕 …(2)の答	$\dfrac{3}{2}R \cdot 1 \cdot (T_1 - T_0)$ $= \dfrac{3}{2}MgL$ （⑧より）	0 （ピストンが動いていない）
II → III (定圧 変化)	$Q_2 = \dfrac{5}{4}(RT_0 + MgL)$ 〔J〕 …(3)の答	$\dfrac{3}{2}R \cdot 1 \cdot (T_2 - T_1)$ $= \dfrac{3}{4}R\left(T_0 + \dfrac{MgL}{R}\right)$ （⑧，⑨より）	$\blacksquare$ $p_1 \cdot 0.5LS$ $= 0.5RT_1$ （②より） $= 0.5(RT_0 + MgL)$ 〔J〕（⑧より） $= W_2$ …(3)の答

(4) 気体が外部との熱の出入りを断ったまま（断熱），一様に（気体にムラのない 状態で）圧縮されたり，膨張するときは，次のポアソンの式が成り立つ。

$$\boxed{pV^{\gamma} = \text{一定}} \qquad \boxed{TV^{\gamma-1} = \text{一定}} \qquad \left(\text{この 2 式は } p = \dfrac{nRT}{V} \text{ により同等}\right)$$

ここで γ（>1）は比熱比と呼ばれ，特に単原子分子のとき $\gamma = \dfrac{5}{3}$ となる。

STEP 1 まず，右図のよう
に p, V, n, T を作図。次に，
状態 V でピストンはつりあって
いるので，力のつりあいの式は，

$p_4 S = p_0 S + Mg$

状態 V の状態方程式は，

$p_4 \cdot 2LS = 1 \cdot RT_4$

$\therefore \quad T_4 = \dfrac{2p_4 LS}{R}$

$= \dfrac{2L}{R}(p_0 S + Mg) \underset{\text{①を変形して代入}}{=} \dfrac{2L}{R}\left(\dfrac{RT_0}{L} + Mg\right) = 2\left(T_0 + \dfrac{MgL}{R}\right)$ 〔K〕 …答

また，本問では断熱変化（膨張）なので，ポアソンの式が成り立つ。上図に
おいて，$\boxed{(\text{状態 IV の } T \times V^{\gamma-1}) = (\text{状態 V の } T \times V^{\gamma-1})}$ の形をつくるが，単原
子分子なので $\gamma = \dfrac{5}{3}$ に注意して $\left(\gamma - 1 = \dfrac{5}{3} - 1 = \dfrac{2}{3} \text{ より}\right)$，

$T_3 \times (1.5LS)^{\frac{2}{3}} = T_4 \times (2LS)^{\frac{2}{3}}$

$\therefore \quad T_3 = \left(\dfrac{4}{3}\right)^{\frac{2}{3}} T_4 = 2\left(\dfrac{4}{3}\right)^{\frac{2}{3}}\left(T_0 + \dfrac{MgL}{R}\right)$ 〔K〕 …答 ← **STEP 1** だけで
解けてしまった!!

比熱の問題はこうやって解く！

　熱力学の分野で意外と盲点になっているのが，物理基礎の範囲の比熱の問題でしょう。比熱の定義は何？と聞かれて，あたふたしてはいけない。比熱 c〔J/(g・K)〕とは，「ある物質1gを1K温度上昇させるのに要する熱量」のこと。

　だから，m〔g〕を ΔT〔K〕変化させるには，その $m \times \Delta T$〔倍〕の

$$\boxed{\text{熱量 } Q = c \times m \times \Delta T \text{〔J〕}}$$

を要する。単なるかけ算だ！　そして，比熱の問題は次のお決まりの｜**手順**｜で解けてしまうのを確認しておこう。

┌─**重要例題**──────────────────────────

　温度30℃の水200gの中に，温度90℃，比熱2.1 J/(g・K)の物体100gを入れた。外部に逃げる熱がないとすると，十分に時間が経って，物体と水の温度が等しくなるまでに，物体から水に移動した熱エネルギーは約▢▢▢kJである。ただし，水の比熱は1〔cal/(g・K)〕＝4.2〔J/(g・K)〕である。〈神奈川大〉

└─────────────────────────────────

（**解答**）　次の2つの｜**手順**｜で解いてみよう。

｜**手順1**｜　**何が温度上昇し，何が温度低下したのかを「温度図」に表す。**

　本問では，30℃の水に90℃の物体を入れたので，全体が等しくなったときの温度 t〔℃〕は，30℃と90℃の間にあるはず。よって，右図のように「温度図」が描ける。ここで，図には必ず，温度，質量，比熱（または熱容量）を一緒に書いておくと，あとで計算しやすい。

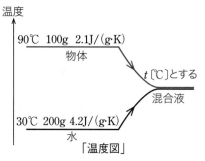

｜**手順2**｜　**「(得た熱量)＝(失った熱量)」の熱量保存の式を立てる。**

「温度図」から，

　　200gの水（比熱4.2 J/(g・K)）は30℃から t〔℃〕まで温度上昇，

　　100gの物体（比熱2.1 J/(g・K)）は90℃から t〔℃〕まで温度低下

したことがわかる。よって，$\boxed{Q = c \times m \times \Delta T}$ の式を使って，

$$\underbrace{4.2}_{\substack{\text{〔J/(g・K)〕}}} \times \underbrace{200}_{\text{〔g〕}} \times \underbrace{(t-30)}_{\text{〔℃〕}} = \underbrace{2.1}_{\text{〔J/(g・K)〕}} \times \underbrace{100}_{\text{〔g〕}} \times \underbrace{(90-t)}_{\text{〔℃〕}} \quad \therefore \quad t = 42 \text{〔℃〕}$$

$$\underbrace{}_{\text{水の得た熱量}} \qquad \underbrace{}_{\text{物体の失った熱量}}$$

よって，物体から水へ移動した熱エネルギーは，

$$2.1 \times 100 \times (90-42) \text{〔J〕} = 10080 \text{〔J〕} \fallingdotseq 10 \text{〔kJ〕} \cdots \text{⊜}$$

入試問題を 漆原の解法 で解こう

↳ 解答編 p.69〜p.84

重要問題 **35**　球形容器気体分子運動論

一度は
やっとく!

　半径 r〔m〕の球形の中空容器の中に，n モルの理
想気体が入っている。理想気体の個々の分子は，器
壁と弾性衝突を繰り返している。重力の効果は無視
できるとする。気体分子の質量を m〔kg〕，アボガ
ドロ定数を N_A〔1/mol〕，気体定数を R〔J/(mol·K)〕
とし，以下の問いに答えよ。

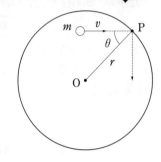

問1　図のように，速さ v〔m/s〕の気体分子が器壁
　　の点Pに，点Pと球の中心Oとを結ぶ線（法線）
　　と θ の角度で衝突した。

　⑴　1回の衝突による，この分子の運動量の変化の大きさを求めよ。

　⑵　この分子が器壁と衝突してから，次に器壁に衝突するまでに進む距離を求
　　めよ。

　⑶　この分子が1秒あたりに壁に衝突する回数を求めよ。

　⑷　器壁が1つの分子から受ける平均の力の大きさを求めよ。

問2　容器内の気体分子の速さの二乗平均を $\overline{v^2}$〔m²/s²〕とする。

　⑴　気体分子全体が器壁に与える力の大きさの総和を求めよ。

　⑵　気体の圧力 p〔Pa〕を，容器の体積を V〔m³〕として V，N_A，n，m，$\overline{v^2}$ を
　　用いて求めよ。

　⑶　気体分子の平均運動エネルギーを絶対温度 T〔K〕を用いて表せ。

問3　この気体は単原子分子で構成されているとする。気体分子の内部エネルギ
　　ーを n，R，T を用いて求めよ。　　　　　　　　　　　　　　　〈名古屋市立大〉

体積 V, 圧力 p, 温度 T, モル数(物質量) n の理想気体に対する状態方程式は $pV = nRT$ と書ける。ただし, R は気体定数である。この理想気体の $1\,\mathrm{mol}$ あたりの質量を M_0 とすると, この気体の密度は $\rho = \boxed{\quad(1)\quad} \times \dfrac{1}{T}$ である。

いま, 空気を理想気体と考え, 空気を体積 V の熱気球に入れ, 気球を浮かすことを考える。気球の内, 外の空気の圧力は常に等しいものとする。気球の外の空気の温度を T_0, 密度を ρ_0, 気球の内の空気の温度を T, 密度を ρ とすると, $\rho = \boxed{\quad(2)\quad} \times \rho_0$ の関係がある。ゴンドラ等まで含めた気球の質量を, 空気を別にして M とすると, この気球全体にかかる全重力は $(\boxed{\quad(3)\quad}) \times g$ である。ただし g は重力加速度の大きさである。また, ゴンドラ等の体積は気球の体積 V に比べ無視できるほど小さいものとすると, 気球に働く浮力は $\boxed{\quad(4)\quad} \times g$ である。したがって, 気球が上昇する温度は $T_1 = \boxed{\quad(5)\quad} \times T_0$ より高い温度でなければならない。　　〈東京理科大〉

重要問題 **37**　$p\text{-}V$ グラフと熱サイクル　　最重要

　1 モルの単原子分子理想気体の状態を, 図のように A→B→C→A の順に変化させた。A→B は体積一定の過程, B→C は圧力一定の過程, C→A は図の直線で表される過程である。

(1)　A→B と B→C の過程で気体が吸収した全熱量はいくらか。

(2)　A→B→C→A の 1 サイクルの過程で, 気体が外部になした仕事はいくらか。

(3)　このサイクルの熱効率 e はいくらか。有効数字 2 桁で答えよ。　　〈東京電機大〉

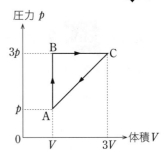

ピストンのついたシリンダーに閉じ込めた 1 mol
の気体のヘリウムの状態変化を考察しよう。ヘリウム
は単原子分子理想気体とみなし，気体定数を
$R=8.3$ 〔J/(mol·K)〕とする。気体の状態の図の，

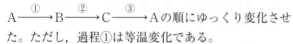

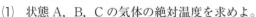

$A \xrightarrow{①} B \xrightarrow{②} C \xrightarrow{③} A$ の順にゆっくり変化させ
た。ただし，過程①は等温変化である。

(1) 状態 A，B，C の気体の絶対温度を求めよ。

(2) 状態Aにおける気体の内部エネルギーは何 J か。

(3) 変化の過程①，②，③は次の(a)〜(f)のどの現象に対応するか，あてはまるも
のを ( ) 内に入れよ。

　① ( )，( )　　② ( )，( )，( )　　③ ( )，( )

(a) 気体が外部から仕事をされた　　(b) 気体が外部に仕事をした

(c) 気体が外部から熱を吸収　　　　(d) 気体が外部に熱を放出

(e) 気体の内部エネルギーが増加　　(f) 気体の内部エネルギーが減少

(4) この変化に対応する気体の「圧力−温度」，「体積−温度」の関係を，温度を
横軸にとって表したグラフとして描け。　　　　　　　　　　　　　　　〈新潟大〉

重要問題 **39** p–V グラフ・断熱変化　　　　　　　差が
つく！

重要問題 **38** において，ピストンを急に移動させて
中の気体を膨張させると，外部との熱の出入りのない
過程が起こる。気体の圧力を p 〔N/m²〕，体積を V
〔m³〕，温度を T〔K〕として次の問いに答えよ。

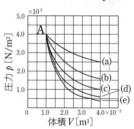

(1) この過程での気体の「圧力−体積」関係は

$pV^{\frac{5}{3}}$＝一定である。状態方程式を用いて「体積−温
度」関係が $TV^{\frac{2}{3}}$＝一定になることを示せ。

(2) 重要問題 **38** の図の状態Aからの変化がこの過程で起こり，気体の体積が
$V=4.0\times10^{-2}$〔m³〕になった。

　(ⅰ) このとき気体の絶対温度はいくらになったか。ただし，$\sqrt[3]{4}$ は 1.6 とせよ。

　(ⅱ) この変化を正しく表すものは上図の曲線(a)〜(e)のうちのどれか。

　(ⅲ) この過程の内部エネルギーの変化量と，気体が外部にした仕事を求めよ。

　　　　　　　　　　　　　　　　　　　　　　　　　　　　　　　　　　〈新潟大〉

図のように，断熱材でできたシリンダー内に断面積 A のピストンが入っている。このピストンも断熱材でできている。ピストンで仕切られた片側のシリンダー内には圧力 p_0，体積 V_0 の単原子分子の理想気体 $1\,\mathrm{mol}$ とヒーターが入っている。また，反対側のシリンダー内は真

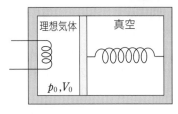

空であり，ばね定数 k のばねがピストンにつけられている。

(1) ばねはどれほど自然長より縮んでいるかを求めよ。

ヒーターを用いて，理想気体に熱量 Q を与えたとき，理想気体の圧力は p_1 に，体積は V_1 に変化した。

(2) 理想気体のした仕事を p_0，V_0，p_1，V_1 のみを用いて表せ。

(3) 理想気体の内部エネルギーの増加分を p_0，V_0，p_1，V_1 のみを用いて表せ。

(4) ある実験条件では，熱量 Q の $\dfrac{1}{3}$ が仕事に使われ，理想気体の圧力 p_1 が初期圧力 p_0 の $\dfrac{3}{2}$ 倍となる。このとき理想気体の体積 V_1 は初期体積 V_0 の何倍になるかを求めよ。　　　　　　　　　　　　　　　　　　　　　〈慶應義塾大〉

図のように，断熱材で包まれた3連の容器が細管部を介して連結されている。それらの容積はそれぞれ V_1，V_2，V_3 である。A, B は栓であり，これらを開けば3つの

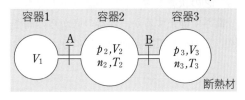

容器は1つにつながる。最初，栓 A，B は閉じられており，容器2に理想気体 n_2 モルが圧力 p_2，温度 T_2 で封入されている。また，容器3には理想気体 n_3 モルが圧力 p_3，温度 T_3 で封入されている。気体はいずれも単原子分子気体である。また，容器1は真空である。気体定数は R とせよ。

(1) 容器2，3内の気体の内部エネルギー U_2，U_3 はいくらか。

(2) いま，栓Aを開けて，容器1，2内の気体を平衡状態にした。このとき，容器1，2を占める気体の温度 T_A および圧力 p_A を求めよ。

(3) 続いて，栓Bも開けて，容器1，2，3内の気体を平衡状態にした。このとき，全容器を占める気体の温度 T_B および圧力 p_B を求めよ。　　　　　　　〈岐阜大〉

図に示すように，円筒形の容器 (底面積 S〔m²〕，高さ h〔m〕) に，なめらかに動き，その質量と体積を無視できるピストンが取りつけられている。このピストンには，2 つの滑車を通して質量 M〔kg〕のおもりが糸で結びつけられている。ピストンによって 2 つに仕切られた部屋のうち，A には理想気体として振る舞う単原子気体 n_A〔mol〕があらかじめ

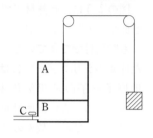

入っている。また，部屋 B にはコック C の開閉によって任意の量の気体を入れることができるようになっている。気体定数を R〔J/(mol·K)〕，重力加速度の大きさを g〔m/s²〕として，次の問いに答えよ。

(1) 部屋 B に気体が入っていない状態で容器の温度を T〔K〕に保ったところ，ピストンは容器の底から $\frac{1}{3}h$〔m〕の高さのところで静止した。n_A を与えられた定数で表せ。

(2) コック C を開いて，部屋 B に A と同じ気体を一定量入れてコックを閉じた。その後，容器の温度を再び T〔K〕に保ったところ，ピストンは容器の底から $\frac{1}{2}h$〔m〕の高さで静止した。部屋 B の気体の物質量 n_B〔mol〕を n_A を用いて表せ。

(3) (2)の状態から，容器の温度を上昇させて $2T$〔K〕に保った。ピストンはどの高さで静止するか。容器の底からの高さを h を用いて表せ。

(4) (3)の過程で容器内の気体に与えられた熱量を n_A, R, T で表せ。

〈鳥取大〉

図のように，下端の開口部から水が自由に出入りできる筒状容器内の上部に，質量の無視できる単原子分子の理想気体1モル，下部には水が満たされている。容器の質量は m，底面積は S であり，その厚さは無視できる。容器は傾かずに鉛直方向にのみ変位する。容器外の水面における気圧を P とする。水の密度 ρ は一様であるとし，気体定数を R，重力加速度の大きさを g とする。

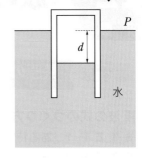

〔Ⅰ〕 図のように，容器の上部が水面から浮き出ている場合を考える。

(1) 容器が静止しているとき，容器内の水位と外部の水位の差 d を求めよ。

(2) (1)の状態から容器を引き上げて，水位が容器の内と外で同じになるようにした。このとき気体の体積はもとの体積の r 倍であった。r を ρ, d, g, P を用いて表せ。ただし，気体の温度変化はないものとする。

〔Ⅱ〕 図の状態において，気体の温度は T であった。これを加熱したところ，容器は水面に浮いたままゆっくりと上昇し，容器内部の気体の体積は $\dfrac{6}{5}$ 倍になった。

(3) この過程において気体が吸収した熱量 Q を R, T を用いて表せ。〈東京大〉

波のグラフ・式のつくり方

まずは ▶ 漆原の解法 ◀ を理解しよう

■ 波の式のつくり方❸ステップ

STEP 1 ある特定の位置での y–t グラフを式にする。

STEP 2 一般の位置 x まで波が伝わるのに要する時間を求める。

STEP 3 一般の位置 x での y–t グラフを作図し，式にする。

この問題で ✔ 解法Check!

例題　　x 軸に沿って正弦波が伝わっている。図1は時刻 $t=0$〔s〕における波の変位 y の空間変化，図2は $x=0$〔m〕における波の変位 y の時間変化である。

(1) この波の振幅，波長，周期，振動数はいくらか。

(2) この波の速さを求めよ。

(3) この波は x 軸の正の方向へ進行しているか，負の方向へ進行しているか。理由を述べて答えよ。

(4) この波の変位 y は位置座標 x と時刻 t の関数として次の式のように表すことができる。A，B，C に入る数値を求めよ。ただし，x と y はmの単位で，t はsの単位で表すものとする。

$$y = \boxed{} \sin\{\pi(\boxed{}x + \boxed{}t)\}$$

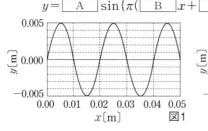

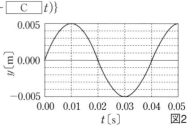

〈電気通信大〉

解説　　(1) 波の命は動くイメージ。好例はサッカーの応援などでたくさんのお客さんが並んでするあの「ウェーブ」だ。「ウェーブ」の中には，次の大切な

2つの「動き」が入っている。

① 波の形（波形）は，一定の速さで形を変えずに平行移動してゆく。

② 各お客さん（媒質点）は，その場で立ったり，座ったり上下に単振動する。

　これらの2つの「動き」に対応して，波のグラフを見たらすぐにチェックしてほしいのは，**横軸が x のグラフ**（y-x グラフ）なのか，**横軸が t のグラフ**（y-t グラフ）なのかである。何度もいうが…，波のグラフが与えられていたら，**何よりも横軸に注目する**。これが解法の第一歩である!!

　図1は y-x グラフであり，時刻 $t=0$ に「ウェーブ」全体をパチリと撮った「写真」と思ってほしい。よって，この y-x グラフからは波長 $\lambda=0.02$〔m〕🈡が読み取れる。また，振幅 $A=0.005$〔m〕🈡とわかる。

　一方，図2は y-t グラフであり，$x=0$ にいる**お客さん1人だけに注目し**，その高さの時間変化を表している。よって，この y-t グラフからは周期 T（お客さんが1回振動するのにかかる時間）$=0.04$〔s〕🈡が読み取れる。

　また，すでに λ と T の **2 get!** しているので，振動数 f は波の基本式により，

$$\boxed{f=\frac{1}{T}}=\frac{1}{0.04}=25\,〔\text{Hz}〕\ \cdots🈡$$

(2)　波の基本式 $\boxed{v=f\lambda}=25\times0.02=0.5\,〔\text{m/s}〕\ \cdots🈡$

(3)　図2を見ると，$x=0$ の点は $t=0$ から上向きに変位し始めることがわかる（カンタンに言うと，$x=0$ のお客さんは上向きに立ち上がろうとしている）。

　ここで，**もし波形が ＋x 方向に動くとすれば**，図aのように $x=0$ の点は，下向きに変位し始めることになってしまう。一方，**もし波形が －x 方向に動くとすれば**，図bのように $x=0$ の点は上向きに変位し始める（これなら図2とあっている）ことがわかる。以上より，波形は負の方向🈡へ進行していることがわかる。このように，波形をちょっとずらすと，その間の各点の上下の動きを見ることができる。

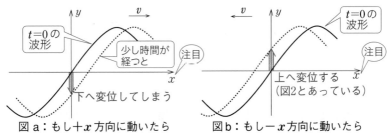

図a：もし＋x 方向に動いたら　　　図b：もし－x 方向に動いたら

(4) **波の式のつくり方3ステップ**より,

ＳＴＥＰ１ ある特定の位置での y-t グラフを式にする。

問題の図2より, $x=0$ での y-t グラフを次の**波の式を求める手順**で式にする。

波の式を求める手順

手順1 次のうちどの形か判定する。

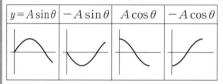

《例》

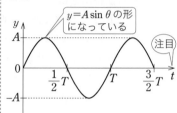

$y=A\sin\theta$ の形になっている

手順2

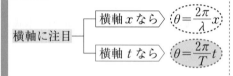

横軸 t なので, $\theta=\dfrac{2\pi}{T}t$

手順3 手順2 の θ を 手順1 の式に代入する。

$y=A\sin\theta=A\sin\dfrac{2\pi}{T}t$

手順1 y-t グラフの式は $y=A\sin\theta$ の形をしている。

手順2 横軸が t なので, $\theta=\dfrac{2\pi}{T}t$ となる ($t:\theta=T:2\pi$ より)。

手順3 手順2 の θ の式を 手順1 の式に代入して,

$$y=A\sin\dfrac{2\pi}{T}t \quad \cdots ①$$

ＳＴＥＰ２ 一般の位置 x まで波が伝わるのに要する時間を求める。

本問では図cのように $x=0$ のお客さん🙂での振動が, (3)で見たように, $-x$ 方向に伝わる。$x=x$ の🙂まで届くのにかかる時間は ($x<0$ に注意),

$$\dfrac{(距離)}{(速さ)}=\dfrac{|x|}{v}=\dfrac{-x}{v}$$

図c：振動が伝わる時間

よって, $x=x$ の🙂では $x=0$ の🙂の振動が $\dfrac{-x}{v}$ 〔s〕だけ遅れて始まっていることがわかる。

　図dのように $x=x$ の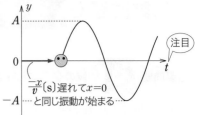のグ
ラフは，$x=0$ の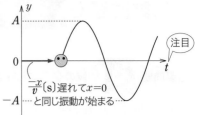の振動（図2）が
$\dfrac{-x}{v}$〔s〕だけ遅れて始まるので，図2
に比べてグラフ全体が右へ $\dfrac{-x}{v}$ だけ
平行移動した形となっている。

図d：$\boldsymbol{x=x}$ での $\boldsymbol{y}$-$\boldsymbol{t}$ グラフの作図

　このグラフの式は式①で，

$$t \rightarrow t-\frac{-x}{v}$$

とおきかえて，

$$y = A\sin\frac{2\pi}{T}\left(t-\frac{-x}{v}\right)$$

$$= A\sin\frac{2\pi}{T}\left(\frac{x}{v}+t\right)$$

$$= 0.005\sin\frac{2\pi}{0.04}\left(\frac{x}{0.5}+t\right)$$

$$= 0.005\sin\{\pi(100x+50t)\}\ \cdots\text{答}$$

　この式で $t=0$ とすると，

$$y = 0.005\sin(100\pi x)$$

$$= 0.005\sin\left(\frac{2\pi}{0.02}x\right)$$

これは波長 0.02〔m〕の y-x グラフの式で，図1のグラフの式になる。

　一方，$x=0$ とすると，

$$y = 0.005\sin(50\pi t)$$

$$= 0.005\sin\left(\frac{2\pi}{0.04}t\right)$$

これは周期 0.04〔s〕の y-t グラフの式で，図2のグラフの式になる。

↳ 解答編 p.85〜p.88

重要問題 44　波のグラフと縦波，式のつくり方　　最重要

　ある正弦波の時刻 $t=0$〔s〕のときの波形が，右図の実線で示されている。時刻 $t=0.1$〔s〕のとき，波の山PがQまで進み，破線の波形になった。次の問いに答えよ。ただし，x〔m〕についての設定は，$0<x<12$ の範囲とする。

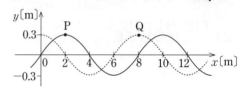

(1)　この波の(a)振幅，(b)波長，(c)伝わる速さ，(d)振動数を求めよ。

(2)　図の実線で，媒質の振動の，速さが上向き最大になる x はいくらか。

(3)　$x=0$〔m〕の点の位置 y〔m〕の時間変化を表すグラフを描け。

(4)　図の実線が，縦波の位置を表しているものとする（x の正の変位を y の正方向の変位として表す）と，最も密な部分と最も疎な部分の x はどこか。

(5)　この波の座標 x〔m〕の点の変位 y〔m〕を，時刻 t〔s〕の関数として表せ。

〈福井工大〉

重要問題 45　反射波・合成波の作図

　左の方から正弦波が，連続的に伝播してきて境界面で反射している。図は x 軸の正方向に進行する入射波の，時刻 $t=0$ における波形を表している。

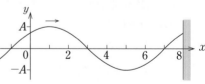

x 座標は cm 単位で目盛られており，$x=8$ のところの境界面を固定端として反射している。また，波の伝播速度は 40 cm/s である。

(1)　時刻 $t=0$ における反射波の波形を右上のグラフ上に描け。

(2)　$t=0$ の後，x 軸上のすべての点で波の変位がゼロとなる最初の時刻を求めよ。

〈関西学院大〉

SECTION

13

波 動

弦・気柱の振動

まずは **漆原の解法** を理解しよう

■ 弦・気柱の解法❸ステップ

STEP 1 定在波を図示し、「イモ」により波長λを求める。
STEP 2 波の速さ v を求める（わからないときは仮定する）。
STEP 3 波の基本式を立て、振動数 f を求める。

この問題で ✔ 解法Check!

例題

問1　図は太さが一様な管に、柄のつ
いたピストンAをはめ込み、管口Oとピス
トンAまでの長さ l が調整できる装置であ
る。管口Oのすぐそばに音源を置き、振動

数 f_1 の音波を出しながらAをある位置から遠ざけていったところ、$l = l_1$
のとき共鳴が起こった。続いてAをゆっくり動かしていくと、$l = \dfrac{7}{5}l_1$ の
位置で再び共鳴した。このとき、音波の波長は l_1 を用いて表すと　(1)
となる。次に、l は l_1 に保ったまま音波の振動数を f_1 から徐々に大きくし
ていくと f_2 で再び共鳴した。f_2/f_1 の比は　(2)　となる。ただし、開口
端補正は考えなくてよい。

問2　一様な弦を伝わる横波の速さ v は張力を F、単位長さあたりの質量を
ρ とすれば $v = \sqrt{\dfrac{F}{\rho}}$ と表される。自然長 l_0、質量 m の一様な弦に張力 F
を加えて、全長を l に伸ばし、その両端を固定した。このとき弦の基本振
動数 f_1 は　(3)　となる。また、張力を2倍にして両端を固定すると、そ
の基本振動数 f_2 は　(3)　の　(4)　倍になる。ただし、弦の伸びは張力に
比例する（フックの法則）ものとする。　　　　　　　　　　　〈関西大〉

解説

問1(1)　**弦・気柱の解法3ステップ**で解く。
STEP 1 定在波を図示し、波長λを求める。一般に、弦では両端が固定

端であり**節**となる。気柱では**管口**で空気が自由に振動できるので**腹**（実際は管口よりも少し外側に腹ができる）となり，**管底**では空気は動けず**節**となる。

このように，節と腹を押さえたら，半波長分 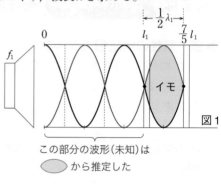 の「イモ」のような形をした部分を見つけ，その長さ $\dfrac{\lambda}{2}$ を利用して，与えられた値（弦や気柱の長さ，共振（共鳴）する位置）との関係式をつくり，波長 λ を求める。

本問では，$l=l_1$ と $l=\dfrac{7}{5}l_1$ で共鳴して定在波ができるので，図1のように波形を図示できる。（問題文で，開口端補正は無視，つまり，開口端での腹のずれは 0。）

よって，半波長分の「イモ」1個 $\left(長さ \dfrac{1}{2}\lambda_1\right)$ で，$\dfrac{7}{5}l_1-l_1$ の長さなので，

$$\frac{1}{2}\lambda_1=\frac{7}{5}l_1-l_1 \quad \therefore \quad \lambda_1=\frac{4}{5}l_1 \ \cdots \text{答}$$

S T E P 2　定在波のもとになる進行波の速さ v を求める。

弦の場合

$$v=\sqrt{\frac{S}{\rho}} \begin{cases} S(\text{[N]}=\text{[kg·m/s}^2\text{])}：弦の張力 \\ \rho\,\text{[kg/m]}：弦の線密度（1\,\text{m あたりの質量[kg]}) \end{cases}$$

気柱の場合

　　音速 $v=331.5+0.6t$（t [℃]：気温）

本問では，気柱であり音速はわからないので，とりあえず V とおく。

S T E P 3　波の基本式 $\boxed{v=f\lambda}$ を用いて，振動数 f を求める。

すでに λ_1 と V の **2 get!** しているので，

$$\boxed{f_1=\frac{V}{\lambda_1}}=\frac{5V}{4l_1} \ \cdots ①$$

(2)　(1)と同様に解こう。

S T E P 1　振動数 f_1 を大きく（波の基本式 $\boxed{\lambda=\dfrac{V}{f}}$ より波長 λ を短かく）していって，振動数が f_2 になったとき，次の共鳴が起こったので，「半波長イモ」の数は図1の $l=l_1$ のときよりも1個多くなり，図2のよう

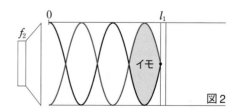

になる。よって，

$$\frac{1}{4}\lambda_2+\frac{1}{2}\lambda_2\times 3=l_1 \quad \therefore \quad \lambda_2=\frac{4}{7}l_1$$

STEP 2 音速は気温のみで決まるので，(1)と同じ V となる。

STEP 3 波の基本式より，

$$\boxed{f_2=\frac{V}{\lambda_2}}=\frac{7V}{4l_1}=\frac{7}{5}f_1 \text{ (①より)} \quad \therefore \quad \frac{f_2}{f_1}=\frac{7}{5} \cdots\text{答}$$

問2(3) 今度は'両端が固定端である'弦の問題であるが，大筋は気柱と同じように解ける!!

STEP 1 図3のように基本振動が生じ

る。その波長を λ_1 とすると，

$$\frac{1}{2}\lambda_1=l \quad \therefore \quad \lambda_1=2l$$

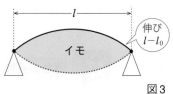

図3

STEP 2 弦の張力は F，線密度は

$\rho_1=\dfrac{m}{l}$（この状態で弦の伸びは $l-l_0$）となる。弦の公式 $\boxed{v=\sqrt{\dfrac{S}{\rho}}}$ より，

$$\boxed{v_1=\sqrt{\frac{F}{\rho_1}}}=\sqrt{\frac{Fl}{m}}$$

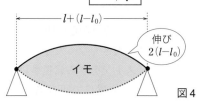

図4

STEP 3 波の基本式より，

$$\boxed{f_1=\frac{v_1}{\lambda_1}}=\frac{1}{2l}\sqrt{\frac{Fl}{m}} \cdots② \text{答}$$

(4) (3)と同様に解こう。

STEP 1 問題文にあるように，弦の伸びは張力に比例するので，2倍の $2(l-l_0)$ となり（図4），弦の長さは $l-l_0$ だけ長くなる。波長を λ_2 とすると，

$$\frac{1}{2}\lambda_2=l+(l-l_0)=2l-l_0 \quad \therefore \quad \lambda_2=4l-2l_0$$

STEP 2 弦の張力は2倍の $2F$，線密度は $\rho_2=\dfrac{m}{2l-l_0}$ となるので，

$$\boxed{v_2=\sqrt{\frac{2F}{\rho_2}}}=\sqrt{\frac{2F(2l-l_0)}{m}}$$

STEP 3 波の基本式より，

$$\boxed{f_2=\frac{v_2}{\lambda_2}}=\frac{1}{4l-2l_0}\sqrt{\frac{2F(2l-l_0)}{m}}=\sqrt{\frac{2l}{2l-l_0}}f_1 \text{ (②より)} \cdots\text{答}$$

入試問題を 漆原の解法 で解こう

↳ 解答編 p.89〜p.91

重要問題 46　弦の振動

(1)　長さ L の弦を振動させたときに生じる定在波の，第 n 倍音の波長 λ_n と振動数 f_n を求めよ。ただし，弦の張力を S，線密度を ρ とする。

(2)　長さ 60 cm の弦に質量 4 kg のおもりをつるして，共鳴振動数を求める実験をしたとき，第 n 倍音と第 $n+1$ 倍音の共鳴振動数が，それぞれ 360 Hz，480 Hz となった。重力加速度の大きさを 9.8 m/s² として，このときの基本音の振動数と，弦の線密度 ρ を求めよ。　　　　　　　　　　　　　　〈電気通信大〉

重要問題 47　気柱の振動　　　　　　　　　　　　　　　最重要

　　管口 O に振動数 500 Hz のおんさを置き，おんさを鳴らしながらピストンを管口からしだいに遠ざけていったところ，管口からの距離 l_1 の位置 A で音が大きくなった。

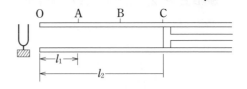

　　次に，ピストンをさらに遠ざけていき，管口からの距離 l_2 の位置 C で再び音が大きくなった。これらの測定を 5 回行ったところ，l_1 と l_2 の測定値は右の表のようになった。

	l_1 〔cm〕	l_2 〔cm〕
1 回目	15.9	49.8
2 回目	16.2	50.3
3 回目	16.1	49.9
4 回目	15.8	49.8
5 回目	16.0	50.2

(1)　表から，管内の音波の波長 λ を求めよ。

(2)　この実験から求められる音速 v はいくらか。

(3)　ピストンが位置 C にあるとき，A と B（A と C の中間）での管内の空気の運動を右から選べ。

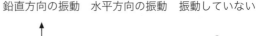

(4)　ピストンが位置 C にあるとき，位置 B と位置 C での管内の空気の密度の時間変化のようすを図示せよ。音波がないときの管内の空気の密度を ρ_0 とする。

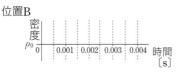

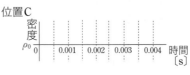

〈山口大〉

ドップラー効果

まずは 漆原の解法 を理解しよう

■ ドップラー効果の解法❸ステップ

S T E P 1 音の経路を図示し，音源，観測者の速さと音速を書く。

S T E P 2 音の発射点と受けとり点に×印をつけ，新しい振動数を仮定する。

S T E P 3 ドップラー効果の式の立て方で，仮定した振動数を求める。

この問題で 解法Check!

例題
図に示すように，音源と観測者が壁から速さ v〔m/s〕と u〔m/s〕$(v>u)$ で一直線上を遠ざかり，同じ方向に風速 w〔m/s〕の一様な風が吹いている。ここで，音源は振動数 f〔Hz〕の音の発生を開始し，t_0〔s〕後に音の発生を終了した。無風時の音速を c〔m/s〕とする。

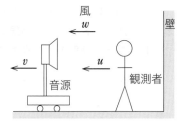

(1) 音源が出した音の波の数はいくらか。

(2) 観測者が聞く直接音の振動数を求めよ。

(3) 観測者が聞く壁からの反射音の振動数を求めよ。

(4) 直接音の波長を求めよ。

(5) 観測者が聞く直接音の継続時間を求めよ。 〈工学院大〉

解説
(1) 振動数 f の単位〔Hz〕は〔個/s〕とも表すことができる。つまり，振動数 f は1秒あたりに発生した波の個数を知らせてくれる。よって，

$$\underset{\text{1秒あたりに出す波の数}}{f}\times t_0 = ft_0〔個〕 \cdots 答$$

(2)，(3) **ドップラー効果の解法3ステップ**で解く。

S T E P 1 音の伝わる様子を図示し，音源，観測者の速さと音速を書き込む。

次ページの図のように，音源から出る音の経路を――――で表し，音源，

観測者の速さを書き込む。ここで，特に注意したいのは音速である。本問のように風が吹いていることを考えると，逆風状態で伝わる区間で音速は $c-w$ となり，反射して向きを変えた後，順風状態で伝わる区間で音速は $c+w$ となる。

STEP 2 ドップラー効果の起こる点となる「動く音源の音の発射点」と「動く観測者の音の受けとり点」に×印をつけ，新しい振動数を仮定する。

　本問では，下図のように，⑦，④，⑤の点に×印をつけ，音源は発射後の，観測者は受けとり後の新しい振動数をそれぞれ f_1，f_2，f_3 と仮定する。

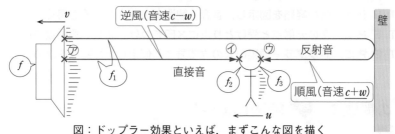

図：ドップラー効果といえば，まずこんな図を描く

（**STEP 2** のポイントは動く音源と人，つまり速度をもっているものに注目することだ。）

STEP 3 ドップラー効果の式の立て方で，仮定した振動数を求める。

ドップラー効果の式の立て方

　まず，波の基本式 $\boxed{f=\dfrac{v}{\lambda}}$ より，（波長 λ）は分母，（音速 v）は分子と覚えよう。そして，

$$\left(\begin{array}{ll} f_\text{新}\cdots\text{新しい振動数} & f_\text{旧}\cdots\text{直前の振動数} \qquad c\cdots\text{音速} \\ v\cdots\text{音源の速さ} & u\cdots\text{観測者の速さ} \end{array} \right)$$

とおいて，×印ごとに次のどのタイプになるかをイメージする。

動く音源の音の発射時
- （波長）引き伸ばし（分母大きく）　➡　$f_\text{新}=\dfrac{c}{c+v}\times f_\text{旧}$
- （波長）圧縮（分母小さく）　➡　$f_\text{新}=\dfrac{c}{c-v}\times f_\text{旧}$

動く観測者の音の受けとり時
- （音速）速く見える（分子大きく）　➡　$f_\text{新}=\dfrac{c+u}{c}\times f_\text{旧}$
- （音速）遅く見える（分子小さく）　➡　$f_\text{新}=\dfrac{c-u}{c}\times f_\text{旧}$

　本問では各×印の点で起こっていることをイメージすると，⑦では音源が**右へ音波を出しながら，左向きに走っているので，（波長）**が「ベローン」と左右へ引き伸ばされている。よって，

⑦：(波長) 引き伸ばし (逆風下) $\implies f_1 = \dfrac{(c-w)}{\underbrace{(c-w)+v}_{分母大きく}} \times f$

次に①では，右へやってくる音を，**観測者が左へ音に「つっこみながら」受けとっているので**，音速が速く見える。よって，

① ：$\underset{分子大きく}{\underline{(音速) 速く見える}}$ $\underline{(逆風下)}$ $\implies f_2 = \dfrac{\overbrace{(c-w)+u}}{(c-w)} \times f_1$

そして⑦では，**壁で反射して右からやってくる音を，観測者は左へ音から「逃げながら」受けとっているので**，音速は遅く見える。よって，

⑦ ：$\underset{分子小さく}{\underline{(音速) 遅く見える}}$ $\underline{(順風下)}$ $\implies f_3 = \dfrac{\overbrace{(c+w)-u}}{(c+w)} \times f_1$

以上をまとめると，

$$f_2 = \frac{(c-w)+u}{(c-w)} \times \frac{(c-w)}{(c-w)+v} \times f = \frac{c-w+u}{c-w+v} f \ \text{〔Hz〕} \quad \cdots(2)の \text{答}$$

$$f_3 = \frac{(c+w)-u}{(c+w)} \times \frac{(c-w)}{(c-w)+v} \times f = \frac{(c-w)(c+w-u)}{(c+w)(c-w+v)} f \ \text{〔Hz〕} \quad \cdots(3)の \text{答}$$

(4) よくドップラー効果の問題で「波長を求めよ」と出ると，「振動数 f は出るけど，波長 λ はどうやって求めるの…」とあわてる人がいるが，実はとてもカンタン。'まず何よりも先にドップラー効果の式で振動数 f を求めておいてから，(すでに 2 get! しているので) 波の基本式 $\boxed{v = f\lambda}$ で波長 λ を出せばよい' のである。

本問では直接音として伝わっている途中の音波の波長を λ_1 とすると，前ページの図より振動数は f_1，音速は $\underline{c-w}$ であるから，波の基本式により，

$$\lambda_1 = \frac{c-w}{f_1} = \frac{c-w+v}{f} \ \text{〔m〕} \quad \cdots \text{答}$$

(5) ドップラー効果が起こると不思議なことに，例えば，音源で 10 秒間発した音が観測者には 9 秒間しか聞こえなかったり，逆に 12 秒間も聞こえたりするなど，継続時間が変化してしまう。この継続時間の求め方は，

> **音源で発生した波の総数と観測者が聞く波の総数は等しい**

ことを使う。例えば，音源で 1000 個の波が出れば，聞こえる波の総数も必ず 1000 個であるはず (波の個数ということから振動数 f を利用して解く！)。

これより，求める継続時間を t_1 として，

$$\underset{1秒あたりに受けとる波の数}{f \times t_0 = \underline{f_2} \times t_1} \qquad \therefore \quad t_1 = \frac{f}{f_2} t_0 = \frac{c-w+v}{c-w+u} t_0 \ \text{〔s〕} \quad \cdots \text{答}$$

入試問題を　漆原の解法　で解こう

↳ 解答編 p.92〜p.95

重要問題 **48**　ナナメ，動く反射板のドップラー効果　【最重要】

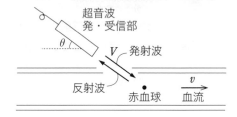

　超音波血流計で血流の速度を測定する。この測定の原理について考える。ただし，発射される超音波の速さを V，振動数を f_0 とし，超音波の発射および反射方向は血流と角度 θ をなしているとする。

(1)　速さ v で流れている赤血球に向けて超音波が発射されるとき，赤血球が受けとる振動数 f_1 はいくらになるか。

(2)　赤血球によって反射された超音波を受信部が受けとるとき，受信部が測定する振動数 f_2 はいくらになるか。

(3)　発射された超音波の振動数 f_0 と受信した振動数 f_2 とから血流の速さ v を求める式を示せ。　〈県立広島大〉

重要問題 **49**　円運動する音源のドップラー効果　【差がつく!】

　長さ l の糸の上端を固定し，下端に質量 m の音源（大きさは無視できる）をつけて，水平面内で等速円運動させると，糸は図のように鉛直線と角度 θ だけ傾きながら円すいを描いて回った。重力加速度の大きさを g，音の速さを V とする。

問1　この円運動の角速度 ω を求めよ。

問2　音源が描く円軌道と同じ水平面内にあって，この円の中心Oから距離 x（ただし，$x > l\sin\theta$）の点Pに静止してその音を聞くと，聞こえる音の高さ（振動数）が変化した。このとき，

(1)　点Pで最も高い音が聞こえるのは，音源がこの円軌道上のある点を通過するときに発せられた音であった。この点と点Pとの間の距離 L を求めよ。

(2)　点Pで聞こえる最も高い音の振動数が f_M のとき，最も低い音の振動数 f_m を，ω，l，V，θ，f_M を用いて求めよ。

(3)　$x = \sqrt{2}\,l\sin\theta$ のとき，点Pにおいて，最も低い音を聞いてから最も高い音を聞くまでの間の時間 t を，ω を用いて求めよ。　〈九州大〉

光の屈折・レンズ

まずは 漆原の解法 を理解しよう

■ レンズの解法の2本柱
その1：3種の基本光線を書き込み，作図で考える。
その2：レンズの公式を活用して，式で考える。

この問題で ✔ 解法Check!

例題 半径6cm，焦点距離30cmの薄い凸レンズの光軸上で，レンズから60cmのところに，長さ2cmの棒を光軸の上側に垂直に立てる。

(1) 像のできる位置，長さを求めよ。

(2) 棒をレンズに少し近づけると，像の位置，長さはどう変わるか。

(3) レンズを鉛直上方に少し移動させると，像はどのように動くか。

(4) レンズと棒を初めの位置にもどし，不透明な円板を光軸に垂直に置く。円板の中心を棒側の焦点に一致させ，半径をだんだん大きくする。このとき，像が欠け始めるときの円板の半径，および像が完全に消えるときの円板の半径を求めよ。 〈青山学院大〉

解法に入る前に レンズの問題は「光線の作図」と「公式の活用」の両面から考えよう。

3種の基本光線（凸レンズ）

① 光軸と平行な光は焦点Fを通る。 ② 中心を通る光は直進する。

③ 焦点Fを通る光は光軸と平行になる。

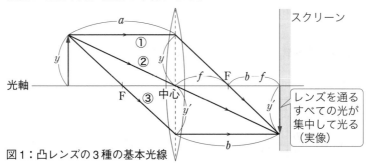

図1：凸レンズの3種の基本光線

レンズの公式（凸レンズ）

　図1を見て，2組の相似な直角三角形に注目する。ここで，a をレンズと物体までの距離，b をレンズと像までの距離，f を焦点距離とする。

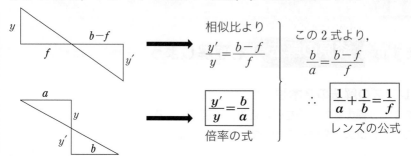

相似比より

$$\dfrac{y'}{y}=\dfrac{b-f}{f}$$

$$\boxed{\dfrac{y'}{y}=\dfrac{b}{a}}$$

倍率の式

この2式より，

$$\dfrac{b}{a}=\dfrac{b-f}{f}$$

$$\therefore \quad \boxed{\dfrac{1}{a}+\dfrac{1}{b}=\dfrac{1}{f}}$$

レンズの公式

　このレンズの公式によって，a，b，f のうち2つが決まれば，残りも求めることができる。

解説

　(1)　まず，図2のように凸レンズの**3種の基本光線**（①，②，③）を作図する。レンズの問題ではこの作図さえできると，像の位置や長さがわかる。

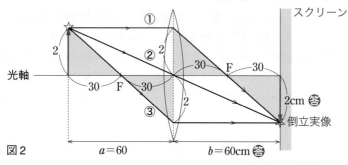

図2

　ここで，色をつけた直角三角形に注目すると，すべて合同であり，すぐに像の長さがわかる（レンズの公式は直角三角形の比から生まれたもので，作図することと公式を使うことは実は同等なのだ！）。

別解　**レンズの公式**を使った解法も見てみよう。

$$\boxed{\dfrac{1}{a}+\dfrac{1}{b}=\dfrac{1}{f}} \quad \therefore \quad \dfrac{1}{60}+\dfrac{1}{b}=\dfrac{1}{30} \quad \therefore \quad b=60 \,(\mathrm{cm}) \cdots 答$$

また，倍率の式より，

$$\boxed{(倍率)=\dfrac{b}{a}}=\dfrac{60}{60}=1 \text{倍} \quad よって，像の長さも \, 2 \,(\mathrm{cm}) \cdots 答$$

このように，レンズの問題は作図と式の両面から攻めることができるように
　しておくことが大切なのだ。

⑵　**レンズの公式**で考えると，棒をレンズに近づけるということは，

$$\underset{\text{大きくなる}}{\frac{1}{a}}+\frac{1}{b}=\underset{\text{一定}}{\frac{1}{f}} \implies \frac{1}{b}\text{は小さくなる} \implies b\text{は大きくなる}$$

　　これより，像とレンズの距離 b は少し長くなる🈁。
　　また，倍率の式で，

$$(\text{倍率})=\frac{b}{a} \quad \begin{array}{l}\longrightarrow \text{大きくなる}\\ \longrightarrow \text{小さくなる}\end{array}$$

　　これより，倍率は大きくなる。つまり像の長さは少し長くなる🈁。

⑶　**3種の基本光線**のうち②（中心を通る光は直進する）に注目する。
　　図3のように，棒の先端の点Aから出
て，レンズの中心点を通った光は直進す
るので，**レンズが少し上へ移動すると，**
棒の先端の像も点 A′ から点 A″ まで移
動する。ここで，a，f は不変であるの
で**レンズの公式**より b も不変であること

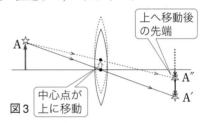
図3

がわかる。また，倍率の式で a も b も不変なので，倍率も不変であることがわ
かる。つまり像全体がそのまま真上へ平行移動する🈁。

⑷　図4のように，像が欠けたり，消えた
りする問題ではいつも，**棒の上端の点A**
からレンズに入る光と，棒の下端の点B
からレンズに入る光について考えるとよ
い。円板の半径 r を大きくしていくと，
$r=r_1$ のとき，点Bからの光はレンズに
入れなくなり，点Bの像が欠け始める。
やがて $r=r_2$ になると，点Aからの光
までレンズに入れなくなり，棒の像がす

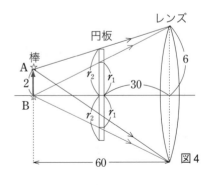
図4

べて消えてしまう。図4の直角三角形の相似に注目して，
　　　$r_1=6\div2=3$〔cm〕…🈁　　　$r_2=2\div2+6\div2=4$〔cm〕…🈁

↳ 解答編 p.96〜p.100

重要問題 50 　屈折の法則・見かけの深さ・全反射　　**最重要**

　ある液体が入った容器の底の1点Pに点光源があり，その真上の液面上の点をAとする。深さAPは86.6 cm である。点光源を出て点Bを通った光が点Cで観測された。この光の空気中での光の波長は 5.0×10^{-7} m であるとする。ただし，空気の屈折率を1とする。

(1)　液体中での光の波長は何mか。

(2)　点Aの真上から見ると，点光源は点Aから深さ何 cm のところにあるように見えるか。

(3)　不透明な円板の中心が点Aにくるように置いて，空気中のどの位置からも点光源が見えないようにするためには，円板の半径は最小限いくらにすればよいか。　　　　　　　　　　　　　　　　　　　　　　　　　　　　　　　〈東海大〉

重要問題 51 　レンズによる像

　次の問1，問2の＿＿＿を埋めよ。

問1　薄い凸レンズの光軸上で，レンズの中心から左方 40 cm の所に，高さ 2 cm の物体が，レンズの光軸に垂直に立ててある。このレンズの焦点距離が 20 cm であるとき，できる像の位置は，レンズの ⑴ ， ⑵ cm である。この像は ⑶ で， ⑷ しており，その高さは ⑸ cm である。同じ物体を，このレンズの左方 10 cm の所に移した場合，できる像の位置は，レンズの ⑹ ， ⑺ cm になる。この像は ⑻ で， ⑼ しており，その高さは ⑽ cm である。

問2　ある薄いレンズの光軸上で，レンズの中心から 30 cm の所にある物体の虚像が，レンズから 15 cm の所にできている。このレンズは，焦点距離 ⑾ cm の ⑿ レンズである。この場合，像の倍率は ⒀ である。　　〈近畿大〉

16

光の干渉

まずは 漆原の解法 を理解しよう

■ 光の干渉の解法❸ステップ

STEP 1 2つの光線を作図し，行路差を見つける。

STEP 2 3大原則　その1で明，暗の条件を書く。

STEP 3 光が「苦し〜い」物質中を通るとき ➡ 3大原則　その2

光が「イタイ！」と反射するとき ➡ 3大原則　その3

この問題で 解法Check!

例題 Qは波長λの光源，Lはレンズ，S_0 はスリット，S_1，S_2 は S_0 から等距離にある複スリットで，S_1 と S_2 の間隔は a である。複スリットから距離 l にあるスクリーンS上で干渉じまを観察する。図の S_1S_2 の中点からSに下ろした垂線とSとの交点Oを原点とし，S上に図のように x 軸をと

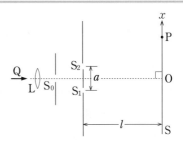

り，S上の点Pの位置を座標 x で表す。a および $|x|$ が l に比べて十分に小さいものとして，次の問いに答えよ。

(1) S上に生じる明るいしまの位置 x の値を求めよ。

(2) $\lambda = 6 \times 10^{-5}$〔cm〕，$l = 50$〔cm〕で，間隔1mmの干渉じまを生ずるためには，a をどれだけにすればよいか。

(3) スリット S_1 だけを屈折率 n_1，厚さ d_1 の透明な薄膜で覆ったときの干渉じまの変位 Δx を x 軸の正の向きを正として求めよ。　〈名古屋大〉

解法に入る前に 光の干渉の問題は光の干渉の3大原則の組み合わせで解ける。

光の干渉の3大原則

3大原則 その1	$(行路差)=\begin{cases} m\lambda & \cdots 強めあい \\ \left(m+\dfrac{1}{2}\right)\lambda & \cdots 弱めあい \end{cases}$ （m は整数）

3大原則	屈折率 n の物質の長さ l〔m〕の部分は，真空中の $n \times l$〔m〕の長さ
その2	におきかえる（光学的距離を考える）。
3大原則	固定端反射（屈折率がより大きい物質にぶつかって反射すること）
その3	が奇数回あると，強めあい・弱めあいの条件が逆転する。

これらの**3大原則**を実際に使うときの流れは次のようにするとよい。

光の干渉の解法3ステップ

STEP1 2つの光線を作図し，どこで行路差が生じているのかを見つける。（見つけ方のヒント：垂線（波面）を下ろす。直角三角形を見つける。）

STEP2 基本的に**3大原則 その1**で強めあい・弱めあいの式を書く。

STEP3 **STEP2**で，もし途中で光が

① 「苦し～い」（光が進むのに‘苦しい’場所である物質中を通るイメージ）と言うときは，

　➡ 3大原則 その2で光学的距離を考える。

② 「イタイ！」（光がより屈折率の大きい壁にぶつかって反射するイメージ）と叫ぶときは，

　➡ 3大原則 その3で干渉条件の逆転をチェックする。

解説

(1) さっそく**光の干渉の解法3ステップ**を使ってみよう。

STEP1 図1のように「2つの光線」を作図する。ここでポイントは，a が l に比べて十分に小さいので，直線 S_1P と S_2P がほぼ平行とみなせることだ。次に S_2 から「垂線 S_2H を下ろし」，図1のように θ をとると行路差は，

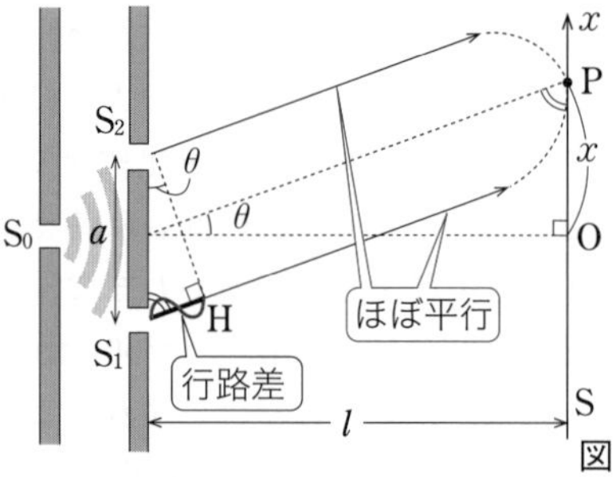

図1

$$\overline{S_1P} - \overline{S_2P} = \overline{S_1H} = a\sin\theta$$

となる。また，$|x|$ は l に比べて十分に小さいので，$\theta \fallingdotseq 0$ と考えることができ，$\sin\theta \fallingdotseq \tan\theta$ と近似できるので，

$$a\sin\theta \fallingdotseq a\tan\theta$$

また，図の「**直角三角形**」より $\tan\theta = \dfrac{x}{l}$ なので，

$$\overline{S_1P} - \overline{S_2P} = \overline{S_1H} = a\frac{x}{l} \quad \cdots ※$$

と行路差がわかる。ここまでの作図や近似は，この問題（ヤングの実験）で必ず行うお決まりのやり方なので，何度も書いて覚えてしまおう。

STEP 2　3大原則　その1より，明るいしまの位置はmを整数として，

行路差 $a\dfrac{x}{l} = m\lambda$　　　$\therefore$　$x = \dfrac{l\lambda}{a}m$ …① 😊

(2)　式①に具体的な整数 $m = 0,\ \pm 1,\ \pm 2,\ \pm 3,\ \cdots$ を入れるのがコツで，

$$x = 0,\ \pm\frac{l\lambda}{a},\ \pm\frac{2l\lambda}{a},\ \pm\frac{3l\lambda}{a},\ \cdots$$

そうすると明るいしまが間隔 $d = \dfrac{l\lambda}{a}$ で並んでいるのがわかる。よって，

$$a = \frac{l\lambda}{d} = \frac{50\,(\text{cm}) \times 6 \times 10^{-5}\,(\text{cm})}{1 \times 10^{-1}\,(\text{cm})} = 3 \times 10^{-2}\,(\text{cm}) = 0.3\,(\text{mm}) \cdots 😊$$

(3)　本問ではスリット部分に物質を置いたので，STEP 3で光学的距離を考えよう。

STEP 3　a は十分小さく，膜厚 d_1 は十分薄いので，図2のように作図できる。S_1' は膜表面の点，S_2' は S_1' に対応する点である。

ここで $S_1'S_1$ 間は物質中であり，光にとって「苦し〜い」場所なので，$S_2'S_2$ との光学的距離の差（光路差）を考える。また，2つの光線の行路差である S_1H 間も忘れないようにしよう。明るいしまの位置を x' とすると，

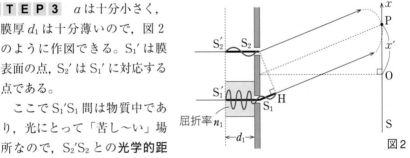

図2

$$(\text{全体の光路差}) = (\underbrace{n_1 \times \overline{S_1'S_1}}_{\substack{\text{屈折率（3大原則　その2より）}}} + \overline{S_1H}) - \overline{S_2'S_2}$$

$$= \left(n_1 \times d_1 + \underbrace{a\frac{x'}{l}}_{\substack{\text{(1)の※式より}}}\right) - d_1 = \underbrace{m\lambda}_{\substack{\text{強めあう条件（3大原則　その1より）}}}$$

$$\therefore\ x' = \underbrace{\frac{l\lambda}{a}m}_{\substack{\text{式①の }x\text{ と同じ}}} - \frac{(n_1 - 1)d_1 l}{a}$$

よって，しまの変位 $\Delta x (= x' - x)$ は，

$$\Delta x = -\frac{(n_1 - 1)d_1 l}{a} \cdots 😊 \quad \left(\begin{array}{l}\boxed{\text{チェック}}\ \ d_1 \to 0\ \text{なら}\ \Delta x \to 0 \\ n_1 \to 1\ \text{なら}\ \Delta x \to 0\ \text{となって OK！}\end{array}\right)$$

↳ 解答編 p.101〜p.113

重要問題 52　ヤングの実験の応用編（ロイドの鏡）　一度はやっとく!

図のように，スリットSをもつ板Aとスクリーン
板Bとを向かい合わせて鉛直に立て，板Aの近くに
水平に平面鏡Mを設ける。板Aと板Bとの距離L
は十分長く，Sは鏡面から微小距離dだけ上にある。
いま，Sの左から波長λの光を照らしたところ，ス
クリーンに明暗のしまが観測された。この実験において，以下の問いに答えよ。

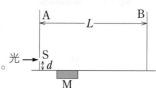

(1) 明暗のしまは，Sからの直接の光と，一度鏡Mで反射された光との干渉によっ
て現れるが，これはSとその鏡像S′とからの光の干渉と考えればよい。S′の
位置としまの観測される範囲とを図示せよ。

(2) ヤングの実験では，2つのスリットからスクリーンまでの距離の差が，波長
の整数倍のとき，明るいしまができるが，この実験ではSおよびS′からスクリー
ンまでの距離の差が，波長の整数倍のときに暗いしまができた。その理由を説
明せよ。

(3) スクリーン板Bと鏡面との交点に原点，上方にx座標をとって，明暗のしま
の間隔Δxを与える式を導け。

(4) $L=1.00$〔m〕，$d=0.250$〔mm〕，$\lambda=589$〔nm〕（1 nm$=10^{-9}$ m）のときΔxを
求めよ。　〈岐阜大〉

重要問題 53　回折格子

1 mm に 500 本の割合で等間隔に平行線を引いた回折格子がある。この回折
格子面に垂直に平行光線を当てる。波長λの光が強めあうのは，回折光と格子面
の法線のなす角θとλが，ある関係式を満たすときである。

(1) 格子間隔をdとし，0および正の整数をmとして，回折光が強めあう場合の
関係式を書け。

(2) この回折格子で $\theta=0°$ でない角度の方向に観測できる，最も長い波長の光
の波長は何 nm（1 nm$=10^{-9}$ m）か。

(3) $\theta=30°$ の方向ではどのような波長の回折光が観測されるか，(1)における
$m=2$ のときについて求めよ。　〈東京学芸大〉

2枚の平行平板ガラス A, B の一端 O から $L=0.10$ m 離れたところにアルミホイルをはさむ。そして, 真上から波長 $\lambda=5.9\times10^{-7}$ m の光を当てて, 上から見ると干渉じまが見えた。以下の問いに答えよ。

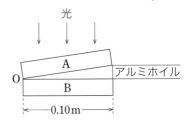

(1)　点 O 付近のしまは明線になるか, 暗線になるか。

(2)　隣り合う明線の間隔が $\Delta x=2.0$ mm のとき, はさんだアルミホイルの厚さ D を求めよ。

(3)　光の方向と反対側(ガラス板 B 側)から干渉じまを観察する。上から見る場合と比べて, 干渉じまはどう変わるか説明せよ。

(4)　2枚のガラス板の間を水で満たす。空気中と比べて明線の間隔は何倍になるか。ただし, 空気の屈折率を 1, 水の屈折率を n(<ガラスの屈折率)とする。

〈弘前大〉

　平らでなめらかなガラス板の上に平凸レンズを凸面を下にして置き, 上方からガラス板に垂直に波長 $\lambda=6.25\times10^{-7}$ m の単色光を当てた。そして, これを真上から見ると, 同心円の明暗のしま模様が観察された。このとき, 同心円の中心の暗輪を $m=0$ 番目とすると, $m=12$ 番目の暗輪の半径は $r=4.50\times10^{-3}$ m であった。

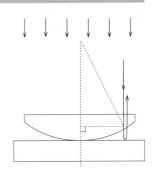

(1)　12番目の暗輪が生じた位置で, ガラス板と平凸レンズにはさまれる空気層の厚みは何 m か。

(2)　この平凸レンズの曲率半径 R は何 m か。

(3)　ガラス板と平凸レンズのすきまを屈折率 $n=1.44$ の液体で満たしたとすると, 12番目の暗輪の半径は何 m になるか。

〈京都府立大〉

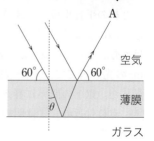

屈折率 1.4 の平らなガラスの表面に，屈折率 1.5 で，厚さ 3.0×10^{-7} m の透明な薄膜をつくり，いろいろな波長（3.8×10^{-7} m ～ 7.7×10^{-7} m）の光を含んでいる平行光線を斜めに入射させた（図参照）。光線が薄膜の表面と 60° をなすとき，屈折角を θ とすると，$\cos\theta =$ ⑴ と表せる。薄膜の裏面で反射する光と表面で反射する光が干渉しあって，図の A で最も強く観測される光の波長は ⑵ $\times 10^{-7}$〔m〕である。

次に，同じ薄膜を屈折率 1.6 の平らなガラスの表面につくり，上と同じ条件で観測すると，最も強く観測される光の波長は ⑶ $\times 10^{-7}$〔m〕となる。ただし，空気の屈折率は 1.0 とする。また，$\sqrt{2} = 1.41$ として計算せよ。　　　　　〈関西大〉

図のように，幅 a の単スリット S があって（スリットの部分は拡大されて描かれている），これに波長 λ の光が垂直に入射している。このスリットを通過した光は，l だけ離れたスクリーン S′ 上に図のような強度分布をもつしま模様をつくる。

⑴　中央から 1 番目の暗いしまの位置 P_1 は，

$\sin\theta_1 = \dfrac{\lambda}{a}$ で与えられることを証明せよ。ただし，θ_1 は MO と MP_1 のなす角であり，長さ OP_1 および l は a に比べて十分大きいものとする。

⑵　中央から 2 番目の暗いしまの位置 P_2 は $\sin\theta_2 = 2\dfrac{\lambda}{a}$ で与えられることを証明せよ。ただし，θ_2 は MO と MP_2 のなす角である。　　　　　〈富山大〉

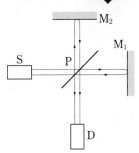

右図で，Ｓは単色光源，Ｐはｓからの光線に対して
45°の角度に置かれた半透鏡，M_1 と M_2 は光線に垂直
に置かれた鏡，Ｄは検出器である。光はＳからＰ→
M_1→Ｐ→Ｄ，およびＰ→M_2→Ｐ→Ｄの経路で進み，重
なりあってＤで検出される。初め，$PM_1＝PM_2$ であ
る。以下の解答では，必要であれば整数 m を用いて
もよい。

(1) M_1 を右へ l だけ移動させたとき，Ｄで干渉によ
り波長 λ の光が強めあう条件を求めよ。

(2) $l=1.5\times10^{-6}$ 〔m〕のとき，波長 6.0×10^{-7} 〔m〕の光がＤで強めあった。次に，
波長をゆっくり長くしていくとき，また，短くしていくとき，再び強めあう波
長はそれぞれの場合，何〔m〕か。

(3) 次に，Ｐと M_1 の間に厚さ d，屈折率 n の薄膜を光線に垂直に入れる。

　(ア) 波長 λ の光がＤで強めあう条件を求めよ。ただし，$l=0$〔m〕とする。

　(イ) $d=1.5\times10^{-6}$〔m〕，$l=0$〔m〕のとき，波長 4.0×10^{-7}〔m〕の光に対して
両光線はＤで強めあった。次に波長をゆっくり長くしていくと，6.0×10^{-7}
〔m〕の光に対して再び強めあった。n はいくらか。　　　　　〈新潟大〉

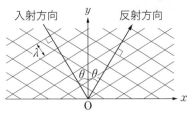

右図は，波長 λ，振幅 A の正弦平面波が
入射角 θ で反射板に入射して，反射される
様子を示している。図の実線は入射波，お
よび反射波の山の波面を表す。反射板に沿
って x 軸，垂直な方向に y 軸を定める。次
の問いに答えよ。ただし，媒質を伝わる波
の速さを v とする。

(1) 反射板における反射では，波の位相はいくら変化しているか。反射板上での
最大変位はいくらか。

(2) x 軸方向，y 軸方向の合成波の波長 λ_x，λ_y を求めよ。

(3) x 軸方向，y 軸方向の合成波の速さ v_x，v_y を求めよ。　　　　　〈早稲田大〉

物理基礎　物理

電場と電位

まずは 漆原の解法 を理解しよう

■ 電場・電位ときたら，しつこく定義にもどって考える！

● 電場の定義は1つ ➡ 電場の定義
● 電位の定義は3つ ➡ 電位の定義 No.1, No.2, No.3
※ すべてが +1C あたりで定義されていることが大切

この問題で 解法Check!

例題　一様な電場の中で0.30 m 離れた2点 A，B間の電位差がBを基準として120 Vである。

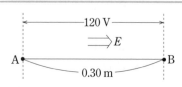

(1)　電場 E〔V/m〕の強さはいくらか。

(2)　点Aに電気量 $q=1.6×10^{-19}$〔C〕，質量 $m=1.7×10^{-27}$〔kg〕の荷電粒子を置くとき，粒子が受ける力の大きさはいくらか。

(3)　もし，この粒子が外力によってBからAまで動かされるとすると，外力が粒子になす仕事はいくらか。

(4)　この粒子をAで初速度0で放すと，Bでどんな速さになるか。　〈茨城大〉

解法に入る前に　電磁気の最初に出てくる言葉「電場・電位」は，いわば電磁気全体の土台のようなもので，その意味をしっかり理解できているかどうかに，この分野のすべてがかかっている。そこで何度でも，しつこく，この「電場・電位」の定義にもどって考える習慣をつけよう。

まずは電場の定義から見ていこう。

┌─ 電場の定義 ─────────────────────
│ 電場 $\vec{E}$（〔N/C〕＝〔V/m〕）：その点に置かれる +1C の電荷が受ける
│ 　　　　　　　　　　　　　電気力
└──────────────────────────

電位の定義は3つあるが，どれも同じことを別の言い方で表したものである。

電位 V（〔J/C〕＝〔V〕）：その点に置かれる **+1C** の電荷が感じる「高さ」

図1のようにプラスとマイナスの電気ではさまれた空間で +1C の電荷を手放すと，プラスの方からマイナスの方へ電気力を受けて「ピューンと落ちてゆく」。

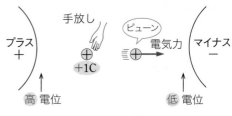

図1：電位とは「高さ」だ

よって，プラス側の方がマイナス側よりも高電位になる。つまり，モノは高い所から低い所へ向かって落ちるのだ。

電位の定義 No.2

0 V の基準点からある点まで，**+1C** の電荷を電場に逆らってゆっくり運ぶのに要する仕事が V〔J〕のとき，その点の電位を V〔V〕とする。

図2のように 0 V と決めた点からある点まで，電気力に逆らって +1C の電荷を運ぶのに要する仕事が 100 J のとき，その点の電位を 100 V とする。つまり，電位が「高い」ほどそこまで持ち上げるのに大きな仕事を要するのである。

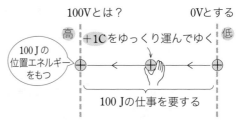

図2：**100V** の意味するもの

電位の定義 No.3

電位 V〔V〕の点に置かれた **+1C** の電荷は，V〔J〕の電気力による位置エネルギーをもつ（q〔C〕が置かれれば，$q \times V$〔J〕のエネルギーをもつ）。

図2の結果，手のした仕事 100 J はどうなるのかというと，100 V の位置に置かれた +1C の電荷に，電気力による位置エネルギーとして蓄えられたと考えることができる。これは，質量 m の物体を高さ h だけ持ち上げるのに，手のした仕事 $mg \times h$ が重力による位置エネルギーとして蓄えられるのと全く同じである。

以上の電場・電位の定義のポイントは すべてが **+1C** あたりで定義されている ことである（+2C のときは2倍に，−5C なら −5倍にすれば，それらの受ける電気力や運ぶのに要する仕事，電気力のエネルギーが計算できるのである）。

解説

(1) 「電場 E を求めよ」というのは「そこに $+1\,\mathrm{C}$ の電荷を置いたら，いくらの力 E を受けるのか」ということである。本問のように電位差がすでにわかっていて，その上で電場を求めるには**電位の定義 No.2**にしたがって「**Bを基準としたAの電位 (120 V)」＝「BからAまで電場 E に逆らって $+1\,\mathrm{C}$ の電荷を運ぶのに要する仕事：(力 E)×(距離 0.3 m)」**の式を立てるのが，お決まりの解法である。この式により，

$$120 = E \times 0.3 \quad \therefore \quad E = 4.0 \times 10^2 \,\mathrm{[V/m]} \cdots \text{答}$$

(2) 「力を求めよ」ときたら，**電場の定義**より，$+1\,\mathrm{C}$ の電荷を点Aに置いたときに受ける力が電場 E なので，$q = 1.6 \times 10^{-19}\,\mathrm{[C]}$ の電荷を点Aに置いたときに受ける力 F は，その q 倍で，

$$F = qE = 1.6 \times 10^{-19} \times 4.0 \times 10^2 = 6.4 \times 10^{-17}\,\mathrm{[N]} \cdots \text{答}$$

(3) 「仕事を求めよ」ときたら，**電位の定義 No.2**より，点Bから点Aまで電場に逆らって $+1\,\mathrm{C}$ の電荷をゆっくり運ぶのに要する仕事が $120\,\mathrm{J}$ であるので，点Bから点Aまで $q\,\mathrm{[C]}$ の電荷をゆっくり運ぶのに要する仕事は，その q 倍で，

$$q \times 120 = 1.6 \times 10^{-19} \times 120 \fallingdotseq 1.9 \times 10^{-17}\,\mathrm{[J]} \cdots \text{答}$$

(4) 「速さを求めよ」ときたら，**電位の定義 No.3**より，$+1\,\mathrm{C}$ の電荷が $120\,\mathrm{V}$ の点Aに置かれたときにもつ電気力による位置エネルギーは $120\,\mathrm{J}$ である。よって，$q\,\mathrm{[C]}$ が $120\,\mathrm{V}$ の点Aに置かれたときにもつ電気力による位置エネルギーは，その q 倍の $q \times 120\,\mathrm{[J]}$ となる。また，点Bでは $0\,\mathrm{V}$ なので，電気力による位置エネルギーは $0\,\mathrm{[J]}$ となる。

ここで，図3で電気力しか仕事をしていないので**力学的エネルギー保存則**より，点Bにきたときにもつ速さを $v\,\mathrm{[m/s]}$ として，

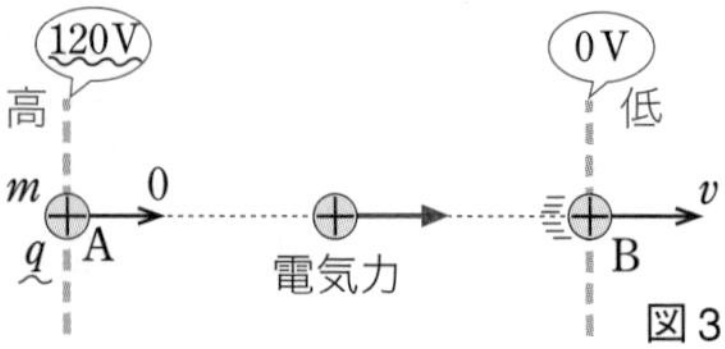

図3

$$\underbrace{q \times 120}_{\substack{\text{Aでの電気力による}\\\text{位置エネルギー}}} = \underbrace{\frac{1}{2}mv^2}_{\substack{\text{Bでの}\\\text{運動エネルギー}}}$$

$$\therefore \quad v = \sqrt{\frac{2q \times 120}{m}} = \sqrt{\frac{2 \times 1.6 \times 10^{-19} \times 120}{1.7 \times 10^{-27}}}$$

$$\fallingdotseq 1.5 \times 10^5\,\mathrm{[m/s]} \cdots \text{答}$$

入試問題を 漆原の解法 で解こう

↳ 解答編 p.114〜p.121

重要問題 **60** 点電荷のつくる電場と電位

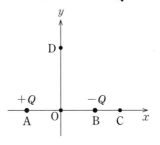

図のように x 軸上の点 A，点 B に電気量がそれぞれ $+Q$〔C〕と $-Q$〔C〕の 2 つの点電荷を固定する。A，B の中点が原点 O であり，$\overline{OA}=\overline{OB}=l$〔m〕である。クーロンの法則の比例定数を k〔N·m²/C²〕とする。原点 O から y 軸の正の向きに d〔m〕$(d>l)$離れた y 軸上の点 D での電場の強さは ___(1)___〔V/m〕である。一方，原点 O から x 軸の正の向き

に d〔m〕離れた x 軸上の点 C での電位は，無限遠の点を電位の基準点とすると，___(2)___〔V〕である。点 C に電気量 $+q$〔C〕をもつ質量 m〔kg〕の荷電粒子を置き，x 軸の正の向きに速さ v_0〔m/s〕を与えた。荷電粒子に働く力は，静電気力だけである。無限遠の点を電位の基準点としたときの点 C における電位を V_C で表し，この荷電粒子が無限遠の点に遠ざかったときの速さを v〔m/s〕とすると，荷電粒子のもつエネルギーには ___(3)___ という関係が成り立つ。これより，この荷電粒子が無限遠の点に遠ざかるための v_0 の最小値は ___(4)___〔m/s〕となることがわかる。　　　　　　　　　　　　　　　　　　　　　　　〈中部大〉

重要問題 **61** 一様な電場

真空中に，水平方向の一様な電場ができている。1 つの水平面内で間隔 3.00 m 離れた 2 点 P，Q をとる。P はアースされており，Q の電位は 54.0 V である。これと同じ水平面内で，PQ の方向と垂直な方向に，間隔 4.00 m 離れた 2 点 R，S をとる。R の電位は 70.5 V，S の電位は 16.5 V である。このとき，電場の強さは ___(1)___ V/m となる。

次に，上の電場を一定に保ったまま，P から Q へ向かう一様な電場をさらにつけ加えたところ，Q の電位は P の電位と等しくなった。このとき，つけ加えた電場の強さは ___(2)___ V/m である。　　　　　　　　　　　　　　　　　〈立命館大〉

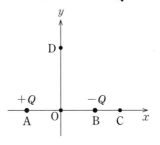

真空中に半径 a〔m〕の球Aがあり，球の中心は点Oに固定されている。球Aは正に帯電し，総電荷は Q〔C〕である。次の3つの電荷分布の場合について，点Oから r〔m〕の距離にある点Pでの電場の強さと電気力線の密度を考えよう。

(1)　球の中心に点電荷として分布する場合

(2)　球の内部に一様に分布する場合

(3)　球の表面にのみ一様に分布する場合

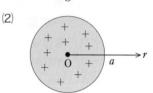

　ただし，球Aは電荷の移動できない絶縁体であり，クーロン力の比例定数を k〔N·m²/C²〕とする。

　(1), (2), (3)各々の場合の点Pでの電場の強さを

(i)　$r < a$ のとき

(ii)　$r > a$ のとき

について記せ。

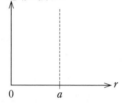

(4)　また，(1), (2), (3)の結果を右のグラフに示せ。

〈北海道大〉

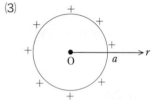

　次の文中の空欄にあてはまる答を記せ。ただし，真空の誘電率 ε_0 を用い，ε_0 はクーロンの法則の比例定数 k_0 と　$\varepsilon_0 = \dfrac{1}{4\pi k_0}$　の関係にあるとする。

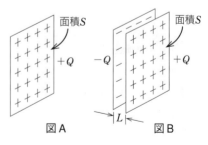

　図Aのように，面積 S で厚さの無視できる1枚の平板が真空中にある。平板は一様に帯電しており，この全電荷を $+Q$ であるとしよう。電気力線は，平板に対して左右対称に垂直に出ているので，平板付近の電場の強さは平板からの距離によらず一定で，　(1)　となる。

　図Bのように，面積 S で極板の間隔 L の平行板コンデンサーが真空中に置かれ，各極板に正と負の電荷（$+Q$ と $-Q$）が各々一様に分布している。このときの電場は，図Aの平板の正電荷による電場と，同様な負電荷による電場との合成電場として表される。したがって，極板間の電場の強さは　(2)　であり，外部の電場の強さは　(3)　である。またこのとき，両極板間の電位差は　(4)　となる。したがって，このコンデンサーの容量は　(5)　となる。

〈早稲田大〉

コンデンサー

まずは ▶ 漆原の解法 を理解しよう

■ コンデンサーの解法❸ステップ

STEP 1 容量を求め，電気の流れをイメージし電位差を仮定する。

STEP 2 閉回路で（電圧降下の和）＝0 の式を立てる。

STEP 3 孤立部分で（今の全電気量）＝（前の全電気量）の式を立てる。

この問題で ✔ 解法Check!

例題

初めすべてのコンデンサーの電気量を0とする。

(1) SW_1をA側につないだ。このとき，C_1，C_2に蓄えられる電気量を，容量C_1，C_2および起電力Eで表せ。

(2) 次に，SW_1はAにつないだままにして，SW_2をつないだ。このとき，C_1，C_2に蓄えられている電気量を求めよ。

(3) SW_2を再び切り，SW_1をB側につないだ。十分に時間が経つまでに抵抗値Rの抵抗Rに流れる電気量の総量はいくらか。 〈島根大〉

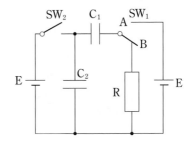

解説

(1) **コンデンサーの解法3ステップ**でワンパターンに解ける。

STEP 1 コンデンサーの容量Cを求め，電位差Vを仮定する。

電気の流れをイメージし各極板にたまる＋，－の電気を予想する。そして，'高い'と仮定した極板には$+CV$，'低い'と仮定した極板には$-CV$と電気量を書き込む。

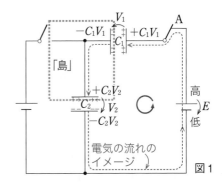

図1

本問では，図1のように高電位側から低電位側に向け，曲がった矢印で C_1，C_2 の電位差 V_1，V_2 を仮定する。次に，それぞれの極板の

高電位側に $+C_1V_1$，$+C_2V_2$

低電位側に $-C_1V_1$，$-C_2V_2$

と電気量を書く。

STEP 2 閉回路を見つけて，指で回路1周をなぞっていく。その間に各装置で，もし電位が下がればプラスの符号をつけ，もし電位が上がればマイナスの符号をつけて，足し合わせる。そして，

$$\circlearrowleft : (電圧降下の和)=0$$

の式をつくる。

$$\circlearrowleft : \underbrace{(+V_1)}_{C_1 で下降} + \underbrace{(+V_2)}_{C_2 で下降} + \underbrace{(-E)}_{E で上昇} = \underbrace{0}_{もとに戻る} \quad \cdots ① \;\Longleftarrow\; 図1を見ながらイメージ!!$$

STEP 3 孤立した極板部分「島」を見つけて，その部分についての

$$(今の全電気量)=(前の全電気量)$$

の式をつくる。

本問では，図1の………で囲まれた部分（「島」）に注目する。初め，両方のコンデンサーの電気量が0であったので，「島」の全電気量も $0+0$ である。次にスイッチが入り，電気の移動が起こるが，それはあくまでも「島」内部のみであり，「島」全体で見ると，電気はどこへも逃げていかないので，

$$\underbrace{-C_1V_1+C_2V_2}_{今の全電気量（図1）}=\underbrace{0+0}_{前の全電気量} \quad \cdots ②$$

①を②に代入して，

$$-C_1V_1+C_2(E-V_1)=0$$

$$\therefore \quad V_1=\frac{C_2E}{C_1+C_2} \quad , \quad V_2=\frac{C_1E}{C_1+C_2} \quad \text{♩} \; V \, get!$$

（コンデンサーは V さえ Get！できれば電気量，電場，エネルギーすべてが求まる。）

よって，C_1，C_2 に蓄えられる電気量は，

$$C_1V_1=\frac{C_1C_2E}{C_1+C_2} \quad , \quad C_2V_2=\frac{C_1C_2E}{C_1+C_2} \quad \cdots 答$$

(2) (1)と同様に解いてみよう。

STEP 1 図2のように，電位差 V_3，V_4 を仮定する。

STEP 2 2つの閉回路で，それぞれ

㋐：$(+V_3)+(+V_4)-E=0$

㋑：$(+V_4)-E=0$

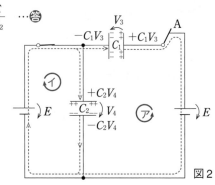

図2

$$\therefore \quad V_3 = 0, \quad V_4 = E \quad \rfloor V\ \text{get!}$$

よって，C_1，C_2 に蓄えられる電気量はそれぞれ，

$$C_1 V_3 = 0, \quad C_2 V_4 = C_2 E \quad \cdots \text{答}$$

（今回は **STEP 3** は必要なかった。というより「島」が存在しなかった。）

(3) またまた3ステップで解ける！

STEP 1 図3のように，電位差 V_5，V_6 を仮定する。**十分に時間が経った後を考えると，抵抗R に流れる電流は0で，その電位差も0となる。**

STEP 2 閉回路で，

$$\circlearrowleft : +V_5 + V_6 - 0 = 0 \quad \cdots \text{③}$$

STEP 3 「島」の全電気量保存より，

$$\underline{-C_1 V_5 + C_2 V_6} = \underline{-C_1 V_3 + C_2 V_4} \quad \cdots \text{④}$$

図3の C_1 の左と C_2 の上　　図2の C_1 の左と C_2 の上

③を④に代入して，V_3，V_4 には(2)の結果を代入して，

$$-C_1 V_5 + C_2(-V_5) = -C_1 \times 0 + C_2 E$$

$$\therefore \quad V_5 = -\frac{C_2 E}{C_1 + C_2}, \quad V_6 = -V_5 = \frac{C_2 E}{C_1 + C_2} \quad \rfloor V\ \text{get!}$$

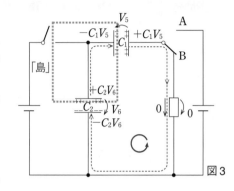

図3

　ここで，Rに流れる電気量を求めよう。注目したいのは，C_1 の右側の極板である。図2でその電気量は $+C_1 V_3$ であったのが，図3になると $+C_1 V_5$ になっている。よって，図4のように具体例をつくってイメージすると，Rにはそれらの差が流れ，

$$(+C_1 V_3) - (+C_1 V_5)$$

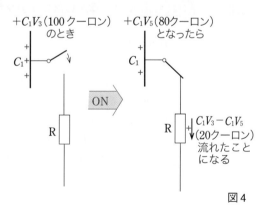

図4

$$= C_1 \times 0 - C_1 \times \left(\frac{-C_2 E}{C_1 + C_2} \right) = \frac{C_1 C_2 E}{C_1 + C_2} \quad \text{（下向きに流れる）} \quad \cdots \text{答}$$

入試問題を 漆原の解法 で解こう

↳ 解答編 p.122〜p.133

コンデンサー C_1(1F), C_2(2F), C_3(3F), 電池 E(45V) およびスイッチ S_1, S_2 を図のように連結した回路がある。初め, S_1, S_2 は開いており, C_1, C_2, C_3 はどれも充電されていない。

この状態から, 下の表に示す段階にしたがって次々にスイッチを操作すると, AB 間の電位差はどうなるか。

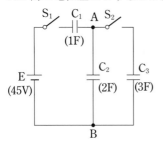

	スイッチ操作	AB 間の電位差
第 1 段階	S_1 を閉じる	(1)
第 2 段階	S_1 を開いてから S_2 を閉じる	(2)
第 3 段階	S_2 を開いてから S_1 を閉じる	(3)
第 4 段階	S_1 を開いてから S_2 を閉じる	(4)

〈東京海洋大〉

図のように, 静電容量がいずれも C の平行板空気コンデンサー C_1, C_2, C_3 と起電力 V の電池 E, スイッチ K が接続されている。この状態のとき, C_1, C_2, C_3 には電気量は蓄えられていない。

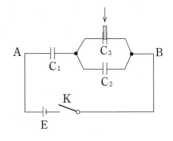

初めに K を閉じ, コンデンサーを充電した。次に K を開き, C_3 の極板間に極板の間隔と等しい厚さをもつ, 比誘電率 ε の絶縁体を, 極板面積の半分まで挿入した。C_3 の容量は □(1)□ になり, C_3 に蓄えられている電気量は □(2)□ となる。また, AB 間の電位差は □(3)□ である。

〈芝浦工大〉

重要問題 **66** 誘電体を挿入したコンデンサー（その2）

極板の間隔 d〔m〕，電気容量 C〔F〕の平行板コン
デンサーがある。これを起電力 V〔V〕の電池で充
電したのち，電池を取り去った。

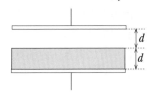

(1) このとき，

   (a) コンデンサーに蓄えられている電気量はいく
     らか。

   (b) 極板間の電場の強さはいくらか。

(2) 次に，電荷が逃げないようにして，極板の間隔を $2d$〔m〕に変えた。このと
き，

   (a) 極板間の電位差はいくらか。

   (b) 蓄えられている静電エネルギーはいくらか。

(3) さらに，図のように，(2)のコンデンサーの1つの極板に接して，極板と同じ
面積で，厚さ d〔m〕，比誘電率（相対誘電率）ε_r の誘電体を入れた。このとき，

   (a) 極板間の電位差はいくらか。

   (b) 誘電体中の電場の強さはいくらか。

   (c) 極板間に蓄えられている静電エネルギーは(2)の場合の何倍か。　〈福岡大〉

重要問題 **67** 極板間に働く引力を求める問題

真空中に，平行な2枚の極板間の距離が d，面積が S のコンデンサーがある。
初めに電池をつないで，極板間に電位差 V を与えた。ただし，真空の誘電率を ε_0
とする。

(1) 極板間に生じる電場の強さ E を求めよ。

(2) 極板に蓄えられる電気量 Q を求めよ。

(3) コンデンサーに蓄えられるエネルギー W を求めよ。

次に電池をはずして，極板間の距離を Δd だけひろげた。

(4) コンデンサーに蓄えられるエネルギーの増加 ΔW を求めよ。

(5) コンデンサーの極板間で働きあう引力 F を求めよ。ただし，答えは，問題に
与えられた量 d，S，V，Δd と真空の誘電率 ε_0 のうち必要なものを用いて表せ。

〈山形大〉

図のように，同じ半径 r〔m〕の3枚の導体平面円板 A，B，C を同じ間隔 d〔m〕で空気中に平行に置き，内部抵抗の無視できる起電力 E_0〔V〕の電池に，抵抗値 R_1〔Ω〕，R_2〔Ω〕の抵抗，スイッチ S_1，S_2 を通して接続した。初めスイッチ S_1，S_2 は開いていて，各円板 A，B，C に電荷はない。

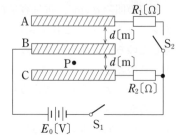

ここで，$r \gg d$ で円板周辺部の影響は無視できるものとし，空気の誘電率を ε_0〔F/m〕とする。

(1) S_1 を閉じて十分に時間が経過した後の B と C の中間の点 P の電場の強さを求めよ。

(2) (1)のときの B にたまった電気量を求めよ。

(3) 次に，S_1 を開き，S_2 を閉じてから十分に時間が経過した。この間に R_1 と R_2 で発生したジュール熱の合計を求めよ。

(4) 次に，S_2 を閉じたまま S_1 を再び閉じ，B を C と平行に保ちながら図の位置から C の方へ x〔m〕だけ移動して止めた。十分に時間が経過した後の，B にたまった電気量を求めよ。　　　　　　　　　　　　　　　　　　　　　　　〈東海大〉

1辺の長さが l の正方形の極板を持つ電気容量 C のコンデンサーがあり，起電力 V の電池につながれている。いま，極板間の距離と同じ厚さを持ち，極板と同じ形をした，比誘電率 ε の誘電体を極板間に入れ，中へ移動させる。

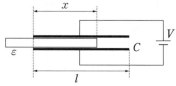

(1) 誘電体が図のように，x 入ったときのコンデンサーの静電エネルギーはいくらか。

誘電体が x からさらに $\varDelta x$ 入ったときを考える。

(2) コンデンサーの静電エネルギーはいくら増加するか。

(3) $\varDelta x$ 移動する間に電池がした仕事はいくらか。

(4) 誘電体がコンデンサーから受ける電気的な引力の大きさ F はいくらか。

〈東京医科歯科大〉

直流回路

まずは ▶ 漆原の解法 を理解しよう

■ 直流回路の解法❸ステップ

STEP 1　抵抗の電流 I とコンデンサーの電位差 V を仮定し作図する。

STEP 2　各閉回路を見つけ，（電圧降下の和）＝0 の式をつくる。

STEP 3　「島」を見つけ，全電気量保存の式をつくる。

※特に，コンデンサーについて，

「直後型」：スイッチ操作直後の，電気量は一瞬不変となっている状態。

「十分型」：スイッチ操作後十分時間後の，これ以上電流が流れ込めない状態。

の2つの特殊状態には気をつけること！

この問題で 解法Check!

例題　　起電力 V〔V〕の内部抵抗を無視できる電池，抵抗値がそれぞれ R_1, R_2, R_3〔Ω〕の抵抗 R_1, R_2, R_3, 電気容量 C_A, C_B〔F〕のコンデンサー A，B およびスイッチ S_1, S_2, S_3 を図のように接続した。コンデンサー A，B には，初め電荷は与えられていなかったとする。

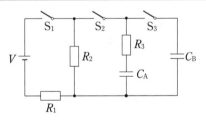

　S_3 は開いたままで S_2 を閉じ，続いて S_1 を閉じる。この瞬間に R_1 を流れる電流は ⎣ (1) ⎦〔A〕である。十分に時間が経つとコンデンサーAは充電され，極板間の電位差は ⎣ (2) ⎦〔V〕となる。以下，この電位差を V_A としよう。このコンデンサーAに蓄えられる静電エネルギー U_1 は ⎣ (3) ⎦〔J〕となる。

　次に，S_2 を開いて S_3 を閉じる。十分に時間が経つと，コンデンサーAに蓄えられた電荷は ⎣ (4) ⎦〔C〕，コンデンサーBの電荷は ⎣ (5) ⎦〔C〕となる。したがって，コンデンサー A，B に蓄えられた静電エネルギーの和 U_2 は ⎣ (6) ⎦〔J〕である。また，S_3 を閉じてから，このときまでに R_3 で発生したジュール熱は ⎣ (7) ⎦〔J〕である。　　　　　　〈岡山大〉

解説

(1) **直流回路の解法3ステップ**で手順通り解けばよい。

STEP 1 まず，各抵抗に流れる電流 I と，コンデンサーがある場合はそのコンデンサーにかかる電位差 V を仮定し，抵抗には電圧 $V=IR$ を，コンデンサーには $\pm CV$ の電気量を作図する。

本問では，図1のように S_1 を閉じた**直後**なので，コンデンサーAの電気量はまだ **0** で直後型であり，まさに電流がドッと流れ込もうとしている状態であることをイメージしよう。よって，R_2，R_3 に流れる電流を i_1，i_2 と仮定すると，R_1 にはそれらの合流の i_1+i_2 が流れ込む。またAの電圧は 0 とおける。以上を仮定できたら，各抵抗にはオームの法則で $V=IR$ を作図しよう。

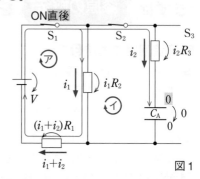

ON直後

図1

STEP 2 閉回路1周で，◯：(電圧降下の和)＝0 の式をつくる。

図1の2つの閉回路について，

㋐：$i_1R_2+(i_1+i_2)R_1-V=0$ ……①

㋑：$i_2R_3+0-i_1R_2=0$ ……②

STEP 3 孤立した極板部分「島」を見つけ，全電気量保存の式をつくる。

本問では，「島」はないので省略でOK！

以上の式①，②を連立させて解くと，

$$i_1=\frac{R_3}{R_1R_2+R_2R_3+R_3R_1}V,\quad i_2=\frac{R_2}{R_1R_2+R_2R_3+R_3R_1}V \quad \text{♩ I get!}$$

$$\therefore\quad i_1+i_2=\frac{R_2+R_3}{R_1R_2+R_2R_3+R_3R_1}V \quad \cdots\text{答}$$

(2) (1)と同様に解く！

STEP 1 図2のように S_1 を閉じて**十分**に時間が経つと，コンデンサーAは**十分型**になるので，R_3 にはこれ以上電流は流れ込んでこないことをイメージしよう。よって，R_1 と R_2 には共通の電流 i_3 を，

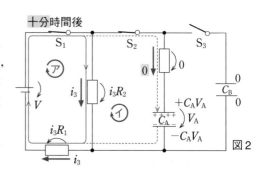

十分時間後

図2

Aには問題文に与えられた電位差 V_A を仮定する。

STEP 2 図2の2つの閉回路で,

㋐：$i_3R_2+i_3R_1-V=0$　…③

㋑：$0+V_A-i_3R_2=0$　…④

STEP 3 「島」がないので省略！

以上の③，④より，$i_3=\dfrac{V}{R_1+R_2}$, $V_A=\dfrac{R_2}{R_1+R_2}V$　⌐ V get!　…🔑

(3)　静電エネルギーの式より，$U_1=\dfrac{1}{2}C_AV_A{}^2$　…🔑

(4), (5)　今まで通り同じように解ける！

STEP 1 S_3 を閉じた直後はAから

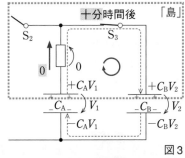

図3

Bへ電流がドッと流れ込むが，**十分に時**
間が経つと，図3のようにAもBも十分
型になる。よって，R_3 の電流は **0** であ
り，A, Bの電位差を V_1, V_2 と仮定。

STEP 2 図3の閉回路で,

◯：$V_2-V_1+0=0$　…⑤

STEP 3 S_2 を開いて S_3 を閉じるので，図3の「島」で全電気量保存の式
は，

$$\underbrace{+C_AV_1+C_BV_2}_{\text{図3の}C_A\text{の上と}C_B\text{の上}}=\underbrace{+C_AV_A+0}_{\text{図2の}C_A\text{の上と}C_B\text{の上}}　…⑥$$

以上の式⑤，⑥より，

$$V_1=V_2=\dfrac{C_A}{C_A+C_B}V_A　⌐ V\text{ get!}$$

よって，A, Bに蓄えられた電荷は，

$$C_AV_1=\dfrac{C_A{}^2}{C_A+C_B}V_A　\cdots(4)\text{の}🔑　\quad C_BV_2=\dfrac{C_AC_B}{C_A+C_B}V_A　\cdots(5)\text{の}🔑$$

(6)　静電エネルギーの式より，

$$U_2=\dfrac{1}{2}C_AV_1{}^2+\dfrac{1}{2}C_BV_2{}^2=\dfrac{C_A{}^2V_A{}^2}{2(C_A+C_B)}　\cdots🔑$$

(7)　図2から図3までに抵抗 R_3 で発生したジュール熱を J とすると，

$$\underbrace{U_1}_{\text{前のエネルギー}}+\underbrace{(-J)}_{\text{軖で発生した熱}}=\underbrace{U_2}_{\text{後のエネルギー}}　\quad \therefore　J=U_1-U_2=\dfrac{C_AC_B}{2(C_A+C_B)}V_A{}^2　\cdots🔑$$

入試問題を 漆原の解法 で解こう

↳ 解答編 p.134〜p.143

重要問題 **70** 直流回路 〔最重要〕

図において，R_1，R_3，R_4，R_5 はそれぞ
れ 10 Ω，20 Ω，40 Ω，60 Ω の抵抗，R_2 は
0〜20 Ω に変化できる抵抗である。E_1，
E_2 はそれぞれ起電力 2 V，10 V の内部
抵抗の無視できる電池である。次の問い
に答えよ。

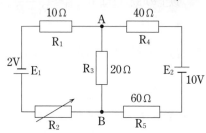

(1) R_2 を 15 Ω としたとき，R_3 を流れる
電流の大きさと向きを求めよ。また，このとき AB 間の電圧はいくらか。

(2) R_3 を流れる電流が 0 になるときの R_2 の抵抗値を求めよ。 〈兵庫県立大〉

重要問題 **71** 電圧計・電流計の倍率器・分流器 〔差がつく！〕

内部抵抗 1 Ω，最大測定電流 10 mA の電流計がある。

(1) この電流計を最大目盛り 10 V の電圧計として用いるためには □□□ Ω の
抵抗を □□□ につなげばよい。

(2) この電流計を最大 1 A まで測定できる電流計として使うためには □□□ Ω
の抵抗を □□□ につなげばよい。 〈三重大〉

重要問題 **72** 電圧計の内部抵抗

A，B 2 個の抵抗を直列につなぎ，その両端に 120 V の一定電圧を加えている。
このとき，内部抵抗が 1500 Ω の電圧計をAの両端につなぐと 30 V を示し，Bの
両端につなぐと 50 V を示した。AとBの抵抗はそれぞれ何Ωか。 〈東京海洋大〉

図1のように電池 E，コンデンサー C，スイッチ S_1，S_2，および抵抗値がそれぞれ $1.0\,\mathrm{k\Omega}$，$3.0\,\mathrm{k\Omega}$ の抵抗 R_1，R_2 を接続する。

最初，スイッチ S_1，S_2 を開いた状態で，コンデンサーの電気量は 0 であった。スイッチ S_2 は開いたまま，スイッチ S_1 だけを閉じてコンデンサーを充電する。このとき，抵抗 R_1 を流れる電流 I は，スイッチ S_1 を閉じた瞬間を時刻 $t=0$ として，図2のように時間変化した。十分に時間が経った後，コンデンサーに蓄えられた電気量は $0.20\,\mathrm{C}$ であった。

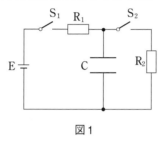

図1

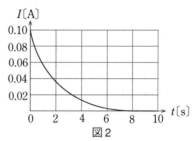

図2

(1) 電池の起電力はいくらか。

(2) コンデンサーの電気容量はいくらか。

(3) 十分に時間が経った後に，コンデンサーに蓄えられた静電エネルギーはいくらか。

(4) スイッチ S_1 を閉じてから，コンデンサーの充電が終了するまでの間に電池がした仕事，および抵抗 R_1 で発生した熱の総量はいくらか。

(5) その後, S_1 を開き, S_2 を閉じた瞬間に R_2 に流れる電流および, S_2 を閉じてから十分に時間が経つまでに，R_2 で発生した熱の総量はいくらか。　〈大阪電通大〉

図は，抵抗Aと抵抗Bのそれぞれについて，両端にかけた電圧と流れた電流との関係を示したものである。

(1) AとBの抵抗を直列につなぎ，$2.0\,\mathrm{V}$ の電源に接続した。このとき，回路を流れる電流 I と抵抗Bの両端にかかる電圧 V との関係式を求めよ。

(2) 前問で求めた関係式と図を用いて抵抗Aの両端にかかる電圧 V_A を求めよ。　〈熊本大〉

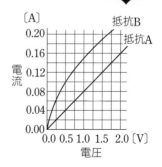

図1に示すともに同じ電流-電圧特性をもつ2個の抵抗体 L_1 と L_2 がある。この抵抗体 L_1，L_2 と，一定の抵抗値 R_1，R_2 の2個の抵抗と，起電力 E の電源とを図2のように接続した。

スイッチSを開いた状態で，抵抗 R_1 に流れる電流を I とする。

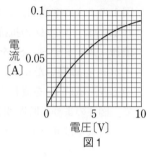

図1

(1) 抵抗体 L_1 の両端に加わる電圧を V とする。この V を与える式を求めよ。

(2) 抵抗値 R_1 は $100\,\Omega$ である。電源の起電力 E を $18\,V$ にしたときに回路に流れる電流 I の値を図1を用いて求めよ。ただし，この電流の値は有効数字1桁で求めればよい。

(3) L_1 で消費される電力を求めよ。

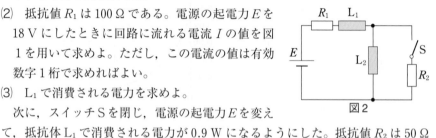

図2

次に，スイッチSを閉じ，電源の起電力 E を変えて，抵抗体 L_1 で消費される電力が $0.9\,W$ になるようにした。抵抗値 R_2 は $50\,\Omega$ である。

(4) R_2 の抵抗に流れる電流を求めよ。

(5) L_2 で消費される電力を求めよ。

(6) 電源の起電力 E を求めよ。　　　　　　　　　　　　　　　　　〈法政大〉

物理基礎　物理

電流と磁場

まずは 漆原の解法 を理解しよう

■ 電流と磁場の関係の❷ポイント（右手のグー，パー）

① 電流が流れる ── 周囲に磁場をつくる（右手のグー①，②，③）

② 磁場中に電流 ── 電流は磁場からローレンツ力（電磁力）を受ける
（右手のパー①，②）

この問題で ✔ 解法Check!

例題　真空中に４本の十分に長い直線状の導線 A，B，C，D が紙面に垂直で互いに平行に張られている。A，B，C，D は真上から見ると１辺が r〔m〕の正方形の各頂点をしめている。A，B，C，D を流れる電流の大きさは I〔A〕であり，その向きはAでは紙面の裏から表に向かう向き，B，C，D では紙面の表から裏に向かう向きである。真空の透磁率を μ〔N/A²〕とする。

(1)　導線Aの位置に導線 B，C，D を流れる電流がつくる磁場の強さは □□□〔A/m〕である。

(2)　導線Aの長さ l〔m〕の部分が，導線 B，C，D を流れる電流がつくる磁場から受ける力の大きさは □□□〔N〕である。

〈千葉工大〉

解法に入る前に　電流と磁場の問題の解法としては，次の２つのポイントを押さえよ。

ポイント1　電流は周囲に磁場をつくる

入試に出るのは次の３タイプ。どれも**右手のグー①，②，③**で磁場の向きが決まる。

① **直線電流**（無限に長い）

半径 r の円の接線方向に

大きさ $\boxed{H = \dfrac{I}{2\pi r}}$

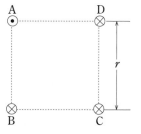

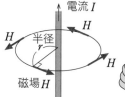

右手のグー①

> まっすぐなものはまっすぐな親指の先が向かう方向に

> 巻いているものは巻いている人差し指の先が向かう方向に

② 円形電流（半径 r）

中心点において

大きさ $\boxed{H = \dfrac{I}{2r}}$

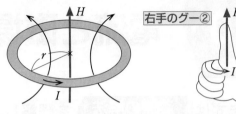

右手のグー②

③ ソレノイドコイル

$\left(1\,\text{m あたり } n = \dfrac{N}{l} \text{ 回巻き}\right)$

中央部に

大きさ $\boxed{H = nI}$

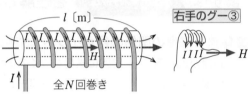

右手のグー③

全 N 回巻き

ポイント2　動く電荷（電流）は磁場からローレンツ力（電磁力）を受ける

① 動く荷電粒子が受ける力 —→ 右手のパー①

手のひらでまっすぐ押す（プッシュする）向きにローレンツ力 $\boxed{F = qvB}$ を受ける。

右手のパー①

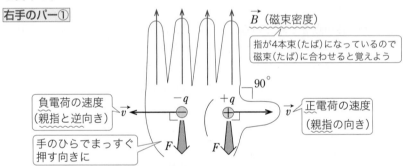

$\vec{B}$（磁束密度）

指が4本束（たば）になっているので
磁束（たば）に合わせると覚えよう

$90°$

負電荷の速度
（親指と逆向き）

$-q$　　$+q$

正電荷の速度
（親指の向き）

手のひらでまっすぐ
押す向きに

② 電流が受ける力 —→ 右手のパー②

手のひらでまっすぐ押す向きに電磁力 $\boxed{F = IBl}$ を受ける。

右手のパー②

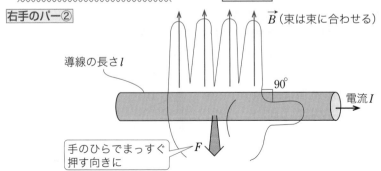

$\vec{B}$（束は束に合わせる）

導線の長さ l

$90°$

電流 I

手のひらでまっすぐ
押す向きに

(1), (2) 本問のような電流間に働く力を求めるときには，次の2つの
手順 に分けて考えるとわかりやすい。

手順1 **右手のグー①** でAの位置に電流B，
C，Dがつくる合成磁場 $\vec{H}$ を求める。

まず，図1のようにB，C，Dそれぞれ
がつくる磁場 $\vec{H_B}$, $\vec{H_C}$, $\vec{H_D}$ は **右手のグー①**
で，

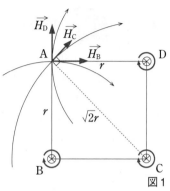

図1

> 親指をそれぞれの電流の方向（表→裏）
> に向けたときの，人指し指の先が向か
> う方向に巻く円の接線方向

を向きとし，大きさは $\boxed{H=\dfrac{I}{2\pi r}}$ より，

$$|\vec{H_B}|=|\vec{H_D}|=\frac{I}{2\pi r} \quad , \quad |\vec{H_C}|=\frac{I}{2\pi\sqrt{2}\,r}=\frac{I}{2\sqrt{2}\,\pi r}$$

次に，磁場はベクトルなので，$\vec{H_B}$, $\vec{H_C}$,
$\vec{H_D}$ のベクトル和 $\vec{H}$ を考え（図2），

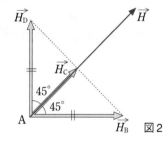

図2

$$|\vec{H}|=|\vec{H_B}|\cos 45°+|\vec{H_D}|\cos 45°+|\vec{H_C}|$$
$$=\frac{I}{2\pi r}\times\frac{1}{\sqrt{2}}\times 2+\frac{I}{2\sqrt{2}\,\pi r}$$
$$=\frac{3I}{2\sqrt{2}\,\pi r}=\frac{3\sqrt{2}\,I}{4\pi r}\ 〔\mathrm{A/m}〕\ \cdots\text{答}$$

手順2 **右手のパー②** で，導線Aの l〔m〕あたりが合成
磁場 $\vec{H}$ から受ける電磁力 $\vec{F}$ は（図3），

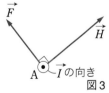

図3

> 親指を電流 $\vec{I}$ の方向（裏→表），人指し指から小指ま
> でを磁場 $\vec{H}$ の方向にあてたときに，手のひらでプッ
> シュする方向

を向きとし，大きさは $\boxed{F=IBl}$ より（ただし，$B=\mu H$），

$$F=I\cdot\mu\cdot|\vec{H}|\cdot l=I\mu\cdot\frac{3\sqrt{2}\,I}{4\pi r}l=\frac{3\sqrt{2}\,\mu lI^2}{4\pi r}\ 〔\mathrm{N}〕\ \cdots\text{答}$$

入試問題を 漆原の解法 で解こう

↳ 解答編 p.144〜p.145

重要問題 76 電流が受ける力のモーメントの問題 `差が つく!`

　回転軸をもつ 1 辺 a〔m〕の n〔回〕巻き正方形コイルがある。この回転軸には半径 r〔m〕の滑車が取りつけられ，質量 M〔kg〕のおもりのついた糸が巻きつけてある。磁束密度 B〔T〕（$=$〔Wb/m²〕）の一様な水平磁場の中に，このコイルの回転軸が水平で磁場方向と直角になるように置く。

　コイル面を図のように磁場と $60°$ の角度をなして静止させるには，コイルにどれだけの電流を流せばよいか。ただし，重力加速度の大きさを g〔m/s²〕とする。

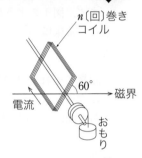

〈富山大〉

重要問題 77 電流間に働く力 `最重要`

　正三角形の各頂点を，十分に長い直線電流 A，B，C が三角形の面に垂直に流れている。3 本の電流の大きさと向きは同じである。電流Aを止めると，電流Bの単位長さあたりに働く力の大きさは，止める前の大きさの□□□倍になる。

〈神奈川大〉

電磁誘導

まずは 漆原の解法 を理解しよう

■ 誘導起電力問題の解法（起 → 電 → 力 の順で解く！）

起　発生する起電力を求める

電　電流を求める

力　電流が磁場から受ける電磁力を含む，力学の式を立てる

この問題で ✔ 解法Check!

例題　　鉛直上向きの，一様な磁束密度Bの磁
場に，水平に置かれた図のような回路がある。
Rは抵抗値Rの抵抗，mは質量mのおもり，
ab はコの字形の導線の上を，なめらかに動
くことができる長さlの導線である。おもり
mは，なめらかに動く滑車を通して，導線 ab
にひもでつながれている。導線 ab，滑車お
よびひもの質量は無視でき，重力加速度の大きさをgとする。

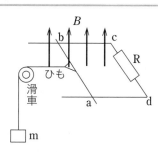

(1)　おもりを降下させると，おもりはやがて一定速度に達する。速度の大き
さを求めよ。

(2)　一定速度に達したときに，導線を流れる電流の向きと大きさを求めよ。

〈大阪公立大〉

解法に入る前に　導体棒が磁束を切ったり，コイルを貫く磁束が変化したりして，起電
力が発生する，いわゆる誘導起電力問題は，**誘導起電力問題の解法**で
起→電→力の順に解くしかないのだ。

解説

(1)　**誘導起電力問題の解法**をマスターしてしまおう。

起　発生する起電力を求める。

起電力の求め方は２通りある。１つ目は本問のように，磁束線を切りなが

ら進む導体棒に発生する起電力を**ローレンツ力電池**(ローレンツ力を原動力とする電池)の考えで求めるやり方である。2つ目は、コイル内を貫く磁束が時間変化するときにコイルに発生する起電力を**レンツ＆ファラデーの法則**で求めるやり方である(重要問題 **81** で扱う)。

どちらのやり方で求めるのがよいのかは、次のように判定すればよい。

- ●磁束密度Bが時間変化しない ── **ローレンツ力電池**
  (本問はこのタイプ!)
- ●磁束密度Bが時間変化する ── **レンツ＆ファラデーの法則**

ここでは本問で用いる**ローレンツ力電池**についてまとめておこう。

ローレンツ力電池

① 起電力の向きの決め方

　導体棒の上に **+1C を乗せた**とき、**右手のパー①** (p.112) で受けるローレンツ力の向きが、起電力の向きとなる。

② 起電力の大きさV 〔V〕の決め方

　①のローレンツ力によって、棒に沿って、**+1C を運んだ**ときに、ローレンツ力がする仕事(=力×距離)が起電力の大きさVとなる。

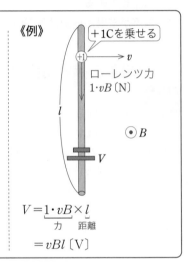

《例》 +1Cを乗せる

ローレンツ力
$1 \cdot vB$ 〔N〕

$\odot B$

V

$$V = \underbrace{1 \cdot vB}_{\text{力}} \times \underbrace{l}_{\text{距離}}$$
$$= vBl \ 〔V〕$$

ここで本題にもどり、**誘導起電力問題の解法**で起電力を求めよう。本問で最終的な一定速度の大きさをvとする。図1で磁束を切る導線 ab に発生する誘導起電力の方向は**ローレンツ力電池**の考え方より、棒の上に乗せた +1C は a→b の向きに $1 \cdot vB$ の大きさのローレンツ力を受ける。このローレンツ力が +1C を棒に沿って運ぶときにする仕事は、

$$\underbrace{1 \cdot vB}_{\text{力}} \times \underbrace{l}_{\text{距離}} = vBl$$

で、これが発生する起電力の大きさと等しい。

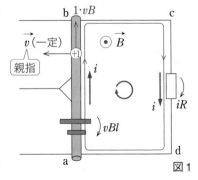

図1

電 電流を求める。

起電力を図示したら，図1は電池1つ (単なる棒が磁束を切って電池になった) と抵抗1つの**簡単な直流回路とみなせる**。抵抗 c → d の向きに流れる電流を i とすると，

$$\circlearrowleft : +iR - vBl = 0 \qquad \therefore \quad i = \frac{vBl}{R} \quad \cdots \text{①}$$

力 電流が磁場から受ける電磁力を含む，力学の式を立てる。

(流れる電流を求めたら，その電流が磁場から受ける力を**右手のパー②** (p.112 参照) で求めるということ。)

本問では，図2のように，導線 ab を流れる電流 i が受ける力は**右手のパー②**より，

> 親指を電流 i の向き (a → b)，人指し指から小指までの束を磁束密度 $\vec{B}$ の向きにあてたときに，手のひらでプッシュする方向

を向き，その大きさは $\boxed{F = iBl}$ となる。

b

$\vec{v}$(一定)　　　　$\odot \vec{B}$

iBl

mg

i
親指

a　　　　　　　　図2

力を作図したら，**あとは力学の問題**で，

静止または一定速度のとき ── 力のつりあいの式

加速度があるとき ── 運動方程式

本問では，**最終的な一定速度の状態**を考えているので，**棒に働く力はつりあっている**。図2で棒に働く力のつりあいの式を立てると，

$$iBl = mg \quad \cdots \text{②}$$

ここで①を②に代入して，

$$\frac{vBl}{R} \cdot Bl = mg \qquad \therefore \quad v = \frac{mgR}{(Bl)^2} \quad \cdots \text{答}$$

⑵ ②より導線に流れる電流の大きさは，$i = \dfrac{mg}{Bl}$ (向きは a → b) ⋯**答**

入試問題を 漆原の解法 で解こう

↳ 解答編 p.146〜p.153

重要問題 **78** ナナメに磁束線を切る導体棒　**最重要**

　磁束密度の大きさが B である一様な磁場が鉛直上方にかかっている空間に，図のように一部に抵抗 R_1 および R_2 を含む導体でつくられた長方形が，水平面から角度 θ をなすように固定されている。これに沿って質量 m の導体棒 PQ を KN（LM）と平行に保ちながらなめらかに運動させる。KN の長さは l とし，KL（NM）は十分長いものとする。重力加速度の大きさを g とし，自己誘導効果は無視できるものとして問いに答えよ。

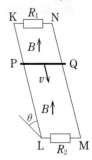

問1　導体棒 PQ が KL に沿って下向きにある速さ v で運動している。

(1) 閉回路 KNQP および LMQP に生じる誘導起電力の大きさ V_1，および V_2 を求めよ。

(2) 抵抗 R_1 および R_2 を流れる電流の大きさ I_1，I_2 とそれらの向きを求めよ。

(3) 導体棒 PQ を流れる電流の大きさ I を求めよ。

問2　問1の場合に，導体棒 PQ の KL に沿った運動方程式を立て，加速度の大きさ a を求めよ。

問3　導体棒 PQ は次第に速さを増し，一定の速さ v_f となった。

(1) 速さ v_f を求めよ。

(2) この状態での単位時間あたりの位置エネルギーの減少と単位時間あたりに発生するジュール熱を求め，これらが一致することを示せ。　〈奈良女子大〉

重要問題 **79** 回転しながら磁束線を切る導体棒　**最重要**

　図のように紙面内に x 軸，y 軸を，紙面に垂直に裏から表の向きに z 軸の正の向きをとる。y の正の領域にだけ，z 軸の正の向きに磁束密度の大きさ B〔T〕の一様な磁場がある。細い導線の1巻きの扇形コイル OPQ があって，PQ は半径 a〔m〕の円弧で抵抗 R〔Ω〕の導線，

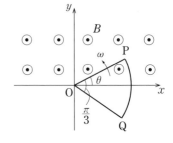

OP と OQ は抵抗が無視できる導線で ∠POQ$=\dfrac{\pi}{3}$〔rad〕である。

コイル OPQ は固定点 O を中心に x-y 平面内で回転でき，コイルの位置は OP と x 軸の正の向きとの間の角 θ〔rad〕で表す。コイル OPQ が一定の角速度 ω〔rad/s〕で時計の針と逆向きに回転している。電磁誘導による電流がつくる磁場は無視できるものとして，以下の問いに答えよ。答えは a，R，ω，B の中の必要なものを用いて表せ。

(1) $\theta=0$ から $\dfrac{5}{3}\pi$〔rad〕まで回転する間に，コイル OPQ に発生する誘導起電力 V〔V〕を求め，V と θ の関係をグラフに表せ。ただし，O→P→Q の向きに誘導電流を流す V を正とする。

(2) $\theta=0$ から $\dfrac{\pi}{3}$〔rad〕まで回転する間において，

  (i) 点 P の電位は点 O に対して高いか低いか。

  (ii) 点 Q の電位は点 P に対して高いか低いか。

  (iii) コイルを流れる誘導電流 I〔A〕を求めよ。

  (iv) 導線 OP と OQ が磁場から受ける力の大きさ F_1，F_2〔N〕を求めよ。

  (v) コイルで毎秒発生するジュール熱 Q〔J/s〕を求めよ。 〈信州大〉

重要問題 **80** 一様でない磁束線を切る導体棒 〔差がつく！〕

単位長さあたりの抵抗 r の導線で，図のようなはしご形回路をつくり，なめらかな x-y 平面上を動かす。$+z$ 方向の磁場があり，その磁束密度 B は x のみの関数で，正の定数 b を用いて $B=bx$ と表されるものとする。この回路に外力 f を作用させて，図のように $+x$ 方向に一定速度 v で平行移動させる。

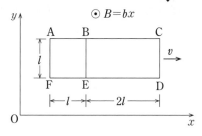

(1) 回路の各辺に流れる電流の大きさを求めよ。

(2) 外力 f が単位時間あたりにする仕事は，回路に発生するジュール熱 J に等しいことを示せ。 〈東京大〉

1つの水平面上に半径 r 〔m〕の円形の1巻きコイルを置いて，水平面に垂直な方向に一様な磁場を加え，その磁束密度を変化させた。磁束密度 B〔T〕を，時刻 $t=0.0$〔s〕から t_1〔s〕までの間は一定値 B_1〔T〕とし，$t=t_1$〔s〕から一定の率で変化させ，$t=t_2$〔s〕以後は一定値 B_2〔T〕とした。コイルの自己誘導は無視する。

(1)　t_1 から t_2 の間における磁束密度 B〔T〕を t の関数として表せ。

(2)　t_1 から t_2 の間において，コイルを貫く磁束 Φ〔Wb〕を t の関数として表せ。

(3)　仮に，コイルを1箇所で切ると $t=0.0$〔s〕から $t=t_2$〔s〕の間で，その切り口の両端に電位差が生じることがあるか。生じるとすればその大きさはいくらか。

(4)　磁束密度は上向きを正として $t_1=0.05$〔s〕のとき $B_1=0.1$〔T〕，$t_2=0.25$〔s〕のとき $B_2=-0.2$〔T〕，また，$r=0.1$〔m〕，コイルの電気抵抗 $R=12$〔Ω〕であった。$t=0.0$〔s〕～0.30〔s〕間でコイルを流れる電流 i〔A〕の変化をグラフに表せ。コイルを上から見て右まわりを電流の正の向きとする。〈福島県立医大〉

　図のように，磁束密度 B の一様な磁場中に，一辺の長さが l の正方形のコイルを一定の角速度 ω で回転させる。コイル上の2点を図のようにP，Qとする。コイルは抵抗値 R をもち，自己インダクタンスは無視できるものとし，以下の問いに答えよ。

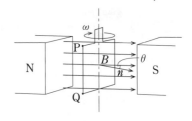

(1)　コイル面に垂直な法線 n が磁束密度 B の方向と角 θ をなすとき，コイルを貫く磁束はいくらか。

(2)　時刻 $t=0$ のとき $\theta=0$ とすると，時刻 t のときの角度は $\theta=\omega t$ である。コイルの回転周期を T とする。時間範囲 $0 \leqq t < T$ について PQ 間に流れる電流の変化を図示せよ。ただし，電流は点Pから点Qへの向きを正とする（電流の変動範囲を明示せよ）。

(3)　時刻 t のとき，PQ 間に働く力の大きさはいくらか。また，その力はコイルの回転を促進しようとする向きか妨げようとする向きか。　　〈横浜国立大〉

コイルの性質

まずは　漆原の解法　を理解しよう

■コイルが回路に入った問題の解法の❷ポイント

ポイント1　コイルを含む回路の問題では，まず**コイルの作図**をし，電流の変化
に注意して，◯：(電圧降下の和)＝0 の式をつくる。

ポイント2　電気振動の問題では**3つの絵と対応表**で対応する「ばね振り子」に
おきかえて解く。特に，周期の式 $T=2\pi\sqrt{LC}$ と，コイルの磁気エネルギー
の式 $\frac{1}{2}Li^2$ が 2 本柱。

この問題で　　解法Check!

例題　　図に示した電気回路は，起電
力 V_0 の直流電源，抵抗値 R_1, R_2,
R_3 の電気抵抗，自己インダクタン
ス L のコイル，電気容量 C のコンデ
ンサー，およびスイッチ K_1, K_2,
K_3 からつくられている。直流電源
とコイルの内部抵抗は無視でき，結
線に用いた導線の抵抗はないものとする。

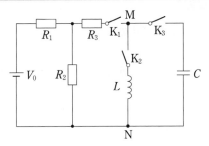

(1)　K_3 は開いたまま，K_1, K_2 を閉じて定常状態になったとき，コイルに流
れる電流 I_L を求めよ。

(2)　K_1, K_2, K_3 を閉じて定常状態になった後，

  (a)　K_1 を開いた瞬間，エネルギーはどこに蓄えられているか。

  (b)　この閉回路でその後起こる現象の周期 T はいくらか。

(3)　(2)の現象で，コンデンサーの両端に現れる最大電圧 V_m を求めよ。

(4)　(2)の現象において，K_1 を開いた時刻を $t=0$ とし，コイルに流れる電流
I の変化する様子と，図に示した点Mの点Nに対する電圧 V の変化する様
子をグラフに示せ。ただし，点Mから点Nの方向に流れる電流を正とする。

〈九州大〉

回路の中にコイルが入ったときの 解法 はいつも同じで，まず次の コイルの作図で「電流の変化を妨げる電池」の作図をし，(i)，(ii)，(iii) のうち，コイルにどの現象が起こっているのかを判定すればよい。

コイルの作図

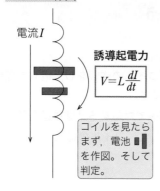

電流 I

誘導起電力

$$V=L\frac{dI}{dt}$$

コイルを見たら まず，電池▮▮ を作図。そして 判定。

(i) **電流 I が増えようとするとき**

➡ $V=L\dfrac{dI}{dt}>0$ （増えるのイヤ！）

(ii) **電流 I が減ろうとするとき**

➡ $V=L\dfrac{dI}{dt}<0$ （減るのイヤ！）

(iii) **電流 I が一定のとき**

➡ $V=L\dfrac{dI}{dt}=0$ $\left(\begin{array}{l}\text{ただの導線と}\\\text{みなせる}\end{array}\right)$

解説

(1) 本問ではまず図1の ようにコイルの作図をする。こ こで問題文に「定常状態になっ た」つまり十分時間後，コイル に流れる電流は一定値とわかる ので，上の(iii)のようにコイルは ただの導線とみなせ，その電位 差は 0 となる。

あとは直流回路として，2つ の閉回路で（電圧降下の和）=0 の式を立てると，

㋐：$(i_1+i_2)R_1+i_1R_2-V_0=0$

㋑：$i_2R_3+0-i_1R_2=0$

よって，求める電流 I_L は，

$I_L=i_2$

$=\dfrac{R_2}{R_1R_2+R_2R_3+R_3R_1}V_0$ …答

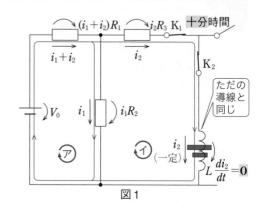

$(i_1+i_2)R_1$ i_2R_3 K_1 十分時間

i_1+i_2 i_2

K_2

ただの 導線と 同じ

V_0 i_1 i_1R_2

㋐ ㋑ i_2 （一定）

$L\dfrac{di_2}{dt}=0$

図1

(2) K_1, K_2, K_3 をすべて閉じて**十分**時間後，定常状態になった後は，**十分型**のコンデンサーに流れ込む電流は**0**。また，(1)と全く同様に**コイルはただの導線**となり，その両端の電位差は0になる。よって，コンデンサーの両端の電位差も並列なので**0**となり，電荷は蓄えられていない（図2）。

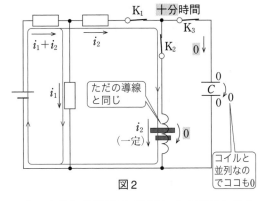

図2

ここで図1と図2を比べると，コイルを流れる電流 I_L は(1)と全く同じと分かり，

$$I_L = i_2$$
$$= \frac{R_2}{R_1 R_2 + R_2 R_3 + R_3 R_1} V_0 \quad \cdots ①$$

(a) ここで，K_1 を開いた**直後**では図3のように，突然，電流 I_L が止まろうとするが，コイルが電流の変化を妨げ，**必ず直前の電流 I_L を一瞬は保とうとする。**

　ただし，スイッチ K_1 が開いているので，電流 I_L はそれまでのように点Nから左へ流れることはできず，点Nから右へすべて流れ，コンデンサーの下の極板の方へ流

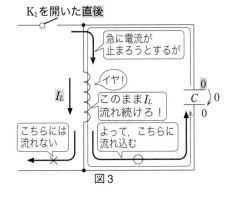

図3

れ込んでゆく。この瞬間のコンデンサーは**直後型** (p.105) なので，電気量は**0**。エネルギーはすべてコイルの磁気エネルギー $\boxed{\dfrac{1}{2}LI_L{}^2}$ として蓄えられている**答**。

(b) これから起こる現象を**電気振動**というが，その 解法 としては次の**3つの絵**によって，**水平ばね振り子**と対応させるのが，お決まりのやり方である。

3つの絵 電気振動 ⟸＝＝＝ 対応 ＝＝＝⟹ 水平ばね振り子

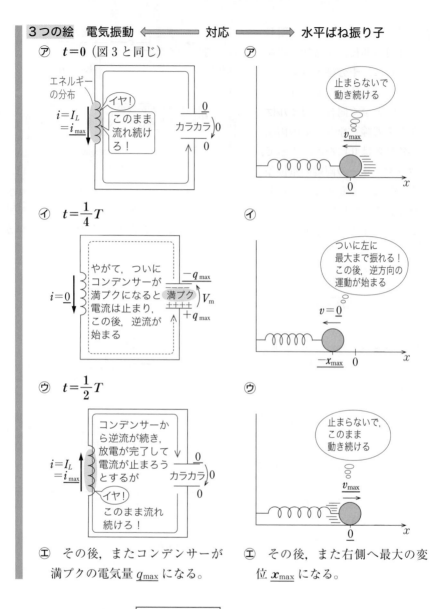

㋐ $t=0$ （図3と同じ）

エネルギー
の分布

イヤ！
このまま
流れ続け
ろ！

$i=I_L$
$=i_{max}$

カラカラ $\overset{0}{\underset{0}{)0}}$

止まらないで
動き続ける

v_{max}

$\underline{0}$　x

㋑ $t=\dfrac{1}{4}T$

やがて，ついに
コンデンサーが
満プクになると
電流は止まり，
この後，逆流が
始まる

$i=0$

$-q_{max}$
満プク V_m
$++++$
$+q_{max}$

ついに左に
最大まで振れる！
この後，逆方向の
運動が始まる

$v=0$

$\underline{-x_{max}}$　0　x

㋒ $t=\dfrac{1}{2}T$

コンデンサーか
ら逆流が続き，
放電が完了して
電流が止まろう
とするが

イヤ！
このまま流れ
続けろ！

$i=I_L$
$=i_{max}$

カラカラ $\overset{0}{\underset{0}{)0}}$

止まらないで，
このまま
動き続ける

v_{max}

$\underline{0}$　x

㋓ その後，またコンデンサーが
満プクの電気量 q_{max} になる。

㋓ その後，また右側へ最大の変
位 x_{max} になる。

以上より，対応関係 $\boxed{v \Leftrightarrow i,\ \ x \Leftrightarrow q}$ がわかる。

また，詳しく調べると（p.126の「特集」を参照），水平ばね振り子の質量mやばね定数kに対応して，電気振動の各量が次ページの**対応表**のようにいつも対応していることがわかる。これより，振動といえば超頻出な周期に加え，コイルの磁気エネルギーやコンデンサーの静電エネルギーが求まる。

対応表

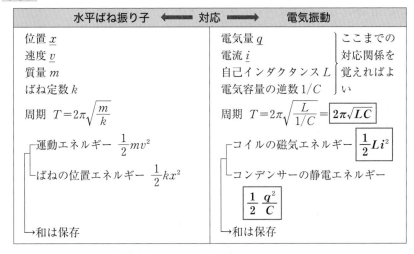

水平ばね振り子 ◀━━ 対応 ━━▶ 電気振動	
位置 x 速度 v 質量 m ばね定数 k	電気量 q ⎫ ここまでの 電流 i ⎬ 対応関係を 自己インダクタンス L ⎬ 覚えればよ 電気容量の逆数 $1/C$ ⎭ い
周期 $T=2\pi\sqrt{\dfrac{m}{k}}$	周期 $T=2\pi\sqrt{\dfrac{L}{1/C}}=\boxed{2\pi\sqrt{LC}}$
┌ 運動エネルギー $\dfrac{1}{2}mv^2$ └ ばねの位置エネルギー $\dfrac{1}{2}kx^2$	┌ コイルの磁気エネルギー $\boxed{\dfrac{1}{2}Li^2}$ └ コンデンサーの静電エネルギー $\boxed{\dfrac{1}{2}\dfrac{q^2}{C}}$
→ 和は保存	→ 和は保存

この表より，求める周期 T は，

$$T=2\pi\sqrt{LC} \quad \cdots 答$$

(3) **対応表**より「電圧 $V=q/C$ の最大値を求めること」は対応する「ばね振り子の最大変位を求めること」と同じであり，エネルギー保存則で求めていけばよいことがわかる。**3つの絵の⑦と④のエネルギー保存則**より，

$$\underbrace{\overset{\text{コイル}}{\dfrac{1}{2}LI_L{}^2}+\overset{\text{コンデンサー}}{\dfrac{1}{2}C\cdot 0^2}}_{⑦} = \underbrace{\overset{\text{コイル}}{\dfrac{1}{2}L\cdot 0^2}+\overset{\text{コンデンサー}}{\dfrac{1}{2}CV_\mathrm{m}{}^2}}_{④}$$

$$\therefore \quad V_\mathrm{m}=\sqrt{\dfrac{L}{C}}I_L$$

$$=\dfrac{R_2V_0}{R_1R_2+R_2R_3+R_3R_1}\sqrt{\dfrac{L}{C}} \quad (①より) \quad \cdots 答$$

(4) グラフを描くときも**3つの絵**が活用できる。また，**単振動のグラフと同じで必ず $\pm\sin$ または $\pm\cos$ の形のグ**ラフになるので，$t=0$ の値と $t=0$ の直後の値さえわかればよい。

ます，電流 I は**3つの絵の⑦の**$t=0$ で $I=I_L$ と最大値になっていることがわかる。よって，グラフは $+\cos$ の形をしていることがわかり，図4答のようになる。

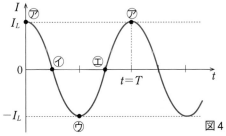

図4

次に，電圧 V は **3つの絵**の㋐の $t=0$ で $V=0$ であることと㋑の $t=\frac{1}{4}T$ で $V=-V_\mathrm{m}$（点Mの点Nに対する電圧であることに注意！）であることを合わせると，図5㋐のような $-\sin$ の形のグラフであることがわかる。

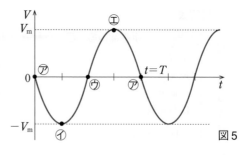

図5

特集 p.125 の対応表を式で確認してみよう！

図6 は p.124 の **3つの絵**の㋒から㋓の間の回路のようすである。

図で（電圧降下の和）＝0 より，

$\bigcirc : L\dfrac{di}{dt}+\dfrac{q}{C}=0$

$\therefore\quad L\dfrac{di}{dt}=-\dfrac{1}{C}q \quad\cdots②$

ただし i は電流の定義より，$i=\dfrac{dq}{dt} \quad\cdots③$

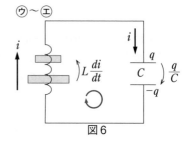

図6

一方，図7 は p.124 の **3つの絵**の㋒から㋓の間の水平ばね振り子のようすである。

図で運動方程式より，

$m\dfrac{dv}{dt}=-kx \quad\cdots④$

ただし v は速度の定義より，

$v=\dfrac{dx}{dt} \quad\cdots⑤$

以上の②式と④式，③式と⑤式を比較して，

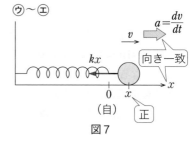

図7

$q\Longleftrightarrow x$ ，$i\Longleftrightarrow v$ ，$L\Longleftrightarrow m$ ，$\dfrac{1}{C}\Longleftrightarrow k$

の対応関係が確認できる。

入試問題を 漆原の解法 で解こう

↳ 解答編 p.154〜p.156

重要問題 **83** 自己インダクタンスを求める問題

　断面積 S，長さ l のソレノイドコイルがあり，電流 I が流れている。単位長さあたりの巻き数を n とし，長さ l は直径に比べて十分長いとする。次の問いに答えよ。ただし，真空の透磁率を μ とする。

(1)　このソレノイドコイル内に生じている磁束密度 B を求めよ。

(2)　ソレノイドコイルを貫く磁束 $\varPhi$ を求めよ。

(3)　微小時間 $\varDelta t$ 間に磁束が微小量 $\varDelta \varPhi$ だけ変化したとすると，このソレノイドコイルに発生する誘導起電力の大きさ V を求めよ。

(4)　このソレノイドコイルの自己インダクタンス L を求めよ。

(5)　このソレノイドコイルに蓄えられている磁気エネルギー W を求めよ。

〈防衛大〉

重要問題 **84** コイルを含む回路

　直流電源，抵抗およびコイルからなる図のような回路がある。次の問いに答えよ。

(1)　スイッチ S を閉じた直後，スイッチを通って流れる電流はいくらか。

(2)　スイッチ S を閉じて，十分に時間が経った後，10 Ω の抵抗を流れる電流はいくらか。

(3)　(2)の状態で，コイルに蓄えられるエネルギーはいくらか。

(4)　次に，スイッチ S を開いた直後，コイルの両端に発生する電圧はいくらか。

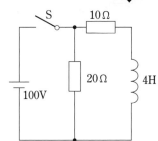

〈東京電機大〉

SECTION 23 交流回路

電磁気

まずは 漆原の解法 を理解しよう

■ 交流回路の解法❸ステップ［並列（カッコ内は直列のとき）］

STEP 1 共通の電圧（電流）を仮定する。

STEP 2 コイル・コンデンサーと交流の表で，各電流（電圧）を求める。

STEP 3 各電流（電圧）を足して，全体の電流（電圧）を求める。

この問題で 解法Check!

例題 図1のように，電圧が $V_0 \sin \omega t$（V_0 は最大値，ω は角周波数）の交流電源に電気容量 C のコンデンサーを接続すると，コンデンサーを流れる電流は ⬜(1) である。このコンデンサーを取り除き，そこに自己インダクタンス L のコイルを入れてつなぐと，コイルを流れる電流は ⬜(2) である。したがって，図2のように，コンデンサーとコイルを並列につないで交流電源に接続すると，電源を流れる電流は $A \sin\left(\omega t + \dfrac{\pi}{2}\right)$ と書ける。ここで A は

⬜(3) である。ω が可変であるとすると，$|A|$ が最小になる ω とそのときコンデンサーを流れる電流の最大値はそれぞれ ⬜(4) ，⬜(5) である。

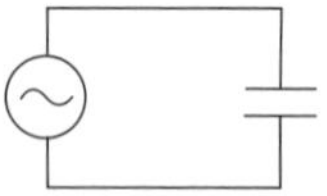

〈明治大〉

図1

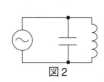

図2

解法に入る前に まずは交流の2つの用語に慣れよう。例としてある装置において，

電流 $i = I \sin \omega t$ 電圧 $v = V \sin(\omega t + \theta)$

のとき，I を「**電流振幅**」といい，V を「**電圧振幅**」という。

また，角度部分の ωt や $\omega t + \theta$ のことを「**位相**」といい，いまの例では「電圧 v のほうが電流 i よりも位相が θ だけ進んでいる（大きくなっている）」という。

交流回路の問題では，コイルL，コンデンサーCだけに注意すればよい（抵抗はオームの法則だけでOK！）。そして解法上大切なのは，下の表で，コイルL，コンデンサーCに流れる電流と，かかっている電圧についての

- 振幅（sin，cos の前の係数）の関係
- 位相（sin，cos の角度部分）のずれ

を押さえることだけである。

コイル・コンデンサーと交流の表

	（電流振幅）と（電圧振幅）の関係	位相のずれ
コイルL	（電流振幅）＝（電圧振幅）×$\dfrac{1}{\omega L}$ ──→ 振幅のツボ1	電流は電圧よりも $\dfrac{\pi}{2}$ だけ遅れる ──→ ずれのイメージ1
コンデンサーC	（電流振幅）＝（電圧振幅）×ωC ──→ 振幅のツボ2	電流は電圧よりも $\dfrac{\pi}{2}$ だけ進む ──→ ずれのイメージ2

　ωL はコイルのリアクタンス，$\dfrac{1}{\omega C}$ はコンデンサーのリアクタンスといい，ともに抵抗での抵抗値Rに相当するものである。

　振幅の関係や位相のずれは，それぞれのツボとイメージで考えると，より覚えやすい。

振幅のツボ1	ωL → 大ほどコイルの電流の振幅は小さくなる。なぜなら，ωL → 大ほど電流を妨げる起電力が大きく生じてしまうから。
振幅のツボ2	ωC → 大ほどコンデンサーの電流の振幅は大きくなる。なぜなら，ωC → 大ほどコンデンサーの電気量は激しく変化し，電気が多量に出入りするから。
ずれのイメージ1	"まず"コイルに誘導起電力（電圧v）が生じて，"やがて"誘導起電力がなくなってから電流iが流れる。
ずれのイメージ2	"まず"コンデンサーは電流iを流し込んで，"やがて"電荷がたまり，電位差vを生じる。

(1) 図1のように，コンデンサーに加わる電圧を，

$$v = V_0 \sin \underset{\text{電圧の位相}}{\underbrace{\omega t}} \quad \cdots ①$$
$$\underset{\text{電圧振幅}}{}$$

とすると，流れる電流 i_C は，**コイル・コンデンサーと交流の表**より，

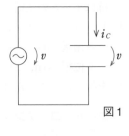

図1

$$i_C = \underset{\substack{\text{（電流振幅）} \\ =\text{（電圧振幅）}\times \omega C}}{\underbrace{\omega C V_0}} \sin\underset{\substack{\text{電流の位相（電圧の位相} \\ \text{よりも}\frac{\pi}{2}\text{だけ進む）}}}{\underbrace{\left(\omega t + \frac{\pi}{2}\right)}} \quad \cdots ② \text{答}$$

別解 微分に慣れている人はコンデンサーの電流の式

$$i_C = \frac{dq}{dt} = C\frac{dv}{dt} \quad (q = Cv \text{ より})$$

に①の $v = V_0 \sin \omega t$ を代入し，t で微分して

$$i_C = C V_0 \omega \cos \omega t$$

$$= \omega C V_0 \sin\left(\omega t + \frac{\pi}{2}\right) \quad \cdots \text{答}$$

としてもよい。

(2) 図2のように，コイルに加わる電圧を

$$v = V_0 \sin \underset{\text{電圧の位相}}{\underbrace{\omega t}} \quad \cdots ③$$
$$\underset{\text{電圧振幅}}{}$$

とすると，流れる電流 i_L は**コイル・コンデンサーと交流の表**より，

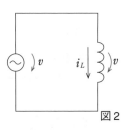

図2

$$i_L = \underset{\substack{\text{（電流振幅）} \\ =\text{（電圧振幅）}\times\frac{1}{\omega L}}}{\underbrace{\frac{1}{\omega L}V_0}} \sin\underset{\substack{\text{電流の位相（電圧の位相より} \\ \frac{\pi}{2}\text{だけ遅れる）}}}{\underbrace{\left(\omega t - \frac{\pi}{2}\right)}} \quad \cdots ④ \text{答}$$

別解 コイルの電圧の式 $v = L\frac{di_L}{dt}$ より

$$\frac{di_L}{dt} = \frac{v}{L} = \frac{1}{L}V_0\sin\omega t \quad (③より)$$

ここで～をみたすような i_L は

$$i_L = \frac{1}{\omega L}V_0(-\cos\omega t) = \frac{1}{\omega L}V_0\sin\left(\omega t - \frac{\pi}{2}\right) \quad \cdots \text{答}$$

としてもよい。

(3) **交流回路の解法3ステップ**で解く。図3のようにコイルとコンデンサーは並列なので，それらの電圧は共通。

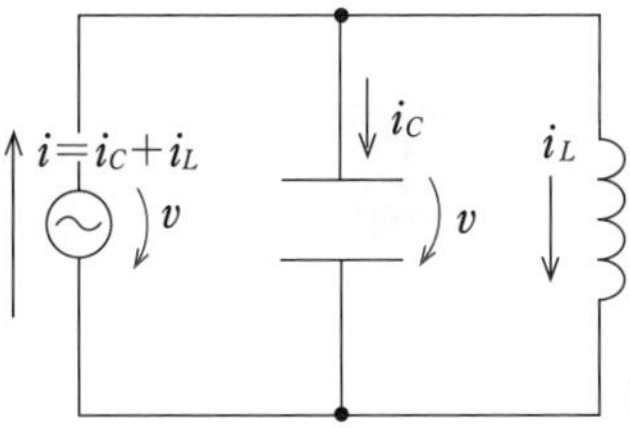

S T E P 1 共通の電圧 v を仮定する。

本問ではすでに $v = V_0 \sin \omega t$ と与えられている。

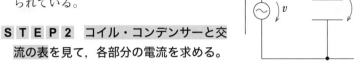

図3

S T E P 2 コイル・コンデンサーと交流の表を見て，各部分の電流を求める。

本問では式②，④と全く同様に

$$i_C = \omega C V_0 \sin \left(\omega t + \frac{\pi}{2} \right)$$

$$i_L = \frac{1}{\omega L} V_0 \sin \left(\omega t - \frac{\pi}{2} \right) = -\frac{1}{\omega L} V_0 \sin \left(\omega t + \frac{\pi}{2} \right)$$

S T E P 3 各部分の電流を足して，全体の電流 i を求める。

$$i = \left(\omega C - \frac{1}{\omega L} \right) V_0 \sin \left(\omega t + \frac{\pi}{2} \right)$$

$$\therefore \quad A = \left(\omega C - \frac{1}{\omega L} \right) V_0 \quad \cdots 答$$

(4) ω をいろいろ変えていったときに $|A|$ が最小となるのは，

$$\omega C - \frac{1}{\omega L} = 0 \quad のとき，よって，$$

$$\omega = \frac{1}{\sqrt{LC}} \quad \cdots 答 \quad \left(\begin{array}{l} この結果は「\textbf{共振角周波数}」 \\ として覚えておくとよい。 \end{array} \right)$$

(5) このとき i_C の振幅（最大値）は式①より，

$$\omega C V_0 = \sqrt{\frac{C}{L}} \, V_0 \quad \cdots 答$$

入試問題を 漆原の解法 で解こう

↳ 解答編 p.157〜p.161

重要問題 85 並列の交流回路 **最重要**

　自己インダクタンス L〔H〕のコイル，電気容量 C〔F〕
のコンデンサー，抵抗 R〔Ω〕の電気抵抗を図のように
接続し，時刻 t〔s〕の電圧が $v = V_0 \sin 2\pi ft$〔V〕と
なる交流電圧を加えた。

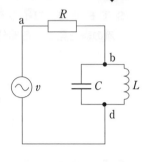

　いま，電源の周波数 f を 0 から次第に増していくと，
f が f_0 のとき R を流れる電流が 0 となった。このと
きの ab 間の電圧実効値は ①，bd 間の電圧実効
値は ② である。この状態で時刻 t のときコンデ
ンサーに流れる電流 i_C は ③ で電圧よりも位相が ④。コイルを流れる電
流 i_L は ⑤ であり，i_C の位相より ⑥。したがって bd 間を流れる電流は，
⑶と⑸を加えて ⑦ と表される。これから f_0 は ⑧ と計算できる。

〈慶應義塾大–医〉

重要問題 86 直列の交流回路 **差がつく!**

　図のように，自己インダクタンス L〔H〕のコイ
ル，電気容量 C〔F〕のコンデンサー，抵抗値 R
〔Ω〕の抵抗を直列に接続し，交流電源につないだ。
電源の角周波数 ω〔rad/s〕を変化させて，図中の
電流計と電圧計の値を調べた。時刻 t〔s〕のとき
に電流計を流れる電流 i〔A〕を $i = I_0 \sin \omega t$，電

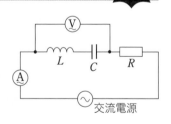

圧計にかかる電圧 v〔V〕を振幅を V として $v = V \sin(\omega t + \alpha)$ とする。ただし，
電流計の内部抵抗は十分に小さく，電圧計の内部抵抗は十分に大きいものとする。

⑴　電源の電圧の振幅を V_0 として，V_0 を I_0，ω，L，C，R を用いて表せ。

⑵　I_0 が最大になる角周波数 ω_0 を求めよ。

⑶　$\omega > \omega_0$，$\omega = \omega_0$，$\omega < \omega_0$ のそれぞれの場合について α を求めよ。　〈広島工大〉

物理

荷電粒子の運動

まずは ▶ 漆原の解法 ◀ を理解しよう

■ 磁場中での荷電粒子の運動の**❸**タイプ

① $\vec{v} /\!/ \vec{B}$（平行）のとき　　：ローレンツ力を受けずに等速度運動
② $\vec{v} \perp \vec{B}$（垂直）のとき　　：ローレンツ力を受けて等速円運動
③ $\vec{v} \measuredangle \vec{B}$（ナナメ）のとき：①と②を組みあわせた，らせん運動

この問題で ✔ 解法Check!

例題　　図のように，z 軸の正方向に磁束密度が B の
一様な磁場がかかっている。質量が m で電荷が q
（>0）の荷電粒子を，原点Oから y–z 平面内で y 軸
から角度 θ の方向に一定速度 v で打ち出す。

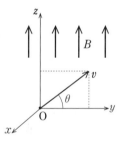

(1)　y 軸の正の方向（$\theta = 0$）に打ち出した場合，荷
電粒子は等速円運動をする。この等速円運動の中
心点の座標 $(x_0,\ y_0,\ z_0)$ を求めよ。また，1 周す
るのに要する時間はいくらか。

(2)　z 軸の正の方向 $\left(\theta = \dfrac{\pi}{2} \right)$ に打ち出した場合，この荷電粒子はどのような
運動をするか説明せよ。

(3)　y 軸との角度 $\theta \left(0 < \theta < \dfrac{\pi}{2} \right)$ の方向に打ち出した場合，この荷電粒子は
どのような運動をするか説明せよ。　　　　　　　　　　　　　　　　〈奈良女子大〉

解説

(1)　次ページの図 1 のように $+z$ 方向から見る。$\vec{v}$ と $\vec{B}$ が垂直なので，
荷電粒子に働くローレンツ力は，**右手のパー①** (p.112) より，

> 親指を速度 $\vec{v}$ の方向（$+y$ 方向）へ，人指し指から小指までの束を磁束密度
> $\vec{B}$ の方向（$+z$ 方向）へ合わせたときに，手のひらでプッシュする方向

となる。また、ローレンツ力の大きさは、

$\boxed{F=qvB}$ となる。

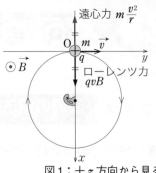

図1：$+z$ 方向から見る

この力が向心力となって、荷電粒子は等速円運動をすることになる。

ここで円運動の解法３ステップに入る。回る人から見た力のつりあいの式は、

$$m\frac{v^2}{r}=qvB \quad \therefore \quad r=\frac{mv}{qB} \quad \cdots①$$

（r は速さ v に比例する）

よって、中心点の座標は、

$$(x_0,\ y_0,\ z_0)=(r,\ 0,\ 0)=\left(\frac{mv}{qB},\ 0,\ 0\right) \quad \cdots\text{答}$$

また、荷電粒子が１周するのにかかる時間（周期）T は、

$$\boxed{T=\frac{2\pi r}{v}}=\frac{2\pi m}{qB} \ (①より) \quad \cdots② \ (Tは速さ vによらない)\text{答}$$

⑵ $\vec{v}$ と $\vec{B}$ が平行なので、荷電粒子はローレンツ力を全く受けず、$+z$ 方向に速さ v の等速度運動をする答。

⑶ $\vec{B}$ とナナメに打ち出した本問のような場合は、$\vec{v}$ を $\vec{B}$ と ⑦：平行方向，

⑦：垂直方向に完全に分けて考える（図２）。

⑦：もし粒子が $+z$ 方向に $v\sin\theta$ で走ると、ローレンツ力を受けず、等速度運動をする。

⑦：もし粒子が $+y$ 方向に $v\cos\theta$ で走ると、ローレンツ力を受けて、速さ $v\cos\theta$ の等速円運動をする。その半径 r' は式①で $v \to v\cos\theta$ として、

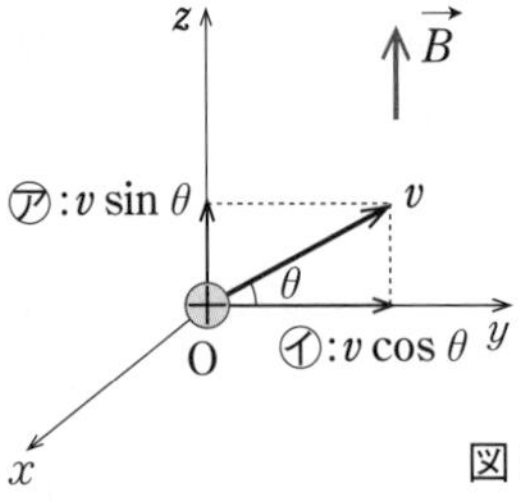

$$r'=\frac{mv\cos\theta}{qB}$$

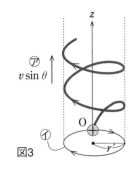

図２

また、その周期 T' は式②より速さ v によらないので、⑴と変わらず、$T'=\dfrac{2\pi m}{qB}$

以上の⑦と⑦を合わせると、図３のようならせん運動をする答。

$\left(\begin{array}{l}\text{⑦は⑵，⑦は⑴と同じ考え方で、それ}\\ \text{らを組みあわせたのが本問⑶なのだ!!}\end{array}\right)$

図３

入試問題を 漆原の解法 で解こう

↳ 解答編 p.162〜p.170

重要問題 87 電場中での放物運動・磁場中での円運動 **最重要**

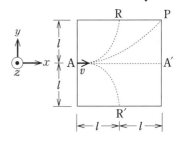

　図のように，紙面内に x 軸と y 軸をとり，紙面に垂直に裏から表向きに z 軸をとる。x 軸と y 軸に平行で辺の長さが $2l$〔m〕の正方形の断面をもつ箱があり，A，A′，R，R′ は正方形の辺の中点，P は頂点である。この箱の中に，点 A の小孔から質量 m〔kg〕，正の電気量 q〔C〕の粒子が x 軸の正の向きに速さ v〔m/s〕で入射する。この箱の中に電場や磁場が存在しないときは，点 A を出発した粒子は ⑴ 〔s〕後に A′ に達する。

　ここで，y 軸の正の向きに強さ E〔N/C〕の一様な電場をかけると，粒子は y 軸の正の向きに ⑵ 〔N〕の力を受け，⑶ 〔m/s²〕の大きさの加速度を生じる。そこで，点 A を出発した粒子が点 P に達するには電場の強さ E は ⑷ 〔N/C〕，また点 R に達するには ⑸ 〔N/C〕がそれぞれ必要である。

　次に電場をかけないで，z 軸の正の向きに磁束密度 B〔T〕の一様な磁場をかける。粒子は磁場および速度の向きに垂直な方向に ⑹ 〔N〕の力を受けて円軌道上を運動する。そのときの円軌道の半径は ⑺ 〔m〕となる。そこで，粒子が点 A を出発して点 R′ に達するには磁束密度 B は ⑻ 〔T〕であることが必要である。この磁束密度を保ったままで，さらに y 軸の正の向きに一様な電場をかける。点 A を出発した粒子が直進して点 A′ に達するには電場の強さは ⑼ 〔N/C〕であることが必要である。

〈愛媛大〉

重要問題 88 電場中での加速・磁場中での円運動 **最重要**

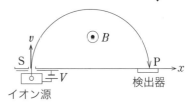

　真空中で，質量 M〔kg〕，電気量 q〔C〕の静止していた荷電粒子が，電圧 V〔V〕で加速され，スリット S を通って，磁束密度 B〔T〕の一様な磁場へ垂直に入り点 P に達した。SP を結ぶ線を x 軸とし，荷電粒子は x 軸に垂直に入射する。

(1) 粒子がSを通過する速さ v〔m/s〕を求めよ。

(2) スリットSから検出器上の到達点Pまでの距離 x〔m〕を求めよ。

(3) ある元素を同じようにして，磁場へ入れると，$x_1 = 2.00$〔m〕と $x_2 = 2.06$〔m〕の2つの位置で粒子が検出された。この元素には2種類の同位体があるとして，比電荷の大きい方の質量数を35としたとき，他方の質量数を求めよ。

〈甲南大〉

一度は やっとく！

z 軸の正の方向を向いた磁場があり，その磁束密度の大きさは z 軸からの距離のみによって決まる。z 軸を中心軸とする半径 a の円周上での磁束密度の大きさを B_a とする。z 軸に垂直な方向に，電荷 $-e$，質量 m をもつ電子を打ち込んだところ，図のように z 軸を中心とする半径 a の円軌道上を等速円運動した。

(1) 電子の速度の大きさ v とその向きを求めよ。ただし，向きは z 軸の正の方向から見て時計まわりか反時計まわりかで答えよ。

次に，この円軌道で囲まれた円の内部での磁束密度の大きさの平均を $\overline{B}$ とし，$\overline{B}$ を時間 Δt の間に $\Delta\overline{B}$ だけ増加させて電子を加速した。

(2) このとき，半径 a の円軌道上に生じる電場の強さ E_a とその向きを求めよ。また，この電場による電子の加速度の大きさ $\dfrac{\Delta v}{\Delta t}$ を求めよ。

(3) $\overline{B}$ の増加の際に B_a を適当な割合 $\dfrac{\Delta B_a}{\Delta t}$ で増加させると，電子が加速しても円軌道の半径が変化しないようにすることができる。そのときの $\dfrac{\Delta B_a}{\Delta t}$ の満たすべき条件を求めよ。

〈横浜市立大〉

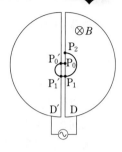

真空中に半円形の金属箱D，D′が図のようにわずかに離れて配置されている。DとD′には紙面に垂直に表から裏へ向かう一様な磁束密度Bの磁場が加えられ，DとD′の間には振幅V_0の高周波電圧が加えられている。DとD′の端面は互いに平行で，その間に磁場は存在しない。Dの端面上の点P_0にあった質量m，電荷qの正イオンを速度0から加速する。B，m，q，V_0，Rの中から必要なものを用いて以下の問いに答えよ。

(1) イオンはDとD′の間の電位差がV_0のときに加速され，点$P_0′$でD′に入る。DとD′の距離は十分小さいので，イオンが加速されている間，電位差V_0は一定であるとみなすことができる。D′内ではイオンは円軌道を描き，点$P_1′$でD′から出る。この円軌道の半径を求めよ。

(2) 点$P_0′$から点$P_1′$へ到達するまでの時間を求めよ。

(3) 点$P_1′$から出たイオンを再び電位差がV_0のときに加速するためには，DとD′の間に加える高周波電圧の周波数をいくらにすればよいか，最も低い周波数を求めよ。

(4) イオンは何回かDとD′の間を通過して加速され，円軌道の半径がRとなったときに磁場から脱出した。(a)加速回数と，(b)脱出したイオンの運動エネルギーをそれぞれ求めよ。 〈横浜国立大〉

実は単純な半導体とホール効果の話

　半導体(導体と絶縁体の中間の性質をもつ)の中には，正の電荷(正孔⊕)が電気を運ぶ「**P型半導体**」と，負の電荷(電子⊖)が電気を運ぶ「**N型半導体**」がある。ホール効果では，次の簡単な原理で，P型かN型かを判別することができる。

　図のようにP型，N型半導体に，ともに右向きの電流Iを流すと，P型半導体中の正孔⊕は右向きに，N型半導体中の電子⊖は左向き(電流とは逆向き)に流れ

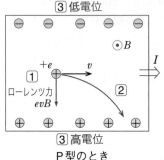

P型のとき

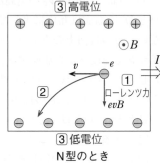

N型のとき

る。ここでともに裏→表向きに磁束密度Bの磁場を加えると，

1：⊕，⊖ともに**右手のパー①**で下向きにローレンツ力を受ける(特に，電子⊖のときは**右手のパー①**で親指を$\vec{v}$とは逆向きにあてることに注意)。

2：ローレンツ力によって，進行方向が曲げられて⊕，⊖ともに下面にたまる。

3：P型のときは，⊕のたまる下面が高電位に，N型のときは，⊖のたまる下面が低電位になる。一方，それぞれの上面には下面とは逆の符号の電荷が現れる(半導体は全体として中性なので)。

　ここでP型とN型の図を見比べると，なんと，**全く同じ電流，磁場を加えたにもかかわらず，上面と下面の電位の高低が全く逆になっている！**

　これによって，P型とN型の半導体を判別することができるのだ。

　さらに，N型のとき，十分な時間後，右図のように上下にたまった⊕⊖の電気は，半導体内に下向きの電場$\vec{E}$をつくる。この電場から受ける力と，ローレンツ力がつりあって，電子が直進するには，$eE = evB$　∴　$E = vB$

　ここで半導体の幅をdとすると**電位の定義 No.2** (p.95)より，

電位差　$V = \underset{\text{力}}{E} \times \underset{\text{距離}}{d} = vBd$　∴　$v = \dfrac{V}{Bd}$

なんと！この電位差Vによって電子の速度vもわかるのだ。

光子と電子波

まずは 　漆原の解法　 を理解しよう

■ 原子の5大ストーリーを押さえよ！

① 　原子モデルストーリー

② 　光電効果ストーリー

③ 　コンプトン効果ストーリー

④ 　電子線回折ストーリー

⑤ 　X線の発生ストーリー　（②～⑤は 重要問題 91 ～ 94 で確認！）

この問題で　✓　解法Check!〈原子モデル〉

例題

　　　水素原子は電気量 $+e$〔C〕の原子核のまわりを質量 m〔kg〕，電気量 $-e$〔C〕の電子が半径 r〔m〕の円軌道上を速さ v〔m/s〕で等速円運動しているものと考えることができる。クーロンの法則などを用いると

$$\boxed{\quad(1)\quad}=k_0\frac{e^2}{r^2}$$ が成り立つ。ただし，k_0 はクーロンの法則における比例定数である。

　　ところで，電子は波としての性質をもち，電子波が水素原子内で安定に存在するためには電子波は定在波になっていなければならない。以上のことから，正の整数 n，プランク定数 h などを用いて，r は $\boxed{\quad(2)\quad}$〔m〕と表せる。

　　水素原子のエネルギー E_n は，エネルギー準位と呼ばれるとびとびの値しかとることができず，$E_n=\boxed{\quad(3)\quad}$〔J〕と表せる。$n=1$ のエネルギー準位に対応する状態を $\boxed{\quad(4)\quad}$ と呼び，この状態におけるエネルギーの値は〔eV〕で表すと -13.6〔eV〕であり，軌道半径は 5.3×10^{-11}〔m〕で与えられる。このことから $n=2$ のエネルギーの値は $\boxed{\quad(5)\quad}$〔eV〕，軌道半径は $\boxed{\quad(6)\quad}\times10^{-10}$〔m〕になる。ただし，数値は有効数字2桁で記せ。

　　また，$n=3$ から $n=1$ の状態へ移るときに放射される光の波長は $\boxed{\quad(7)\quad}$〔m〕である。ただし，$h=6.6\times10^{-34}$〔J·s〕，$c=3.0\times10^8$〔m/s〕，1〔eV〕$=1.6\times10^{-19}$〔J〕とする。　　　　　　　　　　　　　　　　〈芝浦工大〉

原子といっても，新しいことは次の「光子」と「電子波」のみ。**光を粒子とみなすと「光子」として扱い，電子を波とみなすと「電子波」**として扱うのだ。あとは今までやってきた力学や電磁気の知識を使い，各問題独特の「そのまま出るお決まりのストーリー」をしっかりと押さえるだけだ！

光子＝「エネルギー弾」

プランク定数 $h = 6.63 \times 10^{-34}$〔J・s〕←覚えておくとよい

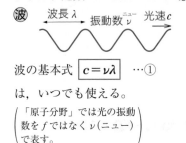

波の基本式 $c = \nu\lambda$ …① は，いつでも使える。

（「原子分野」では光の振動数を f ではなく ν（ニュー）で表す。）

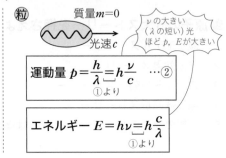

ν の大きい（λ の短い）光ほど p，E が大きい

運動量 $p = \dfrac{h}{\lambda} = h\dfrac{\nu}{c}$ …② ①より

エネルギー $E = h\nu = h\dfrac{c}{\lambda}$ ①より

電子波（物質波，ド・ブロイ波）

プランク定数 $h = 6.63 \times 10^{-34}$〔J・s〕

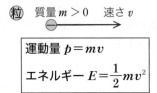

運動量 $p = mv$

エネルギー $E = \dfrac{1}{2}mv^2$

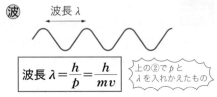

波長 $\lambda = \dfrac{h}{p} = \dfrac{h}{mv}$

（上の②で p と λ を入れかえたもの）

注意：ふつうの波とは違い，波の基本式は使ってはいけない（$v \neq f\lambda$）。

解説

(1) 次の**原子モデルストーリー３ステップ**で解く。

STEP 1 電子を粒子とみなし，その円運動を考える。

図1で**回る人**から見た力のつりあいの式より，

$$m\frac{v^2}{r} = k_0\frac{e^2}{r^2} \quad \cdots ① 答$$

また，図1で電子のもつ力学的エネルギー E は，運動エネルギーと電気力による位置エネルギーの和である。

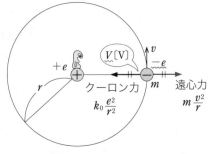

図1：電子を粒子とみなす

140 第5章 原子

ここで，中心の原子核 $+e$ が，半径 r だけ離れた円周上の電子の位置につくる電位 V 〔V〕 は，

$$V = +k_0 \frac{e}{r} \quad \cdots ②$$

よって，力学的エネルギー E は，

$$E = \underbrace{\frac{1}{2}mv^2}_{\text{運動エネルギー}} + \underbrace{(-e)\,V}_{\text{位置エネルギー}}$$

この式に①，②を代入して，

$$E = \frac{1}{2}k_0 \frac{e^2}{r} + (-e)k_0 \frac{e}{r} = -\frac{k_0 e^2}{2r} \text{〔J〕} \quad \cdots ③$$

(2) **S T E P 2** 電子を波とみなし，円周上に安定に存在できる条件を求める。

図2のように，電子が波として安定に存在するためには，

電子波が1周で'ぴったり閉じる'ように入ることが必要である。ぴったり閉じなければ，1周目，2周目，3周目…の波が，でたらめに重なりあって，打ち消しあってしまうからである。そのぴったり閉じる条件を式で表すと，

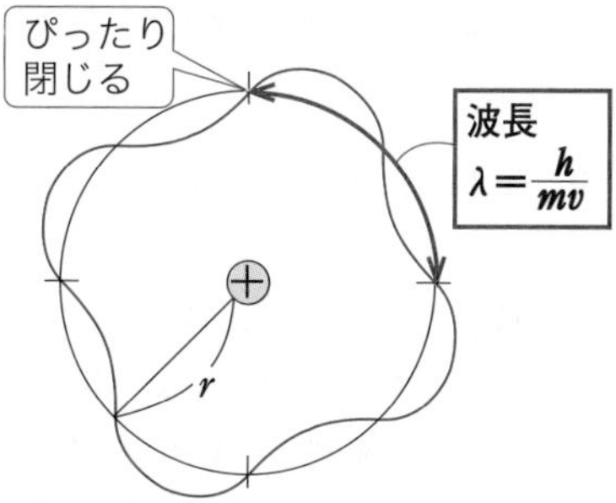

図2：電子を波とみなす（$n=4$ の例）

$$\underbrace{2\pi r}_{\text{1周の長さ}} = \underbrace{n}_{\text{自然数}} \times \underbrace{\frac{h}{mv}}_{\text{電子波の波長}}$$

$$\therefore \quad v = \frac{nh}{2\pi mr} \quad \cdots ④$$

S T E P 3 電子は粒子でもあり，波でもあるので，**S T E P 1**，**S T E P 2** で求めた式を用いて，その共通解を求める。

④を①に代入して，

$$\frac{m}{r}\left(\frac{nh}{2\pi mr}\right)^2 = k_0 \frac{e^2}{r^2}$$

$$\therefore \quad r = \underbrace{\frac{h^2}{4\pi^2 m k_0 e^2} \times n^2}_{㊟ \ n \to 大 \ ほど \ r_n \to 大} \ (=r_n \ とおく) \text{〔m〕} \quad \cdots ⑤ \ 😊$$

(3) ⑤を③に代入して，

$$E = \underbrace{-\frac{2\pi^2 m k_0^2 e^4}{h^2} \times \frac{1}{n^2}}_{㊟ \ n \to 大 \ ほど \ E_n \to 大 \ (E_n < 0 \ なので)} \ (=E_n \ とおく) \text{〔J〕} \quad \cdots ⑥ \ 😊$$

(4) ここで，式⑤，⑥の意味を考えてみよう。電子は，図3のように**n によって決まる特定の半径 r_n，エネルギー E_n をもつ軌道のみ回ること**ができる。これは，'電子波が1周の中に，ぴったり n 波長分入る'という条件のためである。

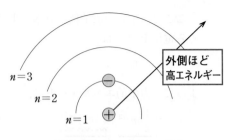

図3：電子は特定の軌道のみ回れる

特に，電子が $n=1$ の軌道を回っている状態を**基底状態**といい，最もエネルギーが低い。また，$n=2$ 以上の状態を**励起状態**という。

(5) ⑥より，$E_2 = \dfrac{1}{2^2} \times E_1 = \dfrac{1}{4} \times (-13.6) = -3.4 \text{〔eV〕}$ …答

(6) ⑤より，$r_2 = 2^2 \times r_1 = 4 \times 5.3 \times 10^{-11} \fallingdotseq 2.1 \times 10^{-10} \text{〔m〕}$ …答

(7) 原子の発光とは，図4のように，外側の高エネルギーの軌道（$n=3$）を回っている電子が，内側の低エネルギーの軌道（$n=1$）に落ち込むときに，**余ったエネルギーが，光子の形で放出される**ことである。求める光子の波長を λ とすると，そのエネルギーは，

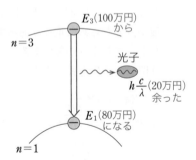

図4：原子の発光のしくみ

$$\underbrace{h\frac{c}{\lambda}}_{20万円} = \underbrace{E_3}_{100万円} - \underbrace{E_1}_{80万円}$$

← エネルギーをお金に例えてイメージしてみよう

$$\therefore \quad \lambda = \frac{hc}{E_3 - E_1} = \frac{hc}{E_1\left(\dfrac{1}{3^2} - 1\right)} \quad \left(⑥より \ E_3 = \frac{1}{3^2}E_1\right)$$

$$= \frac{6.6 \times 10^{-34} \text{〔J·s〕} \times 3.0 \times 10^8 \text{〔m/s〕}}{(-13.6 \underbrace{\times 1.6 \times 10^{-19}}_{\text{eV} \to \text{J}}) \times \left(-\dfrac{8}{9}\right) \text{〔J〕}} \quad (E_1 = -13.6 \text{〔eV〕 より})$$

$$\fallingdotseq 1.0 \times 10^{-7} \text{〔m〕} \quad …答$$

入試問題を ＞ 漆原の解法 ＞ で解こう

↳ 解答編 p.171〜p.183

重要問題 **91** 光電効果 　　　　　　　　　　　　　　　　**最重要**

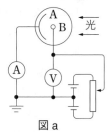

　ナトリウムを陰極とする光電管を用い，図aの回路をつくり，光電効果の実験を行った。以下の問いに答えよ。ただし，光速度 $c=3.0\times10^8$〔m/s〕，電気素量 $e=1.6\times10^{-19}$〔C〕とする。

図a

(1)　波長 3.0×10^{-7} m の紫外線を当てながら，AB 間に一定電圧をかけたところ，回路に 1.6×10^{-6} A の電流が流れた。陰極Aから陽極Bに達する電子の数は毎秒何個か。

(2)　AB 間の電圧を変えながら光電流を測定すると，図bのようなグラフ（$I\text{-}V$ 曲線）が得られた。陰極から飛び出す光電子の最大運動エネルギー〔eV〕はいくらか。

(3)　光の波長を変えずに光の強度を強くすると，図bの $I\text{-}V$ 曲線はどう変わるか。曲線の変化は定性的でよい。

(4)　当てる光の波長を変えながら(2)と同様の実験を行い，それらの結果から図cを作成した。図より，ナトリウムの仕事関数〔eV〕とプランク定数〔J·s〕を求めよ。

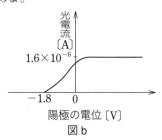

図b

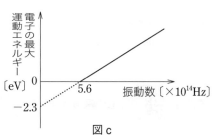

図c

〈弘前大〉

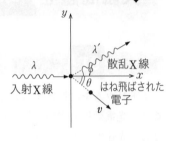

X線の粒子性は，コンプトン効果の実験からわかる。図のように，静止している質量 m〔kg〕の電子に波長 λ〔m〕のX線を x 方向から当て，電子を x-y 平面上の角度 θ〔rad〕の方向に速さ v〔m/s〕ではね飛ばす。また，波長 λ'〔m〕の散乱X線は x-y 平面上の角度 ϕ〔rad〕の方向に進む。

(1) X線の粒子（X線光子）が電子と衝突したと考えて，衝突前後のエネルギーの保存を示す式を，m, v, λ, λ', h, c を用いて表せ。ここで c は光速，h はプランク定数を表す。

(2) 入射方向（図の x 方向）およびそれと垂直な方向（図の y 方向）の運動量の保存を示す式を，m, v, λ, λ', h, θ, ϕ を用いて表せ。

(3) 前問(1)，(2)のエネルギーおよび運動量の保存を示す式から次の関係式を導け。

ただし，$\lambda \fallingdotseq \lambda'$ の場合には，$\dfrac{\lambda'}{\lambda}+\dfrac{\lambda}{\lambda'} \fallingdotseq 2$ と近似できる。

$$\lambda'-\lambda=\frac{h}{mc}(1-\cos\phi)$$

(4) 入射X線の波長が 2.10×10^{-11} m のとき，$\phi=\dfrac{\pi}{2}$（$=90°$）の方向に散乱されるX線の波長 λ'〔m〕の値と，そのときに入射X線から電子へ移動するエネルギー ΔE〔J〕の値を求めよ。ただし，$m=9.11\times10^{-31}$〔kg〕，$h=6.63\times10^{-34}$〔J·s〕，$c=3.00\times10^8$〔m/s〕とする。　　　　〈名古屋大〉

(1) 静止状態にある電子を，極板間の電位差が V〔V〕の陰極から陽極に向けて加速した。このとき，電子波の波長 λ〔m〕を求めよ。ただし，プランク定数を h〔J·s〕，電子の電荷を $-e$〔C〕，質量を m〔kg〕とする。

(2) このようにして加速した電子を，結晶の格子面に対し角度 θ で入射させる。格子面の間隔を d〔m〕とするとき，各格子面からの電子波の反射波が強めあうためには，λ, θ, d の間にどのような条件式が成り立たなくてはならないか。必要ならば正の整数として n を用いよ。

(3) 電位差 V が 1.0×10^1 V の場合を考える。角度 θ を 0 から次第に増やしていったとき，$\theta = 30°$ で初めて強い反射波が観測された。d の値を求めよ。各数値は文末を参照せよ。

(4) 同じ結晶に X 線を入射させ，同様に角度 θ を 0 から次第に増やしていったとき，$\theta = 45°$ で初めて強い反射波が観測された。この X 線の振動数 f 〔Hz〕を求めよ。

なお，(3)，(4)では，$h = 6.6 \times 10^{-34}$ 〔J・s〕，$e = 1.6 \times 10^{-19}$ 〔C〕，$m = 9.1 \times 10^{-31}$ 〔kg〕，真空中の光速 $c = 3.0 \times 10^8$ 〔m/s〕とせよ。　〈埼玉大〉

重要問題 94　X線の発生と原子モデル　一度はやっとく！

X線管からでるX線のスペクトルは，図1に示すように，ある波長から長波長側に分布する連続スペクトルと，特性(固有)X線といわれる輝線スペクトルとの重ねあわせを示すのが特徴である。図2はX線管を示す。真空容器内の加熱した陰極(フィラメント)から放出された熱電子は，強い電場によって加速され，高速度になった電子が陽極の金属に衝突するときにX線(光量子)が発生する。このとき，加速された電子が陽極で急激に減速することによって生じるのが連続スペクトルである。運動エネルギーの失い方はさまざまであるが，衝突によって電子の運動エネルギーすべてが1個の光量子となる場合に，光量子のエネルギーは最大となり，最短波長のX線が発生する。したがって，連続スペクトルの最短波長は加速電圧の大きさだけで決まる。

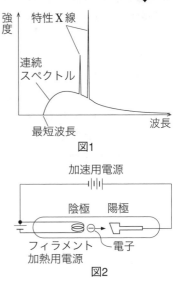

図1

図2

一方，特性X線は加速された電子が金属内の軌道電子をはね飛ばし，空になったエネルギー準位に，より高いエネルギー準位から軌道電子が移ることによって発生する。したがって，特性X線の波長は陽極に使う金属の種類によって決まる。次に示す仮定により，原子番号 Z の金属原子のエネルギー準位が水素原子の場合と同様に扱えるものとし，X線発生のメカニズムについて以下の問いに答えよ。ただし加速電圧を V，電子の電荷，質量をそれぞれ $-e$，m，真空中の光速度を c，

プランク定数を h とする。また陰極から放出された直後の熱電子の運動エネルギーは無視できる。

(仮定1) 原子核の電荷は $+Ze$ で，そのまわりを軌道電子が半径 r の等速円運動を行う。

(仮定2) 軌道電子が原子核から受けるクーロン力の大きさは $k_0\dfrac{Ze^2}{r^2}$ (k_0 は比例定数)で，他の軌道電子からは力を受けない。

(仮定3) 軌道電子は定まった個数だけ，低い順にエネルギー準位を占めているが，空の準位ができた場合，よりエネルギーの高い準位から電子が移って空の準位を占める。

(1) 電子が陽極に衝突する直前の物質波の波長を求めよ。

(2) 発生するX線の最短波長を求めよ。

(3) 電子の波動性から，原子内の電子軌道の長さは物質波の波長の n 倍 (n は正整数) でなければならない。このことから原子内で許される電子の軌道半径を求めよ。

(4) 電子のエネルギーは位置エネルギーと運動エネルギーとの和である。軌道電子のエネルギー準位を求めよ。

(5) 加速された電子が金属原子の $n=1$ の軌道電子をはね飛ばし，$n=2$ の軌道電子が $n=1$ の軌道に移るときに発生する特性X線の波長が 1.5×10^{-10} m 以下となる原子番号 Z の範囲を求めよ。水素原子の場合，$n=3$ の軌道から $n=2$ の軌道に移るときには，656.3×10^{-9} m の可視光線を発する。

〈名古屋市立大〉

SECTION 26 原子核

原 子

まずは 漆原の解法 を理解しよう

■ 原子核の解法❸タイプ

タイプ1 $\alpha\beta\gamma$ 崩壊 ── 放射線の正体，電荷，ランキングを押さえる。

タイプ2 半減期 ── 表を書いて，半減期の公式を導く。

タイプ3 エネルギー計算 ── 単位に注意して，アインシュタインの式を使う。

この問題で 解法Check!

例題 以下の□□□に適当な語句，数式，または数値を入れよ。必要があれ
ば，文末の数値を用いよ。

地球上に存在する長い半減期をもつ 3 つの原子核 $^{232}_{90}$Th，$^{238}_{92}$U，$^{235}_{92}$U は，
□(1)□原子の原子核を放出するアルファ崩壊と，β 線と呼ばれる高速の
□(2)□の放出をともなうベータ崩壊を繰り返して，原子番号が 82 の安定な
鉛の原子核へ変化する。この過程で生成される放射性物質にラドンがある。
ラドンには，質量数が異なる $^{222}_{86}$Rn と $^{220}_{86}$Rn の 2 つの□(3)□がある。このう
ち $^{220}_{86}$Rn は，3 つの原子核 $^{232}_{90}$Th，$^{238}_{92}$U，$^{235}_{92}$U のうち□(4)□の崩壊の過程で生
成されたものである。

ウランの半減期は，$^{238}_{92}$U が 4.5×10^9 年であるのに対して，$^{235}_{92}$U は 7.1×10^8
年と短い。現在，天然ウランのほとんどは，$^{238}_{92}$U であり，$^{238}_{92}$U と $^{235}_{92}$U の存在
比は 139：1 である。地球が誕生した頃の 45 億年前の存在比は□(5)□：1
と推定される。

$^{235}_{92}$U は核分裂にともなって核エネルギーを放出する。エネルギー E，質量
m，光速 c の間には $E=$□(6)□ の関係が成り立つ。1 個の $^{235}_{92}$U の核分裂
で放出されるエネルギーを 200 MeV とすると，$^{235}_{92}$U の質量（235 u）の
□(7)□ ％ がエネルギーに変換されることになる。

$1\,[\mathrm{MeV}]=1.6\times10^{-13}\,[\mathrm{J}]$，$c=3.0\times10^8\,[\mathrm{m/s}]$

$1\,[\mathrm{u}]=1.7\times10^{-27}\,[\mathrm{kg}]$，$2^{6.34}\fallingdotseq81$

〈新潟大〉

原子核の問題は次の3タイプしかない。 タイプ1 $\alpha\beta\gamma$ 崩壊と放射線,
タイプ2 半減期 T のルール, タイプ3 発生するエネルギーの計算。
それぞれの問題に合わせて,その解法を見ていこう。

解説

(1), (2) タイプ1

$\alpha\beta\gamma$ 崩壊ときたら,表1のよ
うに,$\alpha\beta\gamma$ 線の正体と電荷,
電離作用と透過能力のランキ
ングについて押さえればよい。
表1より,(1)はヘリウム⌘,
(2)は電子⌘となる。

	α 線	β 線	γ 線
正体 （電荷）	ヘリウム原子核 $^4_2$He $(+2e$ 〔C〕$)$	電子 $-^0_1$e $(-e$ 〔C〕$)$	電磁波 （なし）
電離作用	大	中	小
透過能力	小	中	大

表1：$\alpha\beta\gamma$ 崩壊ときたらこの表

(3) 原子番号（化学的性質）は同じで,質量数（質量）が異なる原子,つまり陽子
数は同じで中性子数だけ異なる原子を同位体⌘という。

(4) ^A_ZX が α 崩壊を n 回,β 崩壊を m 回して $^{220}_{86}$Rn になったとするのが**お決まり**。

$$\underset{\text{和 }2n+(-1)m+86}{\overset{\text{和 }4n+220}{^A_Z\text{X} \longrightarrow n\times^4_2\text{He}+m\times-^0_1\text{e}+^{220}_{86}\text{Rn}}}$$

質量数の和が保存するので,$A=4n+220$ となるが,ここで n は整数なので,
A は 232,238,235 のうち $A=232$ $(n=3)$ が適することがわかる。
よって,$^{232}_{90}$Th が⌘となる。
ちなみに,**原子番号の和が保存**することから,$Z=2n+(-1)m+86$ であり,
ここで $n=3$,$Z=90$ であることがわかっているので,$m=2$ となる。

(5) タイプ2 半減期 T とき
たら,まず,表2を書いて,

半減期の公式 $N=N_0\left(\dfrac{1}{2}\right)^{\frac{t}{T}}$

を導くようにしよう。

経過時間	0	T	$2T$	$3T$	t（一般に）
崩壊せずに 残っている 原子核数	N_0	$\dfrac{1}{2}N_0$	$\left(\dfrac{1}{2}\right)^2 N_0$	$\left(\dfrac{1}{2}\right)^3 N_0$	$\left(\dfrac{1}{2}\right)^{\frac{t}{T}} N_0$

表2：半減期ときたらこの表

$^{238}_{92}$U と $^{235}_{92}$U の半減期をそれぞれ $T_1=4.5\times10^9$ 年,$T_2=7.1\times10^8$ 年とおく。
また,$^{238}_{92}$U と $^{235}_{92}$U の45億(4.5×10^9)年前の存在量を N_1,N_2 とおく。半減期
の公式より,現在の存在比は,

$$\frac{N_1\left(\frac{1}{2}\right)^{\frac{4.5\times10^9}{T_1}}}{N_2\left(\frac{1}{2}\right)^{\frac{4.5\times10^9}{T_2}}} \doteqdot \frac{N_1\left(\frac{1}{2}\right)}{N_2\left(\frac{1}{2}\right)^{6.34}}\left(=\frac{139}{1}\ (\text{与えられた数値より})\right)$$

したがって，45 億年前の存在比は，

$$\frac{N_1}{N_2}=\frac{139}{1}\times\frac{\left(\frac{1}{2}\right)^{6.34}}{\left(\frac{1}{2}\right)}=\frac{139}{1}\times\frac{2}{81}\doteqdot\frac{3.4}{1}=3.4\ \cdots\text{答}$$

⑹ タイプ3 発生エネルギーの計算ときたら，次のアインシュタインの式を使うのがお決まりのやり方だ。

アインシュタインの式

光速を $c=3.0\times10^8$ 〔m/s〕として，

① 質量 M〔kg〕はエネルギー $E=Mc^2$〔J〕に相当する。

② 質量 $\varDelta M$〔kg〕が減少するとき（質量欠損），エネルギー $\varDelta E=\varDelta Mc^2$〔J〕が発生する。

特に単位〔kg〕と〔J〕に注意しよう。本問の答は $E=mc^2$ となる。

⑺ 原子核における計算問題では，いつもエネルギーと質量の単位に注意しよう。

エネルギーの単位換算

エレクトロンボルト
$$1\,\text{〔eV〕}=e\,\text{〔J〕}=1.6\times10^{-19}\,\text{〔J〕}$$
メガエレクトロンボルト
$$1\,\text{〔MeV〕}=10^6\,\text{〔eV〕}=1.6\times10^{-13}\,\text{〔J〕}$$

質量の単位換算

$^{12}_{6}\text{C}$ の質量を 12〔u〕（ユニット）と約束する。

（1核子あたり1〔u〕で，質量数〔u〕が，おおよそ，その原子核の質量になる）

$^{235}_{92}\text{U}$ の全質量エネルギー E_0 は，質量が $235\,\text{〔u〕}=235\times1.7\times10^{-27}\,\text{〔kg〕}$ より，$E_0=235\times1.7\times10^{-27}\,\text{〔kg〕}\times(3.0\times10^8\,\text{〔m/s〕})^2\doteqdot3.6\times10^{-8}\,\text{〔J〕}$

一方，発生エネルギー $\varDelta E=200\,\text{〔MeV〕}=200\times1.6\times10^{-13}\,\text{〔J〕}$ より，求める割合は，

$$\frac{\varDelta E}{E_0}=\frac{200\times1.6\times10^{-13}\,\text{〔J〕}}{3.6\times10^{-8}\,\text{〔J〕}}\doteqdot8.9\times10^{-4}\quad(8.9\times10^{-2}\,\text{〔%〕}\quad\cdots\text{答})$$

入試問題を　漆原の解法　で解こう

↳ 解答編 p.184〜p.190

重要問題 **95**　β 崩壊と半減期を利用した年代測定

大気中の窒素 ($^{14}_{7}$N) は，宇宙線により生じた中性子 ($^{1}_{0}$n) と核反応を起こして炭素 14 ($^{14}_{6}$C) に変化することがある。$^{14}_{6}$C は β 線を放出してほかの核種に変わるが，その半減期は約 5730 年である。次の問いに答えよ。

(1)　$^{14}_{7}$N $+ ^{1}_{0}$n $\longrightarrow$ $^{14}_{6}$C の核反応の際に放出される粒子は何か。

(2)　$^{14}_{6}$C の β 崩壊によってできる核種は何か。

(3)　ある古生物の化石に含まれる炭素原子の中の $^{14}_{6}$C の割合が，現在生息している生物のそれに比べて約 $\dfrac{1}{10}$ であるとき，その古生物は，今から約何年前に生息していたと考えられるか。有効数字 2 桁で答えよ。

　　　$\log_{10} 2 = 0.3010$ とする。　　　　　　　　　　　　　　　〈東京学芸大〉

重要問題 **96**　α 崩壊と α 粒子の散乱

静止しているラジウム ($^{226}_{88}$Ra) が，α 粒子を放出してラドン ($^{222}_{86}$Rn) に変わった。ラドンの運動エネルギーを測定したところ，1.4×10^{-14} 〔J〕であった。次の問いに答えよ。ただし，原子核の質量を必要とするときには，その結合エネルギーを無視して計算してよい。また α 粒子が当たる原子核は終始止まっているものとする。必要があれば，クーロンの法則の比例定数 $k = 9.0 \times 10^{9}$ 〔N·m²/C²〕，電気素量 $e = 1.6 \times 10^{-19}$ 〔C〕を用いてよい。

(1)　放出された α 粒子の運動エネルギーを求めよ。

(2)　この α 粒子を金ぱく ($^{197}_{79}$Au) に当てたところ散乱が起こった。α 粒子が金の原子核に最も接近したときの両者間の距離を求めよ。　　　　〈北海道大〉

150　第 5 章　原子

等しい運動エネルギー $0.26\ \mathrm{MeV}$ をもつ 2 個の重水素原子核 ${}_{1}^{2}\mathrm{H}$ が正面衝突して、ヘリウム 3 原子核 ${}_{2}^{3}\mathrm{He}$ と中性子 ${}_{0}^{1}\mathrm{n}$ が生成される。これは核融合反応と呼ばれ、次の反応式で表される。

$${}_{1}^{2}\mathrm{H} + {}_{1}^{2}\mathrm{H} \longrightarrow {}_{2}^{3}\mathrm{He} + {}_{0}^{1}\mathrm{n}$$

この核反応において、運動量保存則が成り立ち、反応前の運動エネルギーと放出された核エネルギーはすべて生成粒子の運動エネルギーになるとする。ただし、中性子、重水素原子核、ヘリウム 3 原子核の質量は、統一原子質量単位 u で表すと、それぞれ $1.0087\ \mathrm{u}$、$2.0136\ \mathrm{u}$、$3.0150\ \mathrm{u}$ である。ここで、$1\ \mathrm{[u]} = 1.66 \times 10^{-27}\ \mathrm{[kg]}$、$1\ \mathrm{[MeV]} = 1.60 \times 10^{-13}\ \mathrm{[J]}$、光速 $c = 3.0 \times 10^{8}\ \mathrm{[m/s]}$ とする。

(1) 衝突前の重水素原子核の速さは □ m/s である。

(2) 質量欠損によって発生したエネルギーは □ MeV である。

(3) 衝突後のヘリウム3原子核の速さ v_{He} と中性子の速さ v_{n} の比 $\dfrac{v_{\mathrm{He}}}{v_{\mathrm{n}}}$ は □ である。

(4) 中性子の運動エネルギーは □ MeV である。　　　　　　〈日本大〉

重要問題 **98** 結合エネルギーの計算

以下に示す核融合反応の空欄を埋めよ。

$${}_{1}^{2}\mathrm{H} + {}_{1}^{2}\mathrm{H} \longrightarrow {}_{1}^{3}\mathrm{H} + \boxed{(1)} + (4.05\ \mathrm{MeV})$$

$${}_{1}^{2}\mathrm{H} + {}_{1}^{2}\mathrm{H} \longrightarrow {}_{2}^{3}\mathrm{He} + {}_{0}^{1}\mathrm{n} + (\boxed{(2)}\ \mathrm{MeV})$$

$${}_{1}^{2}\mathrm{H} + \boxed{(3)} \longrightarrow {}_{2}^{4}\mathrm{He} + {}_{0}^{1}\mathrm{n} + (17.6\ \mathrm{MeV})$$

$${}_{1}^{2}\mathrm{H} + {}_{2}^{3}\mathrm{He} \longrightarrow {}_{2}^{4}\mathrm{He} + {}_{1}^{1}\mathrm{H} + (\boxed{(4)}\ \mathrm{MeV})$$

ここで、右辺の（　）内は 1 回の反応で放出されるエネルギーである。

これらを含む多くの種類の核融合反応は、太陽などの恒星の主なエネルギー源である。

ただし、${}_{1}^{2}\mathrm{H}$、${}_{1}^{3}\mathrm{H}$、${}_{2}^{3}\mathrm{He}$、${}_{2}^{4}\mathrm{He}$ の核子 1 個あたりの結合エネルギーは、それぞれ、1.11、2.83、2.57、$7.07\ \mathrm{MeV}$ である。　　　　　　〈山口大〉

次の文章の□□□のうち，(1)～(6)には数字を，(7)と(10)には数式を，(8)と(9)には数値(有効数字1桁)を記入せよ。

最初の人工放射性元素は，1934年，アルファ線（α線）をアルミニウムに照射してつくられた。この反応を核反応式で表すと，

$$^{27}_{13}\mathrm{Al} + {}^{\boxed{1}}_{\boxed{2}}\mathrm{He} \longrightarrow {}^{\boxed{3}}_{\boxed{4}}\mathrm{P} + {}^{1}_{0}\mathrm{n}$$

である。この放射性元素から陽電子 e^+ が放出されることが，現在では知られている。この反応を核反応式で表すと，

$$^{\boxed{3}}_{\boxed{4}}\mathrm{P} \longrightarrow {}^{\boxed{5}}_{\boxed{6}}\mathrm{Si} + {}^{0}_{+1}\mathrm{e}^+$$

である。陽電子は，質量が電子の質量 m_e と等しく，電荷が正でその大きさは電子の電荷の大きさと等しい粒子である。

物質中に入射した陽電子が，物質中の原子と衝突を繰り返して静止した。その後，電子と対消滅してガンマ線（γ線）の光子を2つ放出した。陽電子と電子の対消滅によって失われた全質量は □(7)□ である。

静止した陽電子と，運動エネルギーが0の電子が対消滅するとき，2つのガンマ線光子は，正反対の方向に放出される。電子の質量 m_e は 9×10^{-31} kg，光速 c は 3×10^{8} m/s であるので，これらのガンマ線光子のエネルギーは，どちらも □(8)□ J であり，運動量の大きさはどちらも □(9)□ kg·m/s である。ただし，ガンマ線光子の運動量の大きさ p_γ，エネルギー E_γ，光速 c の間には，$p_\gamma = \dfrac{E_\gamma}{c}$ の関係がある。

次に，静止した陽電子と，運動エネルギーが0でない電子が対消滅する場合を考える。電子の運動量が，大きさ p_e でその向きが右図の y 方向であり，また，電子の運動エネルギーが $\dfrac{p_e^2}{2m_e}$ であるとき，2つのガンマ線光子

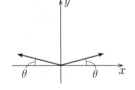

が右図のように x-y 平面内に放出された。1つのガンマ線光子の方向が x 方向と角度 θ をなして y 方向側であり，もう1つのガンマ線光子の方向が $-x$ 方向と角度 θ をなして y 方向側であった。このとき，角度 θ と m_e, c, p_e の間には，$\sin\theta = $ □(10)□ の関係がある。

〈慶應義塾大〉

〔大学受験 Do シリーズ 漆原の物理 最強の99題（五訂版）〕漆原 晃　　　　　　　S4d207

Do Series

五訂版

漆原の
物理
物理基礎・
物理
最強の99題

Series

解答と解説

旺文社

目次

01 等加速度運動

重要問題 **01** 糸でつながれた2物体の運動 最重要

答

(1) 2倍　　(2) $\dfrac{M_1M_2(2+\sin\theta)}{4M_1+M_2}g$　　(3) $\dfrac{M_2-2M_1\sin\theta}{4M_1+M_2}g$

(4) $\sqrt{\dfrac{2(M_2-2M_1\sin\theta)}{4M_1+M_2}gL}$　　(5) $\dfrac{2M_2(2+\sin\theta)}{(4M_1+M_2)\sin\theta}L$

解説 (1) 動滑車を見たら，いつも次の図を描いて動き方をイメージしよう。
ポイントは糸の⑦①の部分の対応関係だ。

 重要

右図で，Aの加速度を α，Bの
加速度を β とすると，t 秒後の移
動距離の比は，

$$\underline{\dfrac{1}{2}\alpha t^2 : \dfrac{1}{2}\beta t^2 = 2 : 1}$$
等加速度運動の公式 公式❷　　図より

よって，$\alpha : \beta = 2 : 1$

速さの比も，$\alpha t : \beta t = 2 : 1$

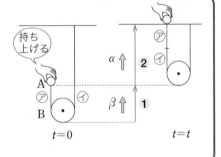

つまり，糸の先の物体Aの移動距離，速さ，加速度は，動滑車の先の物体B
の2倍となるのだ。よって，Aの加速度はBの加速度の2倍答となる。

(2), (3) **力の書き込み**で，糸は軽いので張力
は，どこでも等しく T とおく。

運動方程式の立て方3ステップで，図1
のようにAの加速度を $2a$，Bの加速度を
a とおけるので，運動方程式は，

A：$M_1 \cdot 2a = T - M_1 g \sin\theta$　　…①

B：$M_2 a = M_2 g - 2T$　　　　…②

辺々 ①×2+② して，

$(4M_1+M_2)a = (M_2-2M_1\sin\theta)g$

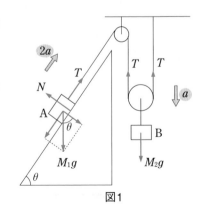

図1

$$\therefore \quad a=\frac{M_2-2M_1\sin\theta}{4M_1+M_2}g \quad \cdots ③ \quad \text{(3)の答}$$

①より，$T=2aM_1+M_1g\sin\theta$

$$=\frac{M_1M_2(2+\sin\theta)}{4M_1+M_2}g \quad \cdots \text{(2)の答}$$

(4) 図2でAとBの **3点セット** は，

3点セット	A	B
初期位置	0	0
初 速 度	0	0
加 速 度	$2a$	a

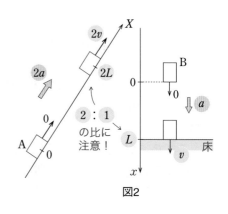

図2

図2のBの $x=L$ での速さvを
問われているので（x-v 関係），
等加速度運動の公式 公式❸ より，

$$v^2-0^2=2aL \quad \therefore \quad v=\sqrt{2aL}$$

③を代入して，

$$v=\sqrt{\frac{2(M_2-2M_1\sin\theta)}{4M_1+M_2}gL} \quad \cdots ④ \text{答}$$

(5) Bが床についた後は，**図3のように糸がたる**
むので，張力Tは**0**となる。図3でAの加速度
をαとおくと，運動方程式より，

$$M_1\alpha=-M_1g\sin\theta$$

$$\therefore \quad \alpha=-g\sin\theta \quad \cdots ⑤$$

よって，図4で **3点セット** は，

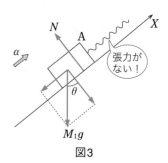

図3

初期位置	$2L$
初 速 度	$2v$
加 速 度	α

図4で $X=x$ のときの速さが0と
なるので（x-v 関係），
等加速度運動の公式 公式❸ より，

$$0^2-(2v)^2=2\alpha(x-2L)$$

この式に④，⑤を代入するとxは，

$$x=\frac{2M_2(2+\sin\theta)}{(4M_1+M_2)\sin\theta}L \quad \cdots 答$$

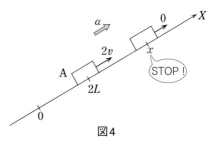

図4

答

(1) $(\sin\theta - \mu_2\cos\theta)g$ 　　(2) $\left\{\sin\theta - \mu_1\cos\theta - \dfrac{m_2}{m_1}(\mu_1 - \mu_2)\cos\theta\right\}g$

(3) $l = \dfrac{\mu_1 - \mu_2}{2}\left(1 + \dfrac{m_2}{m_1}\right)gt^2\cos\theta$

解説 (1), (2)　摩擦力の向きの原則は「すべりを防ぐ向き」である。図 1 のように，AB 間において，B にはすべり下りるのを防ぐ向きの斜面上向きの動摩擦力 μ_2N_2 が，**A にはその反作用の斜面下向きの動摩擦力 $\boldsymbol{\mu_2 N_2}$** が働く。一方，A と斜面の間において，A にはすべり下りるのを防ぐ向きに動摩擦力 μ_1N_1 が働く。

　ここで，**A には図 1 のように，垂直抗力 N_2 の反作用の力が働いている**ことに注意する。 のような問題では，個々の物体に正確に力を図示できるようにすることが解法の第一歩！！

　運動方程式の立て方 3 ステップで，A，B の大地に対する加速度を α, β として，x 方向の**運動方程式**と y 方向の**力のつりあいの式**を立てる。

　まずは A だけに注目して，**何度もいうが…**，反作用の力を図 1 のように正確に書き込んだことを確認して，式を立てると，

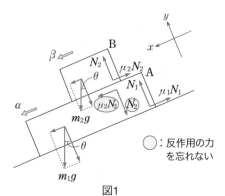

図1

〇：反作用の力を忘れない

　x：$m_1\alpha = m_1g\sin\theta + \mu_2N_2 - \mu_1N_1$

　y：$N_1 = N_2 + m_1g\cos\theta$

次に B だけに注目して，

　x：$m_2\beta = m_2g\sin\theta - \mu_2N_2$

　y：$N_2 = m_2g\cos\theta$

N_1, N_2 を消去して，

　$\alpha = \left\{\sin\theta - \mu_1\cos\theta - \dfrac{m_2}{m_1}(\mu_1 - \mu_2)\cos\theta\right\}g$ 　…(2) の **答**

　$\beta = (\sin\theta - \mu_2\cos\theta)g$ 　…(1) の **答**

(3) 図2でA, Bの**3点セット**は,

3点セット	A	B
初期位置	0	0
初 速 度	0	0
加 速 度	α	β

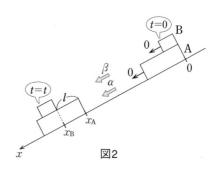

図2

ここで, α, β は**大地に対する**加速度であることに注意すると, 図2で t 秒間にBがAの上を移動した距離 l は, **等加速度運動の公式 公式②**より,

$$l = x_B - x_A \quad \text{(A, Bそれぞれが原点Oからどれだけ移動したかを別々に考えた!!)}$$

$$= \frac{1}{2}\beta t^2 - \frac{1}{2}\alpha t^2 = \frac{\mu_1 - \mu_2}{2}\left(1 + \frac{m_2}{m_1}\right)g t^2 \cos\theta \quad \cdots \text{答}$$

重要問題 03 斜面上の放物運動 差がつく!

答

(1) $T = \sqrt{\dfrac{2l}{g\sin\theta}}$, $v_Q = \sqrt{\dfrac{gl\cos^2\theta}{2\sin\theta}}$ (2) $v_P = 0$

(3) $v_1 = v_2 = \sqrt{2gl\sin\theta}$ (4) $v_B = \sqrt{2gl\sin\theta}$ (5) $\mu \geqq \dfrac{v_c{}^2}{2gs\cos\theta} + \tan\theta$

解説 (1) 本問のような斜面に対する放物運動では, 軸を次のように立てる!!

重要
斜面に対する放物運動では, 斜面方向に x 軸, 斜面と垂直に y 軸を立てると, y 座標が斜面からの距離となり, 後の計算がラク。
特に, 重力加速度 $\vec{g}$ を分解することが重要なポイントである!!

図1のように x, y 軸をとり, **重力加速度 $\vec{g}$ を分解する**ことに注意する。Qの x, y 軸方向それぞれの**3点セット**は,

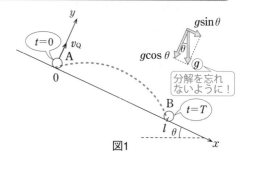

図1

3点セット	x 方向	y 方向
初期位置	0	0
初 速 度	0	v_Q
加 速 度	$g\sin\theta$	$-g\cos\theta$

y 軸と逆向き

ここで，$t=T$ で，$x=l$，$y=0$（y 座標が斜面との距離なので，斜面につくとき $y=0$）の点Bに落下するので，**等加速度運動の公式 公式❷** より，

$$x座標：l=\frac{1}{2}g\sin\theta\cdot T^2$$

$$y座標：0=v_\mathrm{Q}T+\frac{1}{2}(-g\cos\theta)T^2$$

$$\therefore\quad T=\sqrt{\frac{2l}{g\sin\theta}}\quad,\quad v_\mathrm{Q}=\sqrt{\frac{gl\cos^2\theta}{2\sin\theta}}\quad\cdots\text{答}$$

(2)　Pの斜面方向の加速度は $g\sin\theta$ で初速度は v_P である。一方，(1)よりQの斜面方向の加速度は $g\sin\theta$ で初速度は 0。よって，$v_\mathrm{P}=0$ 答 であれば，P，Qの斜面方向の運動の **3点セット** は全く同じになり，点Bで衝突する。

(3)　(2)より，$t=T$ でP，Qともに同じ速度となるので，
　　等加速度運動の公式 公式❶ で

$$\begin{aligned}v_1=v_2&=0+g\sin\theta\cdot T\\&=\sqrt{2gl\sin\theta}\quad\cdots\text{答}\end{aligned}$$

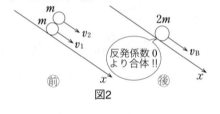

(4)　図2で**運動量保存則**より，

$$x：\underbrace{mv_1+mv_2}_{前}=\underbrace{2mv_\mathrm{B}}_{後}$$

$$\therefore\quad v_\mathrm{B}=\sqrt{2gl\sin\theta}\quad\cdots\text{答}$$

(5)　図3で x 方向の運動方程式と y 方向の力のつりあいの式は，

$$x：2ma=2mg\sin\theta-\mu N$$

$$y：N=2mg\cos\theta$$

$$\therefore\quad a=(\sin\theta-\mu\cos\theta)g\quad\cdots①$$

よって，図4で原点をとり直し，

3点セット は，

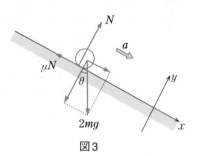

図3

初期位置	0
初 速 度	v_C
加 速 度	a

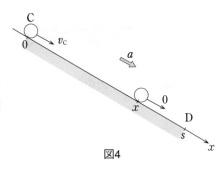

図4

これより，速度 0 となるまでに区間 CD をすべった距離 x は，**等加速度運動の公式 公式❸** で，

$$0^2 - v_C^2 = 2ax$$

$$\therefore \quad x = -\frac{v_C^2}{2a} \quad \cdots ②$$

ここで，区間 CD 内で止まるには，$x \leqq s$

よって，①，②を代入して，

$$\frac{v_C^2}{2(\mu\cos\theta - \sin\theta)g} \leqq s$$

$$\therefore \quad \mu \geqq \frac{v_C^2}{2gs\cos\theta} + \tan\theta \quad \cdots 答$$

本問のような斜面上での放物運動は一度やっておくと，その解答を書くときのはじめの一歩でつまずくことはなくなるはず！

何度もいうが…，斜面上の放物運動では，

● 斜面上に x 軸，斜面と垂直方向に y 軸を立てる

● そのとき，重力加速度 $\vec{g}$ の分解を忘れない！

この 2 つのポイントを押さえよう。

02 力のつりあい・モーメント

重要問題 **04** 力のモーメント（水平な棒・すべる条件） 最重要

(1) $\dfrac{1}{2}Mg$　(2) $\dfrac{3Mg\cos\theta}{2\sin\theta}$　(3) $\dfrac{3Mg}{2\sin\theta}$　(4) $\dfrac{3\mu\cos\theta-\sin\theta}{2(\sin\theta+\mu\cos\theta)}l$

　(1), (2), (3)　一般にあらい壁や床を見たら，必ず問題文の中から次の3
つのセリフを見つけ，そこで受ける摩擦力の3タイプを見分けよう。

重要

セリフ	摩擦力
「びくともしない」 ⟶	静止摩擦力 F（未知数）
「ずれる直前」 ⟶	最大静止摩擦力 μN（定数）
「もうすべっている」 ⟶	動摩擦力 $\mu'N$（定数）

（μ：静止摩擦係数，μ'：動摩擦係数，N：垂直抗力）

本問では，まず**力の書き込み3ステップ**で，図1のように力を書き込む。

STEP1 では，**棒とおもり全体を1つの物体とみなして着目**すると，力や
式の数を減らすことができるのでラク。

STEP2　なで回して，コツンとぶつかるのは，点A，点Bであるが，特
に点Aで受ける摩擦力は「**びくともしない**」ので**静止摩擦力**であり，その力
を未知数の F とおく。

STEP3　棒が受ける重力 Mg の始点は，必ず棒の重心（本問では「太さが一
様」なので棒の中央）に書く。おもりの重
力 Mg は，おもりの位置に書く。

図1で，棒は x，y 方向ともに静止
しているから，力のつりあいの式より，

$x : N = T\cos\theta$　…①

$y : F + T\sin\theta = 2Mg$　…②

ここで，未知数の数は N，T，F の3
つなので，あと1つ式が必要。

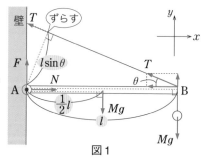

図1

そこで，**力のモーメントのつりあいの式の立て方３ステップ**より，

ＳＴＥＰ１ 支点 ⊙ は未知の力 F，N が集中している点Aにとるとよい（F，N の力のモーメントが 0 になる）。

ＳＴＥＰ２ 支点から各力の作用線に垂線を下ろし「うで」をつくる。

ＳＴＥＰ３ 張力 T を $l\sin\theta$ のうでの位置までずらして，力のモーメントのつりあいの式より，

$$\underbrace{T\times l\sin\theta}_{\text{反時計まわり}}=\underbrace{Mg\times\frac{1}{2}l+Mg\times l}_{\text{時計まわり}} \quad\cdots③$$

以上の①，②，③より，

$$F=\frac{1}{2}Mg \cdots(1)の\text{⬤}, \quad N=\frac{3Mg\cos\theta}{2\sin\theta} \cdots(2)の\text{⬤}, \quad T=\frac{3Mg}{2\sin\theta} \cdots(3)の\text{⬤}$$

⑷ 図２で「**ずれる直前**」なので，点A
の摩擦力は，**最大静止摩擦力 μN** とな
る。力のつりあいの式より，

$x：N=T\cos\theta \qquad\cdots④$

$y：\mu N+T\sin\theta=2Mg \quad\cdots⑤$

ここで，またまた力の集中している
点Aを支点とした，力のモーメントの
つりあいの式を立て，

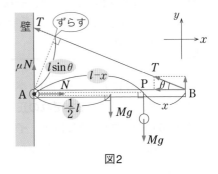

図2

$$T\times l\sin\theta=Mg\times\frac{1}{2}l+Mg\times(l-x) \quad\cdots⑥$$

④，⑤，⑥より，

$$x=\frac{3\mu\cos\theta-\sin\theta}{2(\sin\theta+\mu\cos\theta)}l \quad\cdots\text{⬤}$$

$$\left(T=\frac{2Mg}{\sin\theta+\mu\cos\theta}, \quad N=\frac{2Mg\cos\theta}{\sin\theta+\mu\cos\theta}\right)$$

答
(1) $\dfrac{13}{10}L$　(2) $\dfrac{9}{10}L$　(3) $\dfrac{17Mg}{36(l-l_0)}$　(4) $\dfrac{13Mg}{36(l-l_0)}$

解説　力のモーメントで大切なのは'力の作用点'である。特に重力では，「重力の作用点＝重心」がわかって，初めて正しい力のモーメントが計算できる。物体が対称的な形（一様な棒，球，長方形など）ならば，もちろん，重心はその対称中心にある。本問は，対称的な形をしていない板を考えるので，まずその重心の位置（重力の作用点）を図形的に求めるところが，差のつくポイントとなる。

(1), (2)　一般に重心の求め方の基本は次のようになる。

重要 2物体の重心
　2物体の重心の位置は，それぞれの物体の重心を，質量の**逆**比に内分した点である。

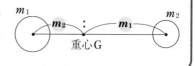

　図1のように板を左と右の大小の正方形に分ける。**それぞれの正方形の重心（中心）の位置ア，イを質量の逆比 1：4 に内分した点に全体の重心Gがある。**図1より，求める距離 a, b は，

$$a = L + \frac{3}{2}L \times \frac{1}{5} = \frac{13}{10}L　\cdots\text{答}$$

$$b = L - \frac{1}{2}L \times \frac{1}{5} = \frac{9}{10}L$$

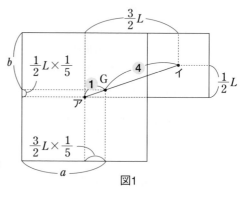

図1

(3), (4)　ばねを見たら，何よりも先に'必ず'してほしいことがある。それは，**ばねの横に'伸び'，'縮み'の「セリフ」を書くこと**である。この「セリフ」さえはっきりすれば，物体がばねから受ける力の向きと大きさ，そして，ばねに蓄えられた弾性エネルギーまですぐわかるのである。

図2のように，各ばねに「セリフ」を書いて，**力の書き込み3ステップ**を行う。特に，**STEP 3**で重力$\frac{5}{6}Mg$は(1)，(2)で求めた重心に始点を必ずおくこと。

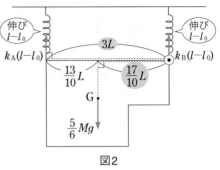

図2

　ここで，上下方向に静止しているので，力のつりあいの式より，

$$k_\mathrm{A}(l-l_0)+k_\mathrm{B}(l-l_0)=\frac{5}{6}Mg \quad \cdots ①$$

　いま，未知数はk_A，k_Bの2つあるので，**力のモーメントのつりあいの式の立て方3ステップ**に入る。

STEP 1　支点を'2'の点にとる。

STEP 2　各力の「うで」をつくる。

STEP 3　図3のように，重力$\frac{5}{6}Mg$を$\frac{17}{10}L$のうでの位置までずらして，力のモーメントのつりあいの式より，

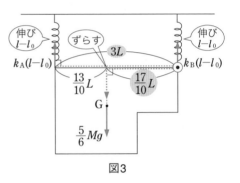

図3

$$\frac{5}{6}Mg\times\frac{17}{10}L=k_\mathrm{A}(l-l_0)\times 3L \quad \cdots ②$$

①，②をk_A，k_Bの連立方程式として解いて，

$$k_\mathrm{A}=\frac{17Mg}{36(l-l_0)} \quad \cdots(3)の答$$

$$k_\mathrm{B}=\frac{13Mg}{36(l-l_0)} \quad \cdots(4)の答$$

03 慣性力

重要問題 **06** 動く三角台 最重要

（答）

(1) $b = g\sin\theta - a\cos\theta$　　(2) $a = \dfrac{\mu + \tan\theta}{1 - \mu\tan\theta}g$

（解説）(1) 物体の運動を**水平面上（床）から見ると**，水平に動く三角台とその上をすべる物体自身の動きが加わって，とても複雑に見える。**そこで…，台に乗って見ることにより**，台自身の動きをムシして考えれば，物体の動きは固定された斜面の問題と同じになり，カンタンに見ることができるようになるのだ!!　よって，動く三角台上の人を考え，**慣性力問題の解法4ステップ**で解く。

STEP 1 図1のように，まず**大地から見た台の加速度 a を書く**。

STEP 2 本問では，すでに加速度 a が与えられているので省略！

STEP 3 図1において，台は水平左方向に動いているので，台上から見ると，水平右向きに慣性力 ma を書き込むことができる。

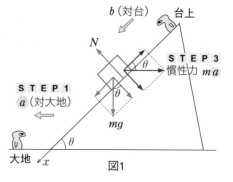

図1

STEP 4 図1で台上の人から見た物体は，x 方向に加速度 b で運動して見えるので，運動方程式を立てて（慣性力を分解することを忘れない!!），

$$mb = mg\sin\theta - ma\cos\theta$$

$$\therefore\quad b = g\sin\theta - a\cos\theta \quad \cdots（答）$$

(2) 図2のように，台の加速度aを増すと，台上から見える水平右向きの**慣性力maが大きくなっていき**，やがて物体は，斜面を上向きにすべり上がり始める。この瞬間，斜面から平行下向きに最大静止摩擦力μNを受けている。ここで台上から見た物体の力のつりあいの式より，

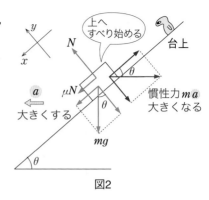

図2

$$x: mg\sin\theta + \mu N = ma\cos\theta$$
$$y: N = mg\cos\theta + ma\sin\theta$$
$$\therefore \quad a = \frac{\mu + \tan\theta}{1 - \mu\tan\theta}g \quad \cdots答$$

重要問題 07　動く台上の連結物体　差がつく！

答 (1) 向き：左向き　，　$x = \dfrac{M_2 h}{M + M_1 + M_2}$　　(2) $F = \dfrac{(M + M_1 + M_2)M_1}{M_2}g$

解説 (1) 台Mが水平面上を動くと，**大地から見たM_1，M_2の動きは複雑になってしまう。**そこで…，**台Mの上に乗って見ると，M自身の動きを封じて考えることができるので，M_1，M_2はふつうの滑車を介した2物体の運動と同じでカンタンになる!!**　またまた**慣性力問題の解法4ステップ**で解く。

STEP 1 図1のように，**大地から見た台Mの加速度Aを左向きに書き込む。**

STEP 2 大地から見た台Mの受ける力を書き込む。このとき図1のように，滑車が糸から受ける2つの張力T（下向きと左向き）は，滑車と台Mがつながっていて，**滑車は台の一部とみな**

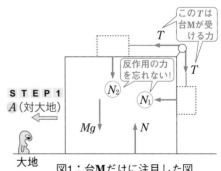

図1：台Mだけに注目した図

せるので，**滑車の受ける力Tは台Mが受ける力と考えることができる。**また，台Mの右側面が，M_1から受ける力をN_1（反作用の力！）とおく。

実は…，図1のように，N_1，N_2（反作用の力！），Tを正確に図示できるかどうかが，この問題を解くうえで，差のつく大きなポイントとなる。

ここで台Mのみの水平方向の運動方程式を立てると，

$$MA = T + N_1 \quad \cdots ①$$

STEP 3 図2で<u>台上の人から見ると</u>，M_1，M_2にはともに右向きに大きさM_1A，M_2Aの慣性力が働いて見える。

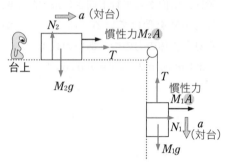

図2：2物体に注目した図

STEP 4 図2において，<u>台上の人から見ると</u>，M_1は鉛直下向き，M_2は水平右向きに，ともに大きさaの加速度をもって動くように見える。M_1の鉛直方向の運動方程式と，**MとM_1は離れないので，水平方向の力のつりあいの式が成り立ち**，

$$M_1 a = M_1 g - T \quad \cdots ②$$
$$N_1 + M_1 A = 0 \quad \cdots ③$$

M_2の水平方向の運動方程式より，

$$M_2 a = T + M_2 A \quad \cdots ④$$

①～④より，T，N_1を消去して，

$$A = \frac{M_1 M_2 g}{(M + M_1)(M_1 + M_2) + M_1 M_2}$$

$$a = \frac{M_1 (M + M_1 + M_2) g}{(M + M_1)(M_1 + M_2) + M_1 M_2}$$

ここで，M_1がhだけ降下して床につくまでの時間をt，その間に台Mが左向きに動く距離をxとすると，**等加速度運動の公式 公式❷**より，

$$h = \frac{1}{2} a t^2, \quad x = \frac{1}{2} A t^2$$

となる。両式より$\frac{1}{2} t^2$を消去して，

$$x = \frac{1}{2} A t^2 = \frac{A}{a} h = \frac{M_2 h}{M + M_1 + M_2} \quad (> 0 \text{ より左向き}) \quad \cdots 答$$

(2) 本問も**慣性力問題の解法４ステップ**で解く。

ＳＴＥＰ１ 図３で**大地から見た**台Mの加速度を右向きにαとする。

ＳＴＥＰ２ 台Mの運動方程式は，
$$M\alpha = F - T - N_1 \quad \cdots ⑤$$

ＳＴＥＰ３ 図４のように，台上から見て，M_1，M_2に働く慣性力は左向きに$M_1\alpha$，$M_2\alpha$とする。

ＳＴＥＰ４ 図４で**台上から見る**と，M_1，M_2は静止して見えるので，力のつりあいの式より，
M_1について，
水平：$N_1 = M_1\alpha$ $\cdots ⑥$
鉛直：$T = M_1 g$ $\cdots ⑦$
M_2について，
水平：$T = M_2\alpha$ $\cdots ⑧$
⑤〜⑧より，T，α，N_1を消去して，
$$F = \frac{(M + M_1 + M_2)M_1 g}{M_2} \quad \cdots 答$$

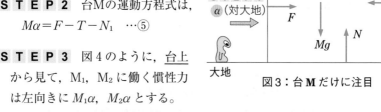

図３：台**M**だけに注目

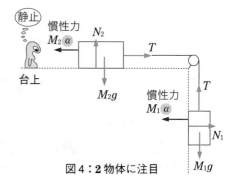

図４：**2**物体に注目

なっ得イメージ 本問では，「台MとM_1はなめらかにすべることはできるが，離れないような構造になっている」とある。

これは，右図のようにMに「レール」が，M_1に「リング」がついていて，「モノレール」のようにすべる構造で実現できる。

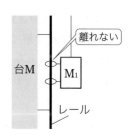

04 仕事とエネルギー

重要問題 08　仕事とエネルギー（重力，動摩擦力）　最重要

答
(1) $\sqrt{2gh_1}$ 〔m/s〕　(2) h_1 〔m〕　(3) $\sqrt{2g\{2h_1+(1-\mu')h_2\}}$ 〔m/s〕

(4) 重力：mgh_2 〔J〕 ，　摩擦力：$-\mu'mgh_2$ 〔J〕

(5) $\dfrac{2h_1+(1-\mu')h_2}{\mu'}$ 〔m〕

解説　(1)　AB 間の点Bの手前で，なめらかな曲面となっている。このような
曲面上では，加速度が変化してしまうので，等加速度運動の公式は使えない。
よって，仕事とエネルギーを使った 解法手順 で解くしかないのだ。

手順1　図1のように 前, 中, 後 の図を描く。
点Bでの速さを v_B とおく。

手順2　中 で受ける重力・弾性力以外 の
力は，垂直抗力 N であるが，移動方向と
垂直なので仕事をしない。

手順3　重力・弾性力以外 の力が仕事を
しないので力学的エネルギー保存則より，

$$mgh_1 = \frac{1}{2}mv_B^2$$
　　前　　　後

$$\therefore\ v_B = \sqrt{2gh_1}\ \text{〔m/s〕}\ \cdots \text{答}$$

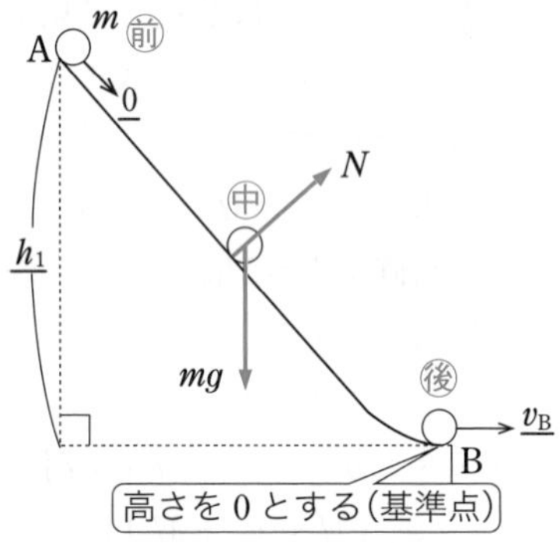

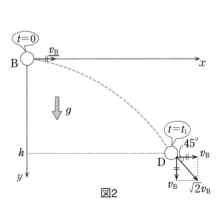

高さを 0 とする（基準点）

図1

(2)　BD 間は放物運動なので，**等加速度
運動の公式**で解く。図 2 のように，
$t=t_1$ で点Bより h だけ低い点Dに
45° の角度（x, y 方向の速さは同じ）で着
くと考えられ，

速度 (y)：$gt_1 = v_B = \sqrt{2gh_1}$

y 座標　：$\dfrac{1}{2}gt_1^2 = h$

$\therefore\ h = h_1$ 〔m〕　$\cdots$答

図2

⑶　DE 間は直線上の運動で，等加速度運動だが，本問のような摩擦力のある面上の運動で，'時間' を問われていないときは，仕事とエネルギーを使った 解法手順 のほうが，慣れればカンタン。

手順1 図3で点Dの速さは，図2より $\sqrt{2}\,v_B = 2\sqrt{gh_1}$ となる。また，点Eでの速さを v_E とおく。

手順2 ⊕で受ける重力・弾性力 以外 の力は，垂直抗力 N と，動摩擦力 $\mu'N$ である。N は斜面垂直方向の力のつりあいより，

$$N = mg\cos 45° = \frac{mg}{\sqrt{2}}$$

これらの力のうち動摩擦力 $\mu'N$ だけが，（移動方向と逆向きのため）負の仕事 W_μ をする。

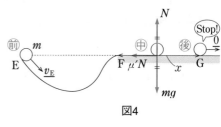

図3

$$W_\mu = -\mu'N\cdot\overline{DE} = -\mu'\cdot\frac{mg}{\sqrt{2}}\cdot\sqrt{2}\,h_2 = -\mu'mgh_2$$

手順3 重力・弾性力 以外 の力が仕事をするので仕事とエネルギーの関係より，

$$\underbrace{\frac{1}{2}m(2\sqrt{gh_1})^2 + mgh_2}_{前} + \underbrace{(-\mu'mgh_2)}_{⊕} = \underbrace{\frac{1}{2}mv_E^2}_{後}$$

$$\therefore\quad v_E = \sqrt{2g\{2h_1 + (1-\mu')h_2\}}\ \text{(m/s)} \quad\cdots① 答$$

⑷　図3で重力のした仕事 W_g は，重力の斜面方向の成分 $mg\sin 45°$ のみ考え，

$$W_g = mg\sin 45°\times\sqrt{2}\,h_2 = mgh_2\,\text{(J)} \quad\cdots 答$$

また，⑶で見たように動摩擦力のした仕事 $W_\mu = -\mu'mgh_2\,\text{(J)} \quad\cdots 答$

⑸　図4でFG間の長さを x とすると，FG間のみで，動摩擦力（重力・弾性力 以外 の力）が負の仕事 $-\mu'mgx$ をするので，仕事とエネルギーの関係より，

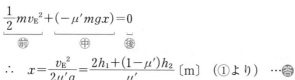

図4

$$\underbrace{\frac{1}{2}mv_E^2}_{前} + \underbrace{(-\mu'mgx)}_{⊕} = \underbrace{0}_{後}$$

$$\therefore\quad x = \frac{v_E^2}{2\mu'g} = \frac{2h_1 + (1-\mu')h_2}{\mu'}\ \text{(m)}\quad(①より)\quad\cdots 答$$

(1) 1　　(2) 0.8　　(3) 0.6

 (1)　ばねの伸びは $5l-4l=l$ なので，力のつりあいの式は，

$$kl=mg \qquad \therefore \quad k=\frac{mg}{l} \quad \cdots ①　答$$

(2)　本問のような「ばねの力」による運動で注目したいのは，「ばねの力」はばね の伸びまたは縮みによって変化し，加速度も変化してしまうので，等加速度運 動の公式は使ってはいけないこと。そこで，仕事とエネルギーを使った 解法手順 で解くしかないのだ。要するに，

> 重要
>
> 変化する力を受ける運動（代表例：曲面上の運動，ばねの力による運 動）⇒ 仕事とエネルギーを使った 解法手順 で解く！

手順1 図1で小物体が最も左へ きたときの，ばねの縮みを x と する（必ず伸びまたは縮みのセリフ を言わせること！）。

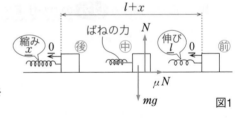

図1

手順2 ㊥での重力・弾性力 以外 の力は，動摩擦力 $\mu N=0.1mg$ だけである。この動摩擦力は， 負の仕事 W をしている。

$$W=-0.1mg\times(l+x) \quad \leftarrow (l+x) は距離！$$

手順3 仕事とエネルギーの関係より，㊤では運動エネルギーと重力による位 置エネルギーはともに0，ばねの力による位置エネルギーは $\frac{1}{2}kl^2$，㊦では 同様に，ばねの力による位置エネルギー $\frac{1}{2}kx^2$ のみもっているので，

$$\underbrace{\frac{1}{2}kl^2}_{㊤}+\underbrace{\{-0.1mg(l+x)\}}_{㊥}=\underbrace{\frac{1}{2}kx^2}_{㊦}$$

①を代入して，$\frac{1}{2}mgl-0.1mg(l+x)=\frac{1}{2}\cdot\frac{mgx^2}{l}$

$\therefore \quad x^2+0.2lx-0.8l^2=0 \qquad \therefore \quad x=0.8\times l\,(>0)$ …② 答

(3) (2)と同様にして，図2で小物体が最も右へきたときの，ばねの伸びを y とする。中で**重力・弾性力以外の力である動摩擦力がした仕事は**，

$$-0.1mg\times(x+y)$$

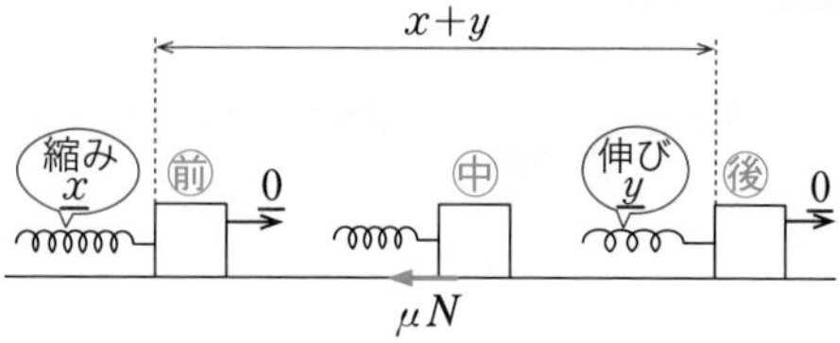

図2

あとは**仕事とエネルギーの関係**より，

$$\underbrace{\frac{1}{2}kx^2}_{\text{前}}+\underbrace{(-0.1mg)(x+y)}_{\text{中}}=\underbrace{\frac{1}{2}ky^2}_{\text{後}}$$

①，②を代入して計算すると，

$y=0.6\times l\,(>0)$ …答

05 力積と運動量

重要問題 **10** 正面衝突の繰り返し

 (1) $v_1 = \dfrac{m - eM}{m + M} v$ (2) $v_2 = \dfrac{m + e^2 M}{m + M} v$ (3) $u = \dfrac{m}{m + M} v$

解説 (1) 問題文の図を見て "ムズカシそ〜" と思わず，'衝突の問題' と単純に考え，力積と運動量を使った **解法手順** を行おう。

手順1 図1のように右向きに正の軸を立てて，衝突の 前，中，後 の図を描く。

　ここで大切なのは，後 の球，箱の速度 v_1, V_1 をすべてとりあえず右向きとして，勝手に仮定しておくことだ（計算結果が $v_1 < 0$ となれば，実際は左へはねかえっていることになるだけだ）。「とりあえず仮定する」という方法は，物理ではとても大切である。

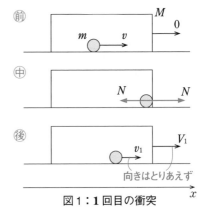

図1：1回目の衝突

手順2 箱と球全体に着目すると，衝突で受ける水平方向の力は，図1 中 のように，箱と球の間でやりとりされる垂直抗力 N だけで，外から受ける外力はない。

手順3 外力の力積がない ($\vec{I_{\text{外}}} = \vec{0}$) ので，**運動量保存則** を使う。
$$\underset{\text{前}}{mv} = \underset{\text{後}}{mv_1 + MV_1} \quad \cdots ①$$

いま，未知数は v_1 と V_1 の2つであるので，あと1つ式が必要。ここで，問題文の「反発係数 e」を使った式を立てるのは，お約束の解き方。

重要 反発係数の式

$$e = \frac{(\text{衝突面と垂直に}) 2 \text{物体が離れる速さ}}{(\text{衝突面と垂直に}) 2 \text{物体が近づく速さ}}$$

特に $\begin{cases} e=1 & \cdots \text{弾性衝突} \cdots\cdots\cdots\cdots \text{運動エネルギーを失わない} \\ 0<e<1 & \cdots \text{非弾性衝突} \\ e=0 & \cdots \text{完全非弾性衝突} \end{cases}$ $\left.\begin{matrix} \\ \\ \end{matrix}\right\}$ 衝突時に熱を発生して，運動 エネルギーを失う

本問では，$e = \dfrac{\text{図1の⑱で } m,\ M \text{ が離れる速さ}}{\text{図1の⑪で } m,\ M \text{ が近づく速さ}}$

$$= \frac{V_1 - v_1}{v} \quad \cdots ②$$

①，②より，$V_1 = \dfrac{(1+e)m}{m+M}v \quad \cdots ③$ $\qquad v_1 = \dfrac{m - eM}{m+M}v \quad \cdots ④$ 答

ここで，問題文より $m < eM$ なので $v_1 < 0$ となり，球は左にはねかえる!!

(2) 図2では，(1)と同様に2回目の衝突後
の球，箱の速度を**ともにとりあえず右向
きに** v_2，V_2 と仮定する。**外力の力積が
ないので運動量保存則**より，

$$mv_1 + MV_1 = mv_2 + MV_2 \quad \cdots ⑤$$

図2で $V_1 > v_1$，$v_2 > V_2$ なので，**反発係
数の式**より，

$$e = \frac{v_2 - V_2}{V_1 - v_1} \quad \cdots ⑥$$

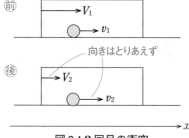

図2：2回目の衝突

あとは⑤，⑥を解いて，③，④を代入すると，V_2，v_2 が求まるが，実は本問
のような衝突を繰り返す問題で有効な式変形がある。

 コツ まず，⑤に①を代入すると，

$$mv = mv_2 + MV_2 \quad \cdots ⑦$$

次に，⑥に②を代入して，両辺に -1 をかけて $v_2 - V_2$ から $V_2 - v_2$ に
して， $\quad -e^2 = \dfrac{V_2 - v_2}{v} \quad \cdots ⑧$

ここで①と⑦，②と⑧を比べると，結局 V_2，v_2 は③，④で
$e \to -e^2$（$-e$ 倍）とおきかえたものに等しいことがわかる。

よって，

$$V_2 = \frac{(1-e^2)m}{m+M}v$$

$$v_2 = \frac{m+e^2M}{m+M}v \quad \cdots\text{答}$$

同様にして，一般に n 回衝突した後の箱，球の速度 V_n, v_n は，

$$V_n = \frac{\{1-(-e)^n\}m}{m+M}v$$

$$v_n = \frac{m+(-e)^nM}{m+M}v$$

(3)　最終的に2物体の速度は，ともに u になるとする。終始一貫，箱と球以外の**外力の力積はない**ので，最初と最後の間での**運動量保存則**より，

$$mv = mu + Mu$$

$$\therefore \quad u = \frac{m}{m+M}v \quad \cdots\text{答}$$

　　この最終的な速度は V_n, v_n で $n \to \infty$ の極限をとって，$(-e)^n \to 0$ $(e<1$ より) としたものと一致しているのだ!!

確認してみよう。

特集 床面での繰り返しバウンド

重要問題 **10** では，2物体が正面衝突を繰り返した後の速度の規則性を見た。実は，床面で繰り返しバウンドする物体の運動にも重要な規則性がある。一般に，n 回バウンド（反発係数 e）した後の最高点の高さ h_n と滞空時間 T_n について，次のルールが成り立つ。

---
n 回バウンドルール

ルール1 （最高点の高さ h_n）＝（はじめの高さ h）$\times e^{2n}$

ルール2 （滞空時間 T_n）＝（はじめの滞空時間 T）$\times e^n$

EX

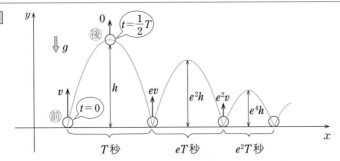

ルール1 について。前，後の y 方向の**等加速度運動の公式 公式❸**で，

$$0^2-v^2=2(-g)h \qquad \therefore \quad v^2=2gh \qquad \therefore \quad h=\frac{1}{2g}\times v^2$$

よって，h は v^2（v の2乗）に比例する。ここで，v は1回バウンドごとに e 倍になるのだから，h は1回のバウンドごとに e^2 倍になる。

ルール2 について。前から後までの時間は，滞空時間の半分で $\dfrac{T}{2}$ 秒間。よって，y 方向の速度についての**等加速度運動の公式 公式❶**で，

$$0=v+(-g)\frac{1}{2}T \qquad \therefore \quad T=\frac{2}{g}\times v$$

これより，T は v（v の1乗）に比例する。ここで，v は1回バウンドごとに e 倍になるのだから，T も1回のバウンドごとに e 倍になる。

頻出出題例としては，「衝突が止まるまでの時間 s を求めよ」（茨城大，京都大などで出題された）ときたら，滞空時間の総和をとって，次のように求められる。

$$s=T+eT+e^2T+e^3T+\cdots$$
$$=T\left(\frac{1}{1-e}\right) \quad \left(\begin{array}{l}\text{ここで無限等比級数の和の公式（初項 1，公比 }e\text{）}\\ 1+e+e^2+e^3+\cdots=\dfrac{1}{1-e} \text{ を使った。}\end{array}\right)$$

(1) $\dfrac{1}{\sqrt{2}}v$　　(2) $\dfrac{v^2}{2g}$　　(3) $\dfrac{v^2}{4g}$　　(4) $\dfrac{2}{5}$　　(5) e^2h　　(6) $\dfrac{\sqrt{2}\,ev}{g}$

(7) $2el$

解説 図1のように**完全に x, y 方向に分ける**のがコツ!!

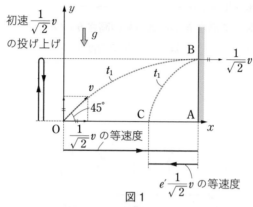

図1

(1) 衝突時に残るのは初速度の x 成分のみなので,

　　$\dfrac{1}{\sqrt{2}}v$ …答

(2) y 方向の速度成分が 0 になるまでの時間 t_1 は,

　　$\dfrac{1}{\sqrt{2}}v+(-g)t_1=0$　　∴　$t_1=\dfrac{v}{\sqrt{2}\,g}$ …①

その間の水平方向の飛距離が $\overline{\text{OA}}$ なので,

　　$\overline{\text{OA}}=\dfrac{1}{\sqrt{2}}v\times t_1=\dfrac{v^2}{2g}$ …② （①より） …答

(3) $h=\dfrac{1}{\sqrt{2}}vt_1+\dfrac{1}{2}(-g)t_1{}^2=\dfrac{v^2}{4g}$ （①より） …答

(4) y 方向の運動に注目すると, O→B と B→C は**投げ上げ運動の対称性**より,
同じ時間 t_1 かかる。求める反発係数を e' とすると,

　　$\overline{\text{AC}}=e'\dfrac{1}{\sqrt{2}}v\times t_1$ …③

ここで条件より,

　　$\dfrac{\overline{\text{AC}}}{\overline{\text{OA}}}=\dfrac{2}{3+2}=\dfrac{2}{5}$ …④

②, ③, ④より,

$$e' = \frac{2}{5} \quad \cdots 答$$

(5) 図2で n 回バウンド ルール1 (p.25)より,
　点Dの高さは,

$$e^2h \quad \cdots 答$$

(6) 図2で n 回バウンド ルール2 (p.25)より,
　C→E の時間は,

$$et_1 + et_1 = \frac{\sqrt{2}\,ev}{g} \quad (①より) \quad \cdots 答$$

(7) B→C→D→E で水平方向は等速度なので,
　水平距離は滞空時間に比例する。よって,

$$\overline{CE} = el + el = 2el \quad \cdots 答$$

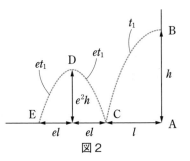

図2

重要問題 **12** 斜面上でのバウンドの繰り返し 差が つく！

答 (1) $4\sqrt{2}\,h$ 　(2) $\sqrt{10gh}$ 　(3) $8\sqrt{2}\,h$

解説 (1) Aに衝突する直前の速さ v_0 は力学的エネルギー保存則より

$$mgh = \frac{1}{2}mv_0^2 \quad \therefore \quad v_0 = \sqrt{2gh} \quad \cdots ①$$

　下図のように最初の衝突点Aを原点として, 斜面と平行下向きに x 軸, 垂直上向きに y 軸を立てる。

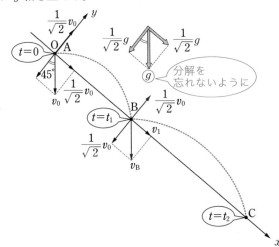

x，y に完全に分けるのがコツ。衝突時には重力の力積は無視できるので，衝突直後の速度の x 成分は直前と同じ $\dfrac{1}{\sqrt{2}}v_0$，反発係数 $e=1$ なので衝突直後の速度の y 成分は，

$$\frac{1}{\sqrt{2}}v_0 \times 1 = \frac{1}{\sqrt{2}}v_0$$

重力加速度も分解して，**3点セット** の表は右のとおり。ここで，点Aへの衝突時刻を $t=0$，点Bへの衝突時刻を t_1 とすると，$t=t_1$ で $y=0$ より，

3点セット	x方向	y方向
初期位置	0	0
初速度	$\dfrac{1}{\sqrt{2}}v_0$	$\dfrac{1}{\sqrt{2}}v_0$
加速度	$\dfrac{1}{\sqrt{2}}g$	$-\dfrac{1}{\sqrt{2}}g$

$$\frac{1}{\sqrt{2}}v_0 t_1 + \frac{1}{2}\left(-\frac{1}{\sqrt{2}}g\right)t_1{}^2 = 0$$

$$\therefore \quad t_1 = \frac{2v_0}{g} \quad \cdots ②$$

AB 間の距離を x_1 とすると $t=t_1$ で x 座標 x_1 より，

$$x_1 = \frac{1}{\sqrt{2}}v_0 t_1 + \frac{1}{2}\frac{1}{\sqrt{2}}g t_1{}^2 = 2\sqrt{2}\,\frac{v_0{}^2}{g} = 4\sqrt{2}\,h \quad （①より） \quad \cdots 答$$

(2) $t=t_1$ で x 方向の速度を v_1 とすると，

$$v_1 = \frac{1}{\sqrt{2}}v_0 + \frac{1}{\sqrt{2}}g t_1 = \frac{3v_0}{\sqrt{2}} \quad （②より）$$

よって，そのときの速さ v_B は三平方の定理より，

$$v_B = \sqrt{\left(\frac{3}{\sqrt{2}}v_0\right)^2 + \left(\frac{1}{\sqrt{2}}v_0\right)^2} = \sqrt{5}\,v_0 = \sqrt{10gh} \quad （①より） \quad \cdots 答$$

(3) y 方向は $e=1$ のバウンドの繰り返し。よって 2 回目の衝突時刻は n 回バウンド **ルール2** (p.25) より，

$$t=t_2 = t_1 + t_1 \times e = t_1 + t_1 \times 1 = 2t_1$$

一方，**x 方向には衝突時の力積は無視できる**。よって x 方向には(1)で見た **3点セット** の等加速度運動をずっと一貫して続ける。

したがって $t=t_2 = 2t_1$ のときの x 座標 x_2 は，

$$x_2 = \frac{1}{\sqrt{2}}v_0(2t_1) + \frac{1}{2}\left(\frac{1}{\sqrt{2}}g\right)(2t_1)^2 = \frac{12v_0{}^2}{\sqrt{2}\,g} = 12\sqrt{2}\,h$$

よって，求める BC 間の距離は，

$$x_2 - x_1 = 8\sqrt{2}\,h \quad \cdots 答$$

答
(1) $\dfrac{FT}{m}$　(2) $\dfrac{m}{M}p+FT$　(3) $\sqrt{\left(\dfrac{m}{M}p\right)^2+(FT)^2}$　(4) $\dfrac{MFT}{mp}L$

解説 (1) 図1で分裂後のBの速さを v_B とする。**Bのみに着目すると**，⊕で**B はCから外力の力積 FT を受けている**。よって，**力積と運動量の関係**より，

$$x:\underbrace{0}_{前}+\underbrace{FT}_{⊕}=\underbrace{mv_\mathrm{B}}_{後}$$

$$\therefore\quad v_\mathrm{B}=\dfrac{FT}{m}\quad\cdots答$$

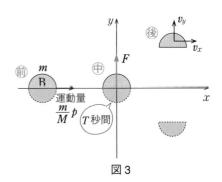

(2) 図2のようにBが進行方向に分裂すると，前の運動量と⊕の力積が同じ方向を向いているので，後の運動量が最大になる。**Bのみに着目すると**，図2前でBの運動量は，全体の運動量 p の $\dfrac{m}{M}$ 倍である。後のBの速度を $v_{\max}$ とする。⊕で**BはCから外力の力積 FT を受けているので，力積と運動量の関係**より，

$$x:\dfrac{m}{M}p+FT=mv_{\max}$$

$$\therefore\quad mv_{\max}=\dfrac{m}{M}p+FT\quad\cdots答$$

(3) 図3で**Bのみに着目し**，x，y 別々に考える。x，y 方向のBの速度を v_x，v_y として，**x 方向は外力がないので運動量保存則**，y 方向は**外力の力積 FT を受けるので力積と運動量の関係**より，

$$x:\dfrac{m}{M}p=mv_x$$

$$y:0+FT=mv_y$$

よって，求める運動量の大きさは，

$$\sqrt{(mv_x)^2+(mv_y)^2}=\sqrt{\left(\frac{m}{M}p\right)^2+(FT)^2}\quad\cdots\text{答}$$

別解　(前の運動量ベクトル)+(中の力積ベクトル)
　　　=(後の運動量ベクトル)
の図を描くと図4のようになる。

　図4で三平方の定理から，後の運動量ベクトルの大きさは，

$$\sqrt{\left(\frac{m}{M}p\right)^2+(FT)^2}\quad\cdots\text{答}$$

として求めることもできる。

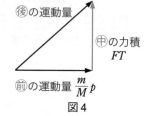

図4

(4)　求める距離Dは，図5より
$$D=L\tan\theta$$
$$=\frac{v_y}{v_x}L$$
$$=\frac{MFT}{mp}L\quad\cdots\text{答}$$

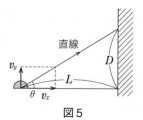

図5

06 力学の２大保存則の活用法

重要問題 **14** ばねを介した２物体の分裂と衝突

答 (1) Aの速さ：$\sqrt{\dfrac{Mk}{m(m+M)}}\,l$ ， Bの速さ：$\sqrt{\dfrac{mk}{M(m+M)}}\,l$

(2) A，Bの速さ：$\dfrac{m}{m+M}v$ ， ばねの状態：縮んで

(3) 向き：左 ， 速さ：$\dfrac{M-m}{M+m}v$

解説 (1) 図1の(後)のように，分裂後の A，B の速度 v_A, v_B を，とりあえず右向きにそろえて仮定しておく。(中)で A，B 全体に着目すると，x 方向には全く外力の力積を受けていない。よって，運動量保存則が使える。

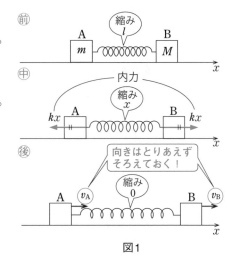

図1

$$x : \underbrace{0}_{(前)} = \underbrace{mv_A + Mv_B}_{(後)} \quad \cdots ①$$

また，(中)でばねの弾性力 kx しか仕事をしていないので，A，B 全体について力学的エネルギー保存則が成り立つ。

$$\underbrace{\frac{1}{2}kl^2}_{(前)} = \underbrace{\frac{1}{2}mv_A{}^2 + \frac{1}{2}Mv_B{}^2}_{(後)} \quad \cdots ②$$

①，②より v_A を消去して，v_B（>0：必ず右へ動くので）について解くと，

$$v_B = \sqrt{\frac{mk}{M(m+M)}}\,l \quad \cdots ③ \text{答}$$

③を①に代入して，v_A は「速さ」(スカラー量)で答えることに注意して，

$$|v_A| = \left| -\sqrt{\frac{Mk}{m(m+M)}}\,l \right|$$
$$= \sqrt{\frac{Mk}{m(m+M)}}\,l \quad \cdots 答$$

・速さとは ‘スカラー量’ なので，絶対値をとって，その大きさだけを答える。
・速度とは ‘ベクトル量（向きと大きさを含む量）’ である。

⑵ Aがばねを押し縮め始めると，Bもばねからの力を受けて，右へ動き始める。やがて，図2の㉘のようにばねが最も縮んだ㉘瞬間，AとBは最も近づき，床から見ると，ともに同じ速度 v_1 に見える。A，B 全体に着目すると，㊥で水平外力はないので，運動量保存則より，

$$x : \underset{前}{mv} = \underset{後}{mv_1 + Mv_1}$$

$$\therefore \quad v_1 = \frac{m}{m+M}v \quad \cdots ④ ㉘$$

ちなみに㉘での最大の縮み l_{max} を求めてみよう。㊥で，ばねの弾性力しか仕事をしないので，A，B全体についての力学的エネルギー保存則が成り立ち，

$$\frac{1}{2}mv^2 = \frac{1}{2}(m+M)v_1^2$$
$$+ \frac{1}{2}kl_{max}^2 \quad \cdots ⑤$$

④を⑤に代入して，l_{max} について解くと，

$$l_{max} = \sqrt{\frac{mM}{k(m+M)}}\,v$$

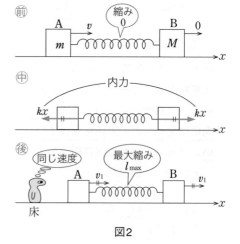

図2

⑶ 図3のように，再びAがばねから離れる瞬間のA，Bの速度 v_A，v_B の向きを右向きにそろえて仮定する。A，B 全体に着目すると，水平外力がないので，運動量保存則より，

$$x : \underset{図2の前}{mv} = \underset{図3}{mv_A + Mv_B} \quad \cdots ⑥$$

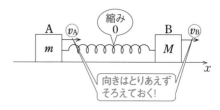

図3：Aがばねから離れる瞬間

ここで，**物体がばねから離れる瞬間，ばねは自然長（縮み 0）である。**この理由を**カンタンに考えよう。**まず，ばねが縮んだ状態では，ばねは物体に向かって外向きの力を働かせる。よって，ばねと物体は押しあうので，当然離れない。しかし，自然長になった途端，この外向きの力はなくなり，ばねと物体は離れてしまうのだ！！

　また，**ばねの弾性力しか仕事をしないので，A，B 全体についての力学的エネルギー保存則より，**

$$\underbrace{\frac{1}{2}mv^2}_{\text{図2の⑪}}=\underbrace{\frac{1}{2}mv_{\text{A}}{}^2+\frac{1}{2}Mv_{\text{B}}{}^2}_{\text{図3}} \quad \cdots⑦$$

　⑥，⑦を連立方程式として解くが，まともに解くと連立 2 次方程式を解かねばならず，意外とてこずる。実は，このような**運動量保存則**と運動エネルギーのみの**力学的エネルギー保存則**が連立したときは，次のお得な式変形の方法がある。

> **コツ**
>
> ⑥より，$m(v-v_{\text{A}})=Mv_{\text{B}}$ 　　$\cdots⑧$
>
> ⑦より，$m(v^2-v_{\text{A}}{}^2)=Mv_{\text{B}}{}^2$ 　$\cdots⑨$
>
> ここで，⑨÷⑧ をして，
>
> 　$v+v_{\text{A}}=v_{\text{B}}$ 　$\cdots⑩$
>
> を得る。あとは⑥と⑩の連立 1 次方程式を解くだけでよい。

⑩を⑥に代入して，v_{A} について解くと，

$$v_{\text{A}}=-\frac{M-m}{M+m}v \quad \begin{pmatrix} M\to\infty \text{ とすると } v_{\text{A}}\to-v\,(\text{はねかえされる}) \\ m\to\infty \text{ とすると } v_{\text{A}}\to v\,(\text{そのまま突進}) \text{で OK！} \end{pmatrix}$$

ここで，問題文を見ると，$M>m$ より，

　$v_{\text{A}}<0$

よって，A は左向き🈭に動いていることがわかる。また，その速さは，

　$\therefore \ |v_{\text{A}}|=\dfrac{M-m}{M+m}v$ 　（'速さ' なので絶対値をとった）　$\cdots$🈭

前ページの「コツ」で計算した式⑩の意味を考えてみよう。式⑩を変形して，

$$1 = \frac{v_B - v_A}{v} \quad \cdots⑪$$

この式は，ある物理の公式を表しているのがお分かりだろうか。

　　分母の v は図2の㋐で，A，Bが近づく速さ

　　分子の $v_B - v_A$ は図3で，A，Bが離れる速さ

である。そう，式⑪はなんと，あの**反発係数の式**を表しているのだ。そして，その係数は $e=1$ となって，弾性衝突となっている。

　要するに，**A，Bの運動を一種の衝突と考えれば，エネルギーを失わない衝突であるので，弾性衝突とみなせる**のだ。

　よって，ばねを介した2物体の衝突問題の解法としては，最初からこの式を書いてしまってもかまわない。

重要問題 **15** なめらかに動く台　　　　　　差がつく!

答 (1) $\sqrt{\dfrac{2Mgh}{m+M}}$　(2) $2h\sqrt{\dfrac{m+M}{M}}$

解説 (1) 図1の㋐で，小球と台の速度 v，V を向きはともに左向きにそろえて仮定しておく。㋑で，**小球と台全体に着目すると，水平方向には全く外力による力積を受けていないので，水平方向で運動量保存則が使える。**

$$x: \underset{㋐}{0} = \underset{㋑}{mv + MV} \quad \cdots①$$

また，㋑で**垂直抗力 N（重力・弾性力以外の力）**が台にする仕事と，小球にする仕事は打ち消し合うので，小球と台全体について**力学的エネルギー保存則**が成り立ち，

$$\underset{㋐}{mgh} = \underset{㋑}{\frac{1}{2}mv^2 + \frac{1}{2}MV^2} \quad \cdots②$$

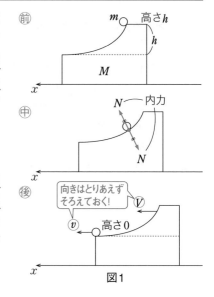

図1

①，②より，V を消去して，

$$v = \sqrt{\frac{2Mgh}{m+M}} \quad \cdots ③ \text{答}$$

(2)　図 2 で $t=t_1$ における床に対する水平飛距離が $x=x_1$ となったとき着地（$y=h$）したとすると，**等加速度運動の公式 公式❷** より，

$x : x_1 = vt_1$

$y : h = \dfrac{1}{2}gt_1{}^2$

$\therefore \quad t_1 = \sqrt{\dfrac{2h}{g}} \quad \cdots ④$

一方，この間に台は床に対して

$X_1 = Vt_1$

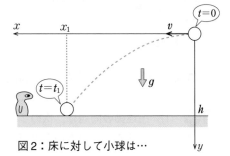

図2：床に対して小球は…

だけ動いているので，小球が落ちた瞬間の，台に対する水平飛距離は，

$$\underset{\text{見る者の変位を引く}}{\underline{x_1 - X_1}} = (v-V)t_1 = \overset{\text{言いかえると台から見た}}{\left(v + \frac{m}{M}v\right)}\sqrt{\frac{2h}{g}} \quad (①，④ より)$$

$$= 2h\sqrt{\frac{m+M}{M}} \quad (③ より) \quad \cdots \text{答}$$

07 円運動

重要問題 **16** 水平面での円運動（その１）

 答

(1) 解説の図１(a), (b)を参照 (2) $T=\dfrac{mg}{\cos\theta}$

(3) $\theta_1=60°$, $v_1=\sqrt{\dfrac{3}{2}gl}$ (4) $\sqrt{\dfrac{3}{2}(2h-l)l}$

 解説 (1) 円運動の問題は，次の２人のうち「どちらの立場で見ているのか」をはっきりさせることが大切なのだ。

重要

円運動の究極の２択

大地の人から見る → 遠心力を書かない（向心加速度を書いて，運動方程式を立てる）

回る人から見る → 遠心力を書く（回る人から見た力のつりあいの式を立てる）

図１(a)には**大地の人**（床の上に静止した観測者）から見た力の図を示す。

図１(b)には**回る人**（小球といっしょに回転する観測者）から見た図を示す。**答**

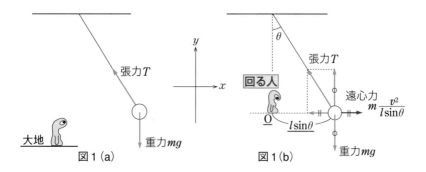

図１(a) 図１(b)

(2) ここからは**回る人**から見た**円運動の解法３ステップ**で解く。

STEP 1 図１(b)から回転中心はO，回転半径は$l\sin\theta$, 速さはvとする。

STEP 2 遠心力 $m\dfrac{v^2}{l\sin\theta}$ は図１(b)のようになる。

S T E P 3 回る人から見た x, y 方向の力のつりあいの式は,

$$x : m\frac{v^2}{l\sin\theta} = T\sin\theta \quad \cdots①$$

$$y : T\cos\theta = mg \quad \cdots② \qquad \therefore \quad T = \frac{mg}{\cos\theta} \quad \cdots答$$

(3)　$T=2mg$ で $\theta=\theta_1$, $v=v_1$ となるので, ①, ②より,

$$x : m\frac{v_1{}^2}{l\sin\theta_1} = 2mg\sin\theta_1 \quad \cdots③$$

$$y : 2mg\cos\theta_1 = mg$$

$$\therefore \quad \cos\theta_1 = \frac{1}{2} \qquad \therefore \quad \theta_1 = 60° \quad \cdots答$$

よって, ③より, $v_1 = \sqrt{\dfrac{3}{2}gl}$ $\cdots④$答

(4)　円運動している物体の各瞬間の速度の方向は, 必ず円の接線方向を向くことに注意しよう。もちろん糸が切れた瞬間も**円の接線方向に飛び出す**。そして, 糸が切れた後は物体には重力のみしか働かない…ということは, 放物運動をすることになる。図2で x 方向は速

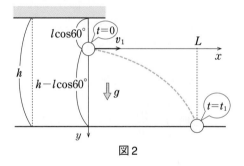

図2

さ v_1 の等速度運動, y 方向には ($y=h-l\cos 60°$ だけ) 自由落下運動をするので, 落下時間を t_1 として**等加速度運動の公式 公式❷**より,

$$x : v_1 t_1 = L \quad \cdots⑤$$

$$y : \frac{1}{2}gt_1{}^2 = h - l\cos 60° \quad \cdots⑥$$

⑤, ⑥より t_1 を消去して,

$$L = v_1\sqrt{\frac{2h-l}{g}} = \sqrt{\frac{3}{2}(2h-l)l} \quad (④より) \quad \cdots答$$

答

(1) 円運動の加速度：$h\omega^2$ ， $\omega = \sqrt{\dfrac{g}{h}}$ (2) $T = 2\pi\sqrt{\dfrac{h}{g}}$

(3) $E = \dfrac{3}{2}mgh$ (4) $\omega' = \sqrt{\dfrac{2g}{h}}$

解説 (1) **大地の人から見た円運動の解法3ステップ**で解く。

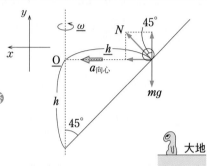

STEP 1 右図で回転中心はO，回転半径h，角速度はω

STEP 2 向心加速度$a_{向心} = h\omega^2$ **答** を図のように書く。垂直抗力をNとする。遠心力は書かない！

STEP 3 x方向の運動方程式と，y方向の力のつりあいの式は，

$x : m \times \underset{\text{向心加速度}}{\underline{h\omega^2}} = N\sin 45°$

$\therefore \quad \omega = \sqrt{\dfrac{g}{h}}$ …① **答**

$y : mg = N\cos 45°$

(2) $\boxed{\text{周期 } T = \dfrac{2\pi}{\omega}} = 2\pi\sqrt{\dfrac{h}{g}}$ …**答**

(3) $E = \dfrac{1}{2}m(h\omega)^2 + mgh = \dfrac{3}{2}mgh$ （①より） …**答**

(4) 式①で $h \to \dfrac{h}{2}$ として，$\omega' = \sqrt{\dfrac{2g}{h}}$ …**答**

知って得する 力学で出てくる力は，「誰が見るか」によって，次の３タイプに分類できる。

タイプ①	「ナデコツ＆ジュー」の力 ➡ 「すべての人」に見える力
タイプ②	慣性力 ➡ 「直線加速する人」からのみ見える力
タイプ③	遠心力 ➡ 「回る人」からのみ見える力

例えば，大地の人から見ると①のみ，回る人から見ると①と③の力が見える。

重要問題 18 鉛直面内での円運動（その1） 差がつく!

答

(1) $\sqrt{\dfrac{k}{m}}a$

(2) 物体の速度の2乗：$\dfrac{k}{m}a^2-2gr(1+\cos\theta)$

抗力：$\dfrac{k}{r}a^2-mg(2+3\cos\theta)$

(3) $\cos\theta=\dfrac{ka^2}{3mgr}-\dfrac{2}{3}$　(4) $k=(2+\sqrt{3})\dfrac{mgr}{a^2}$

解説 (1) 点Aでの速さを v_0 とすると，**力学的エネルギー保存則**より，

$$\frac{1}{2}ka^2=\frac{1}{2}mv_0{}^2 \qquad \therefore\ v_0=\sqrt{\frac{k}{m}}a \quad \cdots 答$$

(2) 円筒面に入った後は，円運動をするので，**回る人**から見た**円運動の解法3ステップ**で解く。

図1

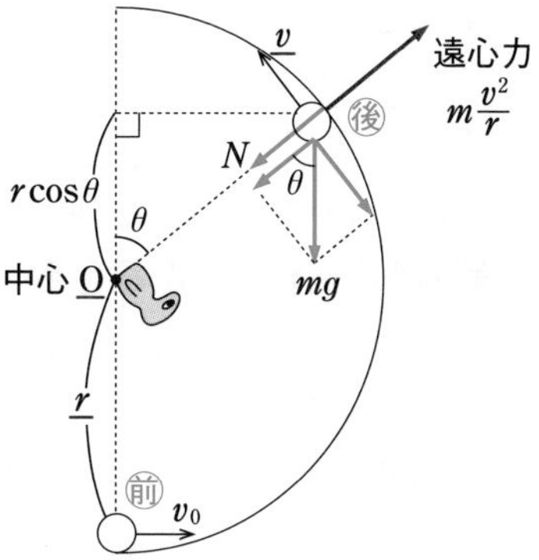

STEP 1 回転中心は点O，半径はr，速さvは**円運動では必ず力学的エネルギー保存則が成り立つ**（重力・弾性力**以外**の力である垂直抗力のする仕事は常に0より）ので，

$$\underbrace{\frac{1}{2}mv_0{}^2}_{前}=\frac{1}{2}ka^2$$

$$=\underbrace{\frac{1}{2}mv^2+mgr(1+\cos\theta)}_{後}$$

$$\therefore\ v^2=\frac{k}{m}a^2-2gr(1+\cos\theta) \quad \cdots ① 答$$

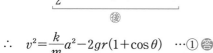

STEP 2 遠心力を図1のように作図する。

STEP 3 **回る人**から見た**半径方向**の力のつりあいの式より，垂直抗力をNとして，

$$m\frac{v^2}{r}=N+mg\cos\theta \quad \cdots ②$$

①を②に代入して，Nについて解くと，

$$N=\frac{k}{r}a^2-mg(2+3\cos\theta) \quad \cdots ③ 答$$

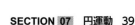

(3) 　面から離れる条件 $\Longleftrightarrow$ 垂直抗力 $N=0$ 　より，式③＝0 として，

$$\cos\theta=\frac{ka^2}{3mgr}-\frac{2}{3}　\cdots④ 🉑$$

(4) 　円筒面から離れるときの接線方向の速度の大きさ v は，式②で $N=0$ より，

$$v=\sqrt{gr\cos\theta}　\cdots⑤$$

　　円筒面から離れた後，物体は円の**接線方向に飛び出し**放物運動をする。そこで，図2のように（斜面上の放物運動の問題 ⇒ **SECTION 01** の 重要問題 03 のように），**中心方向に x 軸，接線方向に y 軸をはっきりと立てる**と，計算がラクになる。また，**重力加速度を x，y 方向に分解する**のも忘れないように！

　　等加速度運動の**3点セット**は，x，y 成分について，

3点セット	x 成分	y 成分
初期位置 x_0	0	0
初 速 度 v_0	0	v
加 速 度 a	$g\cos\theta$	$-g\sin\theta$

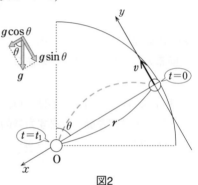

図2

　　時刻 $t=t_1$ で点Oを通過すると，**等加速度運動の公式 公式❷** より，

$$x:r=\frac{1}{2}g\cos\theta\cdot t_1{}^2　\cdots⑥$$

$$y:0=vt_1+\frac{1}{2}(-g\sin\theta)t_1{}^2　\cdots⑦$$

⑥に⑤，⑦を代入して t_1，v を消去して，

$$r=\frac{1}{2}g\cos\theta\frac{4gr\cos\theta}{(g\sin\theta)^2}$$

$$\therefore　\cos\theta=\frac{1}{\sqrt{3}}　\cdots⑧$$

⑧を④に代入して，k について解くと，

$$k=(2+\sqrt{3})\frac{mgr}{a^2}　\cdots🉑$$

(1) $V_B=\sqrt{v^2-4gl\sin\theta}$, $T_B=\dfrac{m}{l}(v^2-5gl\sin\theta)$ (2) $v>\sqrt{5gl\sin\theta}$

(3) $v>2\sqrt{gl\sin\theta}$

解説 (1) 本問のような斜面上の円運動であっても，解法は全く変わらない。いつものように，**回る人**から見た**円運動の解法3ステップ**で解く。

S T E P 1 中心は点O，半径l，図1で点Aを基準とした点Bの高さが$2l\sin\theta$($2l$ではない!!)となることに注意して，円運動で速さを求めるのに，お決まりの**力学的エネルギー保存則**より，

$$\underbrace{\frac{1}{2}mv^2}_{前}=\underbrace{\frac{1}{2}mV_B{}^2+mg\cdot2l\sin\theta}_{後}$$

$$\therefore\quad \underline{V_B=\sqrt{v^2-4gl\sin\theta}}\quad\cdots①\;答$$

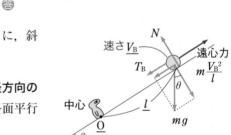

図1

S T E P 2 遠心力を図2のように，斜面平行上向きに書く。

S T E P 3 **回る人**から見た**半径方向の**力のつりあいの式より，重力を斜面平行方向に分解することに注意して，

$$m\frac{V_B{}^2}{l}=T_B+mg\sin\theta\quad\cdots②$$

①を②に代入して，

$$T_B=\frac{m}{l}(v^2-5gl\sin\theta)\quad\cdots③\;答$$

図2：斜面を真横から見る

(2) 円運動の問題でよく聞かれる '条件' についてまとめておこう。

重要 ■ 円運動をしてある点に達するための条件の究極の２タイプ

糸がたるんだり，面から離れたりする恐れが

⑦ **ないとき ⇒ その点での速さ $v>0$ でさえあればよい!!**

（〈例〉棒（つまり，「かたい」糸），パイプ内の円運動）

⑦ **あるとき ⇒ その点での糸の張力 >0**

（糸がたるまない条件　〈例〉糸）

その点での垂直抗力 >0

（面から離れない条件　〈例〉円筒面）

EX

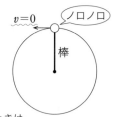

⑦のときは
これでギリギリ1回転（甘い条件）

⑦のときは
これでギリギリ1回転（厳しい条件）

　　本問では，糸はたるむ恐れが**ある**ので，**点Bに達する条件は，点Bでの糸の張力 $T_B>0$ が必要。** ③>0 より，

$$v>\sqrt{5gl\sin\theta}　\cdots\text{答}（厳しい条件）$$

⑶　本問では，棒はたるむ恐れが**ない**ので，**点Bに達する条件は，点Bでの速さ $V_B>0$ であればよい。** ①>0 より，

$$v>2\sqrt{gl\sin\theta}　\cdots\text{答}（甘い条件）$$

ここで，⑵，⑶の条件の違いをもう一度比べてほしい。

重要問題 **20** **鉛直面内での円運動（その2）**

 ⑴ $\dfrac{1}{2}ka^2$　　⑵ $a\sqrt{km}$　　⑶ $v_A'=\dfrac{1}{4}v_A$ ， $v_B'=\dfrac{3}{4}v_A$　　⑷ $\dfrac{3}{16}mv_A{}^2$

⑸ $\sqrt{gR}$　　⑹ $a<\dfrac{4}{3}\sqrt{\dfrac{mgR}{k}}$　　⑺ $\sqrt{v_B'^2+2gR(1-\cos\theta)}$

⑻ $\cos\theta'=\dfrac{v_B'^2+2gR}{3gR}$

解説 (1) $\dfrac{1}{2}ka^2$ …**答**

(2) **力学的エネルギー保存則**より（途中でばねの弾性力のみが仕事をするので），

$$\frac{1}{2}ka^2 = \frac{1}{2}mv_A{}^2 \qquad \therefore \quad v_A = a\sqrt{\frac{k}{m}} \quad \text{…①}$$

よって，求める運動量は，

$$mv_A = a\sqrt{km} \quad \text{…答}$$

(3) A，B 全体に着目すると，外力の力積がないので，**運動量保存則**より，

$$mv_A = mv_A{}' + mv_B{}' \quad \text{…②}$$

一方，**反発係数の式**（反発係数 0.5）より，

$$0.5 = \frac{v_B{}' - v_A{}'}{v_A} \quad \text{…③}$$

②，③を解くと，

$$v_A{}' = \frac{1}{4}v_A \quad , \quad v_B{}' = \frac{3}{4}v_A \quad \text{…④ 答}$$

(4) 非弾性衝突（$e=0.5$）で，失われたエネルギー $\varDelta K$ は，

$$\varDelta K = \frac{1}{2}mv_A{}^2 - \left(\frac{1}{2}mv_A{}'^2 + \frac{1}{2}mv_B{}'^2\right) = \frac{3}{16}mv_A{}^2 \quad \text{（④より）} \quad \text{…答}$$

(5) 衝突直後，B は円運動に入るので，**回る人**から見た**円運動の解法3ステップ**で解く。

STEP 1 中心は点 O，半径は R，速さは $v_B{}'$。垂直抗力を N_B とする。

STEP 2 遠心力 $m\dfrac{v_B{}'^2}{R}$ を図1のように書く。

STEP 3 **回る人**から見た**半径方向の力のつりあいの式**は，

$$m\frac{v_B{}'^2}{R} + N_B = mg \qquad \therefore \quad N_B = mg - \frac{mv_B{}'^2}{R}$$

ここで 床から離れない条件 $\Longleftrightarrow$ 垂直抗力 $N_B > 0$ より，

$$mg - \frac{mv_B{}'^2}{R} > 0 \qquad \therefore \quad v_B{}' < \sqrt{gR} \quad \text{…⑤ 答}$$

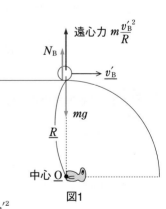

遠心力 $m\dfrac{v_B{}'^2}{R}$

N_B

v_B'

mg

R

中心 O

図1

(6) ⑤に④，①を代入して，

$$\frac{3}{4}a\sqrt{\frac{k}{m}}<\sqrt{gR} \qquad \therefore \quad a<\frac{4}{3}\sqrt{\frac{mgR}{k}} \quad \cdots 答$$

(7) 図2で，点Oの高さを0（基準点）とした**力学的エネルギー保存則**より，

$$\frac{1}{2}mv_B'^2+mgR=\frac{1}{2}mv^2+mgR\cos\theta$$

$$\therefore \quad v=\sqrt{v_B'^2+2gR(1-\cos\theta)} \quad \cdots⑥ 答$$

(8) **回る人から見た円運動の解法3ステップ**で解く。

STEP1 中心は点O，半径はR，速さは式⑥のvである。

STEP2 図2のように，遠心力を書く。

STEP3 Bが受ける垂直抗力をNとして，**回る人から見た半径方向の力のつりあい**の式より，

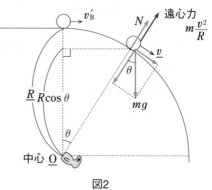

図2

$$m\frac{v^2}{R}+N=mg\cos\theta$$

$$\therefore \quad N=mg\cos\theta-m\frac{v^2}{R}=(3\cos\theta-2)mg-\frac{mv_B'^2}{R}$$

ここで，$\theta=\theta'$で 面から離れる条件 ⟺ 垂直抗力 $N=0$ より，

$$(3\cos\theta'-2)mg-\frac{mv_B'^2}{R}=0 \qquad \therefore \quad \cos\theta'=\frac{v_B'^2+2gR}{3gR} \quad \cdots 答$$

知って**得する** 最も浮きやすい位置

【例】 右図で初速度 v_0 を少しずつ増していくとき，小球が初めて浮くのは円弧 ABC 上のどの点か。

〈東京大，慶應義塾大〉

答 円弧 ABC 上で，小球の速さが最も速く，つまり遠心力が強く，また，重力の半径方向成分も，A，C で最小となり，最も浮きやすいのは，円弧上で最も低い点 A または C。さらに，点C で浮くなら，対称性よりすでに点Aで浮いているはずである。以上より点Aである。

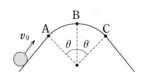

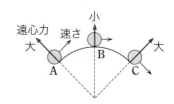

08 万有引力

(1) $\omega = \dfrac{2\pi}{T}$　(2) $v = \dfrac{2\pi(R+h)}{T}$　(3) $h = \dfrac{gR^2}{v^2} - R$

(4) $u = \dfrac{m+m'}{m}v$　(5) $m_m' = (\sqrt{2}-1)m$

解説　(1)　角速度 ω の定義（1秒あたりの回転角〔rad〕）より，

$$\omega = \frac{2\pi\,\text{〔rad〕回転}}{T\,\text{秒で}} = \frac{2\pi}{T}　\cdots\text{答}$$

(2)　速さ v の定義（1秒あたりの移動距離〔m〕）より，

$$v = \frac{2\pi(R+h)\,\text{〔m〕動く}}{T\,\text{秒で}} = \frac{2\pi(R+h)}{T}　\cdots\text{答}$$

(3)　本問は円運動（⇐ **出題パターン1**）なので，**回る人から見た円運動の解法3ステップ**で解く。

STEP 1　中心は $\underline{O}$，半径は $\underline{R+h}$，速さは $\underline{v}$ とする。

STEP 2　図1のように遠心力を書く。

STEP 3　**回る人**から見た半径方向の力のつりあいの式より，

$$m\frac{v^2}{R+h} = G\frac{Mm}{(R+h)^2}　\cdots\text{①}$$

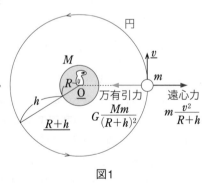

図1

ここで注意!!　万有引力定数 G は問題文に与えられていないので，お決まりの，

$$\underbrace{G\frac{Mm}{R^2}}_{\text{地表上での万有引力}} = \underbrace{mg}_{\text{重力}}　\therefore　\underbrace{GM = gR^2}_{\text{お決まりの関係式!!}}　\cdots\text{②}$$

の関係を用いて，重力加速度 g を使って答えねばならない。

②を①に代入して，

$$m\frac{v^2}{R+h}=\frac{gR^2m}{(R+h)^2} \qquad \therefore \quad h=\frac{gR^2}{v^2}-R \quad \cdots 答$$

(4) 分裂なので外力の力積がない。よって**運動量保存則**で解く。ここで図2の分裂**後**の小物体の速度を v_1 とすると，**後**の静止衛星（速度 u）から見た小物体の**相対速度**（静止衛星に対する速度）v' が $-v$ なので，

$$\underset{-20}{-v}=\underset{80}{v_1}-\underset{100}{u} \quad \longleftarrow 具体例でチェック！（相対速度は，見る者の速度を引いて計算する）$$

$$\therefore \quad v_1=u-v \quad \cdots ③$$

相対速度の関係は，図2のように必ず具体的な例をつくってチェックすると，ミスしなくなる。

後の人工衛星の質量が $m-m'$ となることに注意して，全体に着目した**運動量保存則**より，

$$x : mv=(m-m')u+m'v_1 \quad \cdots ④$$

③を④に代入して，

$$u=\frac{m+m'}{m}v \quad \cdots ⑤ 答$$

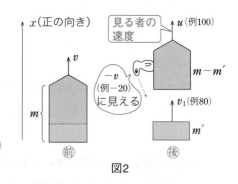

図2

(5) 本問では，無限遠への脱出（⇐ 出題パターン3）なので，**力学的エネルギー保存則**で解く。図3の**前**で発射された人工衛星が，無限遠でも止まらなければ，つまり図3の**後**で $v_\infty \geqq 0$ ならば，「脱出」となる。

これより，**力学的エネルギー保存則**で，万有引力の位置エネルギーを使うことに注意して，

$$\underset{前}{\underline{\frac{1}{2}(m-m')u^2+\left\{-G\frac{M(m-m')}{R+h}\right\}}}$$

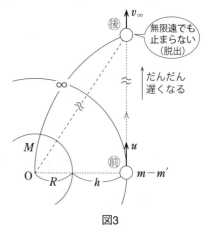

図3

$$= \frac{1}{2}(m-m')v_\infty{}^2 + \overbrace{\left\{-G\frac{M(m-m')}{\infty}\right\}}^{0\, となる}$$

後

$$\therefore \quad v_\infty{}^2 = u^2 - \underbrace{\frac{2GM}{R+h}}_{脱出条件} \geqq 0 \quad \therefore \quad u^2 \geqq \frac{2GM}{R+h}$$

この式の左辺に⑤，右辺に①を代入して，

$$\left(\frac{m+m'}{m}v\right)^2 \geqq 2v^2 \quad \therefore \quad m' \geqq (\sqrt{2}-1)m = m_m{}' \quad \cdots \text{答}$$

重要問題 22 円軌道・楕円軌道の周期 差がつく！

 (1) 2.6×10^4 〔s〕　　(2) 4.6×10^3 〔m/s〕　　(3) 0.76 倍

解説 (1), (2)　$R = 6.4 \times 10^6$ 〔m〕，$g = 9.8$ 〔m/s²〕とする。万有引力定数 G が与えられていないので，地球の質量を M として，万有引力と重力の関係式を使う。

$$G\frac{Mm}{R^2} = mg \quad \therefore \quad GM = gR^2 \quad \cdots ①$$

本問は円運動（⇐ 出題パターン１）なので，**回る人**から見た**円運動の解法３ステップ**で解く。

STEP 1　中心 $\underline{O}$，半径 $R+2R = \underline{3R}$ に注意。速さを $\underline{v}$ とする。

STEP 2　遠心力を図１のように書く。

STEP 3　**回る人**から見た半径方向の力のつりあいの式より，

$$m\frac{v^2}{3R} = G\frac{Mm}{(3R)^2} \quad \cdots ②$$

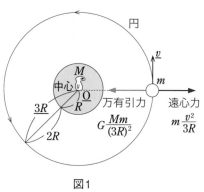

図1

①を②に代入して，v について解くと，

$$v = \sqrt{\frac{gR}{3}} = \sqrt{\frac{9.8 \times 6.4 \times 10^6}{3}}$$

$$= \sqrt{\frac{2}{3}} \times 7 \times 8 \times 10^2 \fallingdotseq 4.6 \times 10^3 \,[\text{m/s}] \quad \cdots(2)\text{の}\textcircled{答}$$

また，円運動の周期 T は，

$$\boxed{T = \frac{1 \text{周の長さ}}{\text{速さ}}} = \frac{2\pi(R+2R)}{v} = 2\pi\sqrt{\frac{27R}{g}} \fallingdotseq 2.6 \times 10^4 \,[\text{s}] \quad \cdots(1)\text{の}\textcircled{答}$$

(3)　一般に楕円軌道では，1周の長さは容易に求まらないし，速さも一定ではない。よって，次のように**円軌道とは全く異なる周期の求め方**をする。

 重要　ケプラーの第 3 法則

$$\frac{(\text{周期}\,T)^2}{(\text{長半径}\,r)^3} = \text{一定}$$

（中心天体を同一にもつなら，どのような物体のどのような軌道（円でも楕円）についても成立。　2＝Two，3＝three と覚えよう。）

　　図 2 で楕円の長半径（楕円を 4 等分したときの長い方の半径）は，

$$(2R+3R) \div 2 = 2.5R$$

となるので，求める楕円軌道における周期を T' として，ケプラーの第 3 法則より，

$$\underset{\text{円軌道}}{\frac{T^2}{(3R)^3}} = \underset{\text{楕円軌道}}{\frac{T'^2}{(2.5R)^3}}$$

$$\therefore\ \frac{T'}{T} = \sqrt{\left(\frac{5}{6}\right)^3} = \frac{5}{6}\sqrt{\frac{5}{6}} \fallingdotseq 0.76 \,[\text{倍}] \quad \cdots\textcircled{答}$$

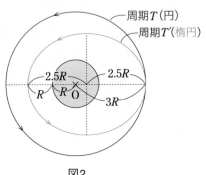

周期 T（円）
周期 T'（楕円）

2.5R　　　2.5R
R　R　O
3R

図2

09 単振動

重要問題 **23**　3つのばねによる単振動 最重要

答

(1) $ma = -3kx$　(2) $T = 2\pi\sqrt{\dfrac{m}{3k}}$

(3) $x = R\cos\sqrt{\dfrac{3k}{m}}\,t$,　$v = -R\sqrt{\dfrac{3k}{m}}\sin\sqrt{\dfrac{3k}{m}}\,t$,　$a = -\dfrac{3Rk}{m}\cos\sqrt{\dfrac{3k}{m}}\,t$

解説 　(1)　**単振動の解法3ステップ**で解く。

S T E P 1　x軸は与えられている。

S T E P 2　「振動中心×」はばねが自然長の位置の $x = 0$。**DATA 1** get!
「折り返し点〇」は静かに手放した点の $x = R$ と振動中心に関して対称な点の $x = -R$。**DATA 2** get!

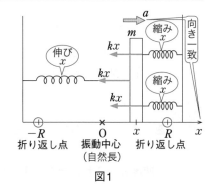

図1

S T E P 3　位置xでの運動方程式は、図1のように、必ず位置 $x > 0$ で加速度aとx軸の正の向きを必ずそろえておくことに注意して、

$$ma = 3 \times (-kx) = -3kx \quad \cdots 答$$

(2)　運動方程式の形より、振動中心 $x = 0$、**周期** $T = 2\pi\sqrt{\dfrac{m}{3k}}$　…① 答

別解　3本のばねの**合成ばね定数K**を考えてもよい。まず、右の2本のばねの並列ばね合成を考えると $k_右 = k + k = 2k$。さらに、左のばね $k_左 = k$ とで、両側のばねの合成を考えると、$K = k_左 + k_右 = 3k$（p.131の特集『物理でよく出てくる「合成公式」のまとめ』を見てみよう）。

よって、周期は、

$$T = 2\pi\sqrt{\dfrac{m}{K}} = 2\pi\sqrt{\dfrac{m}{3k}} \quad \cdots 答$$

(3) 本問のような「時間 t の関数」の問題では，**いきなり時間 t の関数の答えを書くとミスをする恐れがある。**あわてずにまずは，x-t グラフを描くことから始めよう。

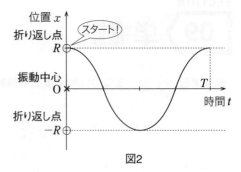

図2

$t=0$ で $x=R$ からスタートすることに注意すると，図2のような cos 型のグラフが描ける。

次に図2のグラフを式にすると〔**波の式を求める手順**（本冊 p.72）より〕，

$$x=R\cos\frac{2\pi}{T}t=R\cos\sqrt{\frac{3k}{m}}t \quad\cdots\text{②}\,\text{答}\,（ここで①を使った）$$

x が求まったら，次に v，a を求めるが，このとき，ぜひ使ってほしい方法がある。単振動の「時間 t の関数」を出したら，‘微分’ を使うのが有効である。

速　度 v ＝1秒あたりの位置 x の変化＝x-t グラフの傾き＝$\boxed{\dfrac{dx}{dt}}$

加速度 a ＝1秒あたりの速度 v の変化＝v-t グラフの傾き＝$\boxed{\dfrac{dv}{dt}}$

よって，式②を時間 t で微分して，

$$\boxed{v=\frac{dx}{dt}}=-R\sqrt{\frac{3k}{m}}\sin\sqrt{\frac{3k}{m}}t \quad\cdots\text{答}\quad\left(\frac{d\cos\omega t}{dt}=-\omega\sin\omega t \text{ より}\right)$$

$$\boxed{a=\frac{dv}{dt}}=-\frac{3Rk}{m}\cos\sqrt{\frac{3k}{m}}t \quad\cdots\text{答}\quad\left(\frac{d\sin\omega t}{dt}=\omega\cos\omega t \text{ より}\right)$$

重要問題　**24**　斜面上の物体の単振動　

(1) $k=\dfrac{2mg\sin\theta}{x_{\mathrm{C}}}$　　(2) $v_0=\sqrt{v^2+2g\{L-(l_0+x_{\mathrm{C}})\}\sin\theta}$

(3) $v_{\mathrm{A}}=\dfrac{2}{3}v$ ，　$v_{\mathrm{B}}=-\dfrac{1}{3}v$　　(4) $T=2\pi\sqrt{\dfrac{x_{\mathrm{C}}}{g\sin\theta}}$

(5) $A=\dfrac{2}{3}v\sqrt{\dfrac{x_{\mathrm{C}}}{g\sin\theta}}$

解説 問1(1) 本問のように，**ばね定数kが与えられていないとき**は，必ず力のつりあいにより，ばね定数kを求める必要がある。図1で，斜面平行方向の力のつりあいの式より，

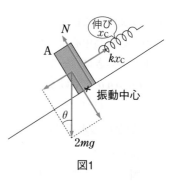

$$kx_C = 2mg\sin\theta$$

$$\therefore\quad k = \frac{2mg\sin\theta}{x_C} \quad \cdots① 答$$

また，この「力のつりあい点」がAの単振動の「**振動中心**」（ **DATA 1** get!）である。

図1

(2) 図2でBの**力学的エネルギー保存則**より，

$$\underset{前}{\underline{\frac{1}{2}mv_0{}^2}} = \underset{後}{\underline{\frac{1}{2}mv^2 + mg\{L-(l_0+x_C)\}\sin\theta}}$$

$$\therefore\quad v_0 = \sqrt{v^2 + 2g\{L-(l_0+x_C)\}\sin\theta} \quad \cdots 答$$

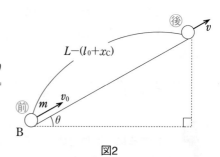

図2

問2(3) 衝突時間は十分に小さいので，その間の外力（重力とばねの力）の力積は無視できる。よって，通常のAとBの衝突の問題として扱える。図3でAとBに着目した**運動量保存則**より，

$$x : \underset{前}{\underline{mv}} = \underset{後}{\underline{2mv_A + mv_B}} \quad \cdots②$$

反発係数の式より，

$$e = \frac{v_A - v_B}{v} \underset{\text{弾性衝突}}{=1} \quad \cdots③$$

③を②に代入して，斜面平行上向きの速度を正としてv_A，v_Bを求める。

$$v_A = \frac{2}{3}v$$
$$\qquad\qquad \cdots 答$$
$$v_B = -\frac{1}{3}v$$

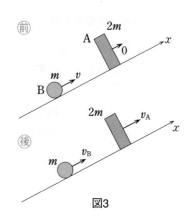

図3

(4) 衝突後，Aは(1)の力のつりあい
の点を振動中心として，常に斜面
平行下向きに，**一定の重力**
$2mg\sin\theta$ を受ける単振動をする。
そこで，強力なテクニックである

　見かけの水平ばね振り子

を使おう。

　図4のように，合力で考えると，
振動中心（力のつりあい点）を見
かけ上の自然長とした水平ばね振
り子と全く同じ力を受ける。よって，**周期の式も水平ばね振り子と全く同じ式**
に従い，

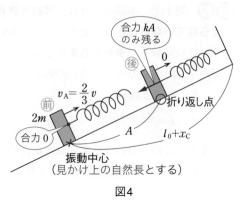

図4

$$T=2\pi\sqrt{\frac{2m}{k}}=2\pi\sqrt{\frac{x_C}{g\sin\theta}}\quad（①より）\quad\cdots答$$

　要するに，ばね定数 k，質量 m のばね振り子であれば，どんな**一定の**
力（例：重力，斜面上での重力，動摩擦力，慣性力など）を**受けようとも**，
結局，その周期は水平ばね振り子と同じで，$T=2\pi\sqrt{\dfrac{m}{k}}$
となってしまう。このことは試験で，知っているか知らないかで大きな
差が出るので，必ず押さえておこう。

(5)　振幅を A とする。図4で合力で考えると水平ばね振り子と同じ力を受けて
いる。よって，水平ばね振り子と同じエネルギー保存の式に従う。

$$\underbrace{\frac{1}{2}\cdot 2m\left(\frac{2}{3}v\right)^2}_{前}=\underbrace{\frac{1}{2}kA^2}_{後}$$

$$\therefore\quad A=\sqrt{\frac{2m}{k}}\times\frac{2}{3}v=\frac{2}{3}v\sqrt{\frac{x_C}{g\sin\theta}}\quad（①より）\quad\cdots答$$

重要問題 25 鉛直方向の単振動と物体の衝突

差がつく!

答

(1) $v_B=\sqrt{2g(h-s+l)}$　(2) $v_B'=\sqrt{\frac{1}{2}g(h-s+l)}$

(3) $x_0=s-2l$,　$T=2\pi\sqrt{\frac{2l}{g}}$,　$a=\sqrt{(h-s+2l)l}$

(4) (i) $d=s$　(ii) $v^*=\sqrt{\frac{1}{2}g(h-s-2l)}$　(iii) $t=\sqrt{\frac{1}{2g}(h-s-2l)}$

(iv) $H=\frac{h+3s-2l}{4}$

解説 (1) 図1で，㋐，㋑間のBのみの**力学的エネルギー保存則**より，

$$\underbrace{mgh}_{㋐}=\underbrace{\frac{1}{2}mv_B{}^2+mg(s-l)}_{㋑}$$

$$\therefore\quad v_B=\sqrt{2g(h-s+l)}\quad \cdots 答$$

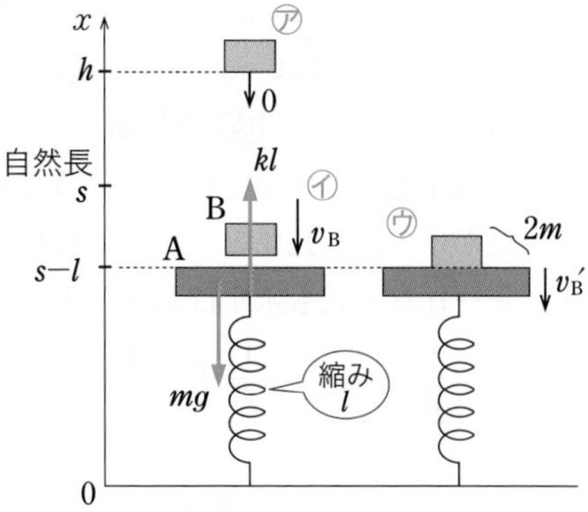

図1

(2) 図1で，㋑，㋒間でA+Bに着目すると，衝突時間は短く，その間の外力(重力やばねの力)の力積は無視できるので，**運動量保存則**(上向き正に注意)より，

$$-mv_B=-2mv_B'$$

$$\therefore\quad v_B'=\frac{1}{2}v_B$$

$$=\sqrt{\frac{1}{2}g(h-s+l)}\quad \cdots ①\ 答$$

また，ばね定数をkとすると，㋑のAの力のつりあいの式より，

$$kl=mg$$

$$\therefore\quad k=\frac{mg}{l}\quad \cdots ②$$

(3) AとBが合体した後の単振動は，**単振動の解法3ステップ**で解く。

STEP 1 図2のように，x軸は問題文に与えられている通り。

STEP 2 「振動中心」はA＋B（質量$2m$）の力のつりあいの点となる。

図1の⑦でAのみ（質量m）の力のつりあいの点で，ばねがlだけ縮んでいたので，その2倍の質量をもつA＋Bの力のつりあいの点では，ばねが$2×l$だけ縮む。よって，振動中心の座標は $x_0＝s－2l$ 答 となる。これより，(DATA 1) get!

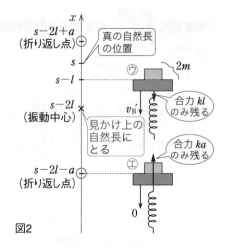

図2

振幅をaとする。図2のように合力で考えると，$x＝s－2l$ の振動中心を見かけの自然長にとった水平ばね振り子と全く同じ力を受けるので，エネルギー保存の式も水平ばね振り子と同じ式に従う。

$$\underbrace{\frac{1}{2}\cdot2mv_{\text{B}}'^{2}+\frac{1}{2}kl^{2}}_{⑦}=\underbrace{\frac{1}{2}ka^{2}}_{⑤}$$

$$\therefore\quad a=\sqrt{l^{2}+\frac{2m}{k}v_{\text{B}}'^{2}}=\sqrt{(h-s+2l)l}\quad\cdots③（①，②より）\quad\cdots答$$

この振幅aを用いると図2のように，「折り返し点」は $x＝s－2l－a$ と $x＝s－2l+a$ の2点になる。(DATA 2) get!

STEP 3 周期も質量$2m$，ばね定数kの水平ばね振り子と全く同じ式に従い，

$$\boxed{T=2\pi\sqrt{\frac{2m}{k}}}=2\pi\sqrt{\frac{2l}{g}}\quad（②より）\quad\cdots答\quad(DATA 3)\ \text{get!}$$

⑷ (i) 'BがAから離れる' ときたら，そう，**A，B 間の垂直抗力 $N=0$** だ！
そこで，垂直抗力 N を含んだ式を考えないといけないが，とにかく「力のことは運動方程式に聞け」である。いま，A，B の加速度を x 軸の正の向きにそろえて α とすると，図3よりA，B の運動方程式は（**本問では A，B 別々に考えるので，「真の自然長」で考える**），

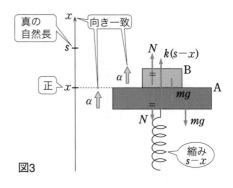

図3

$$A：m\alpha = k(s-x) - N - mg$$
$$B：m\alpha = N - mg$$

辺々引いて，

$$0 = k(s-x) - 2N$$
$$\therefore \quad N = \frac{k}{2}(s-x)$$

ここで ┃**BがAから離れる ⟺ 垂直抗力 $N=0$**┃ より，$x = s \,(= d \text{ とおく})$ ㊈
で離れることがわかる。

　この点はある重要な位置になっているのがわかるだろうか。

　この点はそう，自然長の位置になっている。ここで，**入試で超頻出**の「単振動する2物体が離れるのはどの点？」を次のイメージで覚えてしまおう。

重要

■ 単振動する2物体が離れる点は，どんな問題でも必ず自然長

読めばわかるそのイメージ　振動の途中でAとBが自然長を通過する瞬間，ばねの力は 0。よって，ばねが存在しないのと同等と見なせる。それはあたかもAとBを重ねて，空中でパッと手放したのと同じ状態。よって，AとBはもはやくっついていることはできず，離れてしまうのだ。

　この結果は，本問のような<u>鉛直方向</u>であろうが，<u>水平面上</u>でも<u>斜面上</u>でも変わらないのだ!!

(ii) 図2の工と図4のオで合力で考えた見かけの水平ばね振り子としての**力学的エネルギー保存則**より,

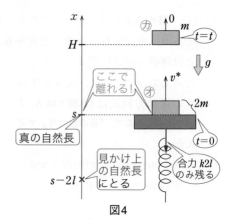

$$\underbrace{\frac{1}{2}ka^2}_{\text{工}}=\underbrace{\frac{1}{2}\cdot 2mv^{*2}+\frac{1}{2}k(2l)^2}_{\text{オ}}$$

$$\therefore \quad v^*=\sqrt{\frac{k}{2m}(a^2-4l^2)}$$

$$=\sqrt{\frac{1}{2}g(h-s-2l)}$$

$$\cdots④ \text{答}(②,③より)$$

図4

(iii) 図4のオから t 秒後に,最高点 $(v=0)$ のカに達するまでは,投げ上げ運動なので**等加速度運動の公式 公式❶**より,

$$v^*+(-g)t=0$$

$$\therefore \quad t=\frac{v^*}{g}$$

$$=\sqrt{\frac{1}{2g}(h-s-2l)} \quad (④より) \quad \cdots\text{答}$$

(iv) カ $(v=0)$ での x 座標が $x=H$ なので,**等加速度運動の公式 公式❸**より,

$$0^2-v^{*2}=2(-g)(H-s)$$

$$\therefore \quad H=s+\frac{v^{*2}}{2g}$$

$$=\frac{h+3s-2l}{4} \quad (④より) \quad \cdots\text{答}$$

(1) $V_0 = \sqrt{2gl(1-\cos\theta)}$ ， $S = (3-2\cos\theta)Mg$

(2) $V_1 = \dfrac{M-m}{M+m}V_0$ ， $v_1 = \dfrac{2M}{M+m}V_0$

(3) 時間：$\pi\sqrt{\dfrac{l}{g}}$ ， 位置：最下点 (4) $V_2 = -V_0$ ， $v_2 = 0$

解説 (1) 円運動の一部なので**円運動の解法 3ステップ**で解く。図1で中心 $\underline{O}$，半径 $\underline{l}$，速さ $\underline{V_0}$ は**力学的エネルギー保存則**より，

$$Mgl(1-\cos\theta) = \frac{1}{2}MV_0^2$$

$$\therefore \quad V_0 = \sqrt{2gl(1-\cos\theta)} \quad \cdots ①$$

回る人から見た遠心力を含めた半径方向の力のつりあいの式に①を代入して，

$$S = Mg + M\frac{V_0^2}{l} = (3-2\cos\theta)Mg \quad \cdots$$

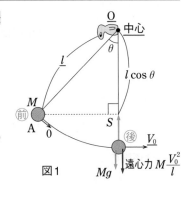

図1

(2) 図2で**運動量保存則**より，

$$x : MV_0 = MV_1 + mv_1 \quad \cdots ②$$

弾性衝突（反発係数 $e=1$）より，

$$e = \frac{v_1 - V_1}{V_0} = 1 \quad \cdots ③$$

②，③より，

$$V_1 = \frac{M-m}{M+m}V_0 , \quad v_1 = \frac{2M}{M+m}V_0 \quad \cdots$$

（$M > m$ より $V_1 > 0$，つまり，ともに右へ動くことがわかる。）

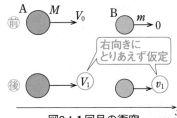

図2：1回目の衝突

(3) 問題文中の「**角度 θ は小さい**」に注目！！ このように円運動で角度が小さい往復運動をすれば，それは**単振り子**という運動であるということに気付こう。

暗記 単振り子の周期 T

$$T = 2\pi\sqrt{\frac{l}{g}}$$

糸の長さ l と重力加速度 g のみで決まる。
（$l \to$ 大，$g \to$ 小ほど $T \to$ 大）
つまり，おもりの質量，振幅によらない！！

本問では図3のように，A，Bはともに最下点を振動中心とする周期 $T = 2\pi\sqrt{\dfrac{l}{g}}$ の単振り子で，衝突後，A，Bは同時刻 $\left(\dfrac{1}{2}\text{周期後}\right)$ に最下点（振動中心）に戻り，2回目の衝突をする（周期は質量によらないため）。

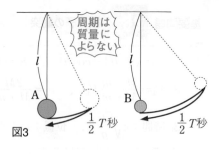

周期は質量によらない

l　l

A　B

$\dfrac{1}{2}T$秒　$\dfrac{1}{2}T$秒

図3

よって，求める時間と位置は，$\dfrac{1}{2}T = \pi\sqrt{\dfrac{l}{g}}$ ，最下点 …答

(4) 図4のようにA，Bは，行きと帰りの対称性から，1回目の衝突直後と全く逆向きの速度で最下点に戻るので，**運動量保存則**より，

$$x : \underbrace{-MV_1 - mv_1}_{\text{前}} = \underbrace{MV_2 + mv_2}_{\text{後}} \quad \text{…④}$$

反発係数の式より，

$$e = \dfrac{v_2 - V_2}{v_1 - V_1} = 1 \quad \text{…⑤}$$

④，⑤に②，③を代入して，

$$-MV_0 = MV_2 + mv_2 \quad \text{…⑥}$$

$$\dfrac{v_2 - V_2}{V_0} = 1 \quad \text{…⑦}$$

⑥，⑦を解くと，$V_2 = -V_0$ ，$v_2 = 0$ …答

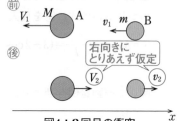

前

V_1　M　A　　v_1　m　B

右向きにとりあえず仮定

後

V_2　　v_2

図4：2回目の衝突

x

なっ得イメージ

この結果から3回目の衝突は再び1回目の衝突と全く同じ！ ということは…あとは図2，図4の衝突を交互に繰り返していくのである。

(1) $\dfrac{T'}{T}=\sqrt{\dfrac{g}{g+\alpha}}$ (2) $\tan\theta=\dfrac{\alpha}{g}$ (3) $2\pi\sqrt{\dfrac{l}{\sqrt{g^2+\alpha^2}}}$

解説 等加速度運動をするエレベーターや電車内での運動は，**重力と慣性力を まとめた合力**をとり，ひとつの力「見かけ上の重力」として扱うとすっきりする。

重要 （見かけ上の重力 $m\vec{g'}$）＝（重力 $m\vec{g}$）＋（慣性力 $m\vec{\alpha}$）

例：単振り子の周期は $g \rightarrow g'$ と置きかえるだけで求めることができる。

(1) 図1のように，見かけ上 $g'=g+\alpha$ の重力加速度とみなせる ので，求める周期の比は，

$$\dfrac{T'}{T}=2\pi\sqrt{\dfrac{l}{g+\alpha}}\div 2\pi\sqrt{\dfrac{l}{g}}$$

$$=\sqrt{\dfrac{g}{g+\alpha}} \cdots 答$$

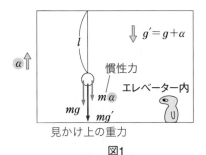

見かけ上の重力
図1

(2), (3) 図2で $\tan\theta=\dfrac{m\alpha}{mg}=\dfrac{\alpha}{g}\cdots$答

同様に $g'=\sqrt{g^2+\alpha^2}$ より周期は，

$$T=2\pi\sqrt{\dfrac{l}{g'}}$$

$$=2\pi\sqrt{\dfrac{l}{\sqrt{g^2+\alpha^2}}} \cdots 答$$

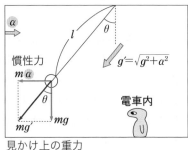

見かけ上の重力
図2

答

(1) $\dfrac{M}{Sb}$ (2) $F=\dfrac{Mg}{b}x$ (3) 周期：$2\pi\sqrt{\dfrac{b}{g}}$ ， 振幅：$L-b$

(4) $\sqrt{\dfrac{g}{b}}(L-b)$ (5) $\dfrac{\pi}{2}\sqrt{\dfrac{b}{g}}$

解説 浮力は図1のように，水中の物体の各面が，水圧から受ける力の，合力をとったものである。そして，その大きさはアルキメデスの原理より，次の式で表せる。浮力の式の中には大気圧の効果が織り込まれているので，浮力の式を使ったら同時に大気圧の押す力のことは考えなくてよい。

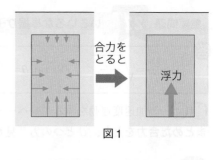
図1

> （浮力の大きさ）＝（物体が押しのけた水の重さ）
> ＝（水の密度ρ）×（水中部の体積V）×g

(1) 図2のように，水中部の体積はbSとなるので浮力の大きさは，

$$\rho \times bS \times g$$

となる。浮力を含めた力のつりあいの式は，

$$Mg = \rho bSg$$

$$\therefore \quad \rho = \frac{M}{bS} \quad \cdots ① \text{(答)}$$

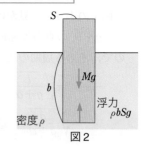
図2

(2) 図3のように，下向きが正のx軸を立てる。x座標は，物体の底面の位置を表す。ここで$x=0$の点は，図2の力のつりあいの点「振動中心」にとる。いま，手で$x=x$の位置まで下げるために加えた力をFとすると，力のつりあいの式より，

$$F + Mg = \rho(b+x)Sg$$

$$\therefore \quad F = \rho(b+x)Sg - Mg$$

$$= \boxed{\frac{Mg}{b}} \times x \quad (①より) \quad \cdots ② \text{(答)}$$

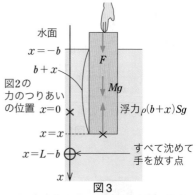
図3

なっ得イメージ この力Fはxに比例している。それは，深く沈ませれば沈ませるほど水中部の体積は増加し，よって浮力も増えるので，手の力も増やす必要があるからである。

(3) ここで，改めて式②を見てみよう。すると手はちょうど見かけ上

ばね定数 $K = \boxed{\dfrac{Mg}{b}}$ …③

のばねを自然長から x だけ伸ばすのと同じ力

$F = Kx$

を加えている。よって，このウキは手を放すと，図4のように**見かけ上ばね定数 K の水平ばね振り子と同じ**単振動をする。そこで，**単振動の解法3ステップ**より，

S T E P 1 図4のように x 軸を立てる。

S T E P 2 「振動中心」の力のつりあい点は $x = 0$ となっている。また，「**折り返し点**」は，図3を見て，

$x = L - b,\ x = -(L - b)$

にある。「**自然長**」は $x = 0$ の点。

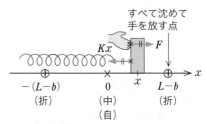

図4：図3はこんな状態と同じ

S T E P 3 周期も，質量 M，ばね定数 K の水平ばね振り子と全く同じと考え，

$T = 2\pi\sqrt{\dfrac{M}{K}} = 2\pi\sqrt{\dfrac{b}{g}}$ （③より） …④ 答

また，振幅は図4より $L - b$ …答

(4) 今回も同様に，図5のように，水平ばね振り子におきかえて考える。

力学的エネルギー保存則より，

$\dfrac{1}{2}K(L-b)^2 = \dfrac{1}{2}Mv^2$

$\therefore\ v = \sqrt{\dfrac{K}{M}}(L-b)$

$= \sqrt{\dfrac{g}{b}}(L-b)$ （③より）

…答

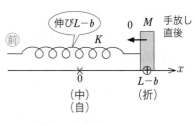

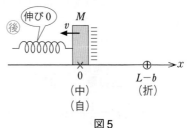

図5

(5) 前から後までの時間は「**折り返し点**」から「**振動中心**」までなので $\dfrac{1}{4}$ 周期となる。よって，

$$\frac{1}{4}T = \frac{\pi}{2}\sqrt{\frac{b}{g}} \quad （④より）\quad \cdots \text{答}$$

答 (1) $\dfrac{1}{3}v$　(2) $2\pi\sqrt{\dfrac{2M}{3k}}$　(3) $L + v\sqrt{\dfrac{M}{6k}}$

解説 このタイプの問題では，次の，重心座標，重心速度の考え方が必要になる。

 重要

右図より，2物体の重心**G**について，

重心座標 $x_{\mathrm{G}} = \dfrac{m_1 x_1 + m_2 x_2}{m_1 + m_2}$

重心速度 $v_{\mathrm{G}} = \dfrac{m_1 v_1 + m_2 v_2}{m_1 + m_2}$

$\qquad\qquad = \dfrac{全運動量}{全質量}$

よって，

外力なし $\Longrightarrow$ 全運動量保存 $\Longrightarrow$ 重心速度 $v_{\mathrm{G}} =$ 一定

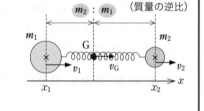

(1) 合体は瞬間的に行われるので，図1の，特に，物体3と物体1のみに着目して，**運動量保存則**より，

$$x : \underset{前}{Mv} = \underset{後}{2Mv'} \quad \therefore \quad v' = \frac{1}{2}v \quad \cdots ①$$

ここで，後で物体1，2，3全体の重心Gは質量の逆比 ① : ② に内分する点にあり，その速度 v_{G} は，

$$v_{\mathrm{G}} = \boxed{\frac{全運動量}{全質量}} = \frac{2Mv'}{3M}$$

$$= \frac{2}{3}v' = \frac{1}{3}v \quad （①より）\quad \cdots ② \text{答}$$

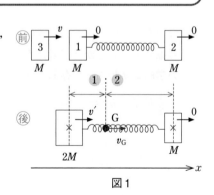

図1

(2) 全体の運動は，図2のようにとても複雑になってしまい，手に負えない。**そこで重心G上に乗って**（Gは等速度 v_G で動くので，その上に乗っても，慣性力は見えないのだ）物体の運動を見てみる。

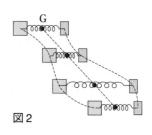

図2

すると図3⑪のように，重心Gの左側では，物体1＋3は，質量 $2M$，**ばね定数 $3k$**（ばねの長さが $\dfrac{1}{3}$ 倍になると，逆にばね定数は3倍になる）で，Gから見た初速度が，

$$\underbrace{v'-v_G}_{\text{見る者の速度を引く}}=\frac{1}{6}v \quad (①，②より)$$

の，水平ばね振り子運動を始める。

一方，重心Gの右側では，物体2が，質量 M，**ばね定数 $\dfrac{3}{2}k$**（ばねの長さは $\dfrac{2}{3}$ 倍となっているので）で，Gから見た初速度が，

$$\underbrace{0-v_G}_{\text{見る者の速度を引く}}=-\frac{1}{3}v \quad (②より)$$

の水平ばね振り子運動を始める。

よって，各ばね振り子の周期 $T_左$，$T_右$ は，

$$T_左=2\pi\sqrt{\frac{2M}{3k}}$$

$$T_右=2\pi\sqrt{\frac{M}{\frac{3}{2}k}}=2\pi\sqrt{\frac{2M}{3k}} \quad \cdots\text{答} \text{で一致する。}$$

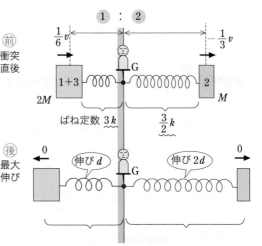

⑪
衝突直後

① ： ②

$\frac{1}{6}v$ 　　　 $\frac{1}{3}v$

1＋3
$2M$　ばね定数 $3k$　$\frac{3}{2}k$　2　M

⑫
最大伸び

0　伸び d　伸び $2d$　0

それぞれ独立した水平ばね振り子とみなせる！

図3：重心G上に乗って見る

各ばね振り子は ① ： ② の比を変えないように，左右で同じタイミングで振動しているので，それらの周期は必ず一致するはずである。

(3) その後, Gの左右のばねは同時に図3⑱のように最大伸びの状態になる。このとき, 左, 右のばねの伸びは, それぞれ d, $2d$ (①:② の比) とおける。

ここで, 左側のばね振り子のみに注目して**力学的エネルギー保存則**より,

$$\underbrace{\frac{1}{2}2M\left(\frac{1}{6}v\right)^2}_{前}=\underbrace{\frac{1}{2}3kd^2}_{後}$$

$$\therefore\quad d=\frac{1}{6}v\sqrt{\frac{2M}{3k}}\quad\cdots③$$

よって, ばね全体の最大の長さは,

$$L+d+2d=L+v\sqrt{\frac{M}{6k}}\quad(③より)\quad\cdots答$$

重要問題 30 　**遠心力を受けるばね振り子**

(1) 周期：$2\pi\sqrt{\dfrac{m}{k}}$, 　距離の最小値：$\dfrac{1}{4}l$

(2) 振動数：$\dfrac{1}{2\pi}\sqrt{\dfrac{k-m\omega^2}{m}}$, 　距離：$\dfrac{kl}{k-m\omega^2}$

ばねの長さの最大値：$\dfrac{k+m\omega^2}{k-m\omega^2}l$

解説 (1) **単振動の解法3ステップ**で解く。

STEP1 図1のように点Bを原点とした x 軸を立てる。

STEP2 1つめの「折り返し点」は, 最初おもりが静止している $x=\dfrac{3}{4}l$ の点。

ここで, 端点Eを急に $\dfrac{1}{4}l$ だけ下ろすと, おもりは急には動けないので $x=\dfrac{3}{4}l$ の点から初速度0で,

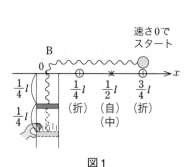

図1

$$x=\frac{3}{4}l-\frac{1}{4}l=\boxed{\frac{1}{2}l}$$

の「**自然長**」の位置を「**振動中心**」とした単振動を始める。　 **DATA 1** get!

もう1つの「**折り返し点**」は, 図1で対称性より, $x=\dfrac{1}{4}l$ 　 **DATA 2** get!

STEP 3 図2より，位置 $x=x$ での運動方程式は，加速度を a として，

$$ma=-\boxed{k}\left(x-\left(\frac{1}{2}l\right)\right)$$

よって，振動の周期 T_1 は，

$$T_1=2\pi\sqrt{\frac{m}{\boxed{k}}}\quad\cdots\text{答}\quad\boxed{\text{DATA 3}}\text{ get!}$$

また，おもりのBからの距離の最小値は，左側の「折り返し点」の位置 $x=\frac{1}{4}l$ $\cdots$答

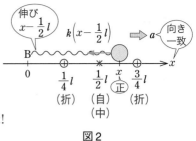

伸び $x-\frac{1}{2}l$

$k\left(x-\frac{1}{2}l\right)$ $\Rightarrow a$ 向き一致

B

0 $\frac{1}{4}l$ $\frac{1}{2}l$ $\frac{3}{4}l$
（折） （自）x（折）
（中）（正）

図2

(2) **STEP 1** 図3のように，点Bを原点とした x 軸を立てる。

STEP 2 1つめの「**折り返し点**」は，最初おもりが静止している $x=l$ の点。$x=l$ の点はばねの「**自然長**」の位置でもある。ここで，管が角速度 ω の回転を始めると，遠心力を受けておもりは x 軸の正方向へ動いていく。その途中 $x=x_0$ の位置に「**振動中心**」があると仮定しておく。すると，対称性よりもう1つの「**折り返し点**」は $x=2x_0-l$ にあると書ける。

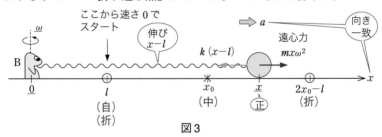

ここから速さ0で
スタート

ω

伸び $x-l$

$k\,(x-l)$

遠心力 $mx\omega^2$

$\Rightarrow a$ 向き一致

B

0 l x_0 x $2x_0-l$
（自）（中）（正）（折）
（折）

図3

STEP 3 図3のように，振動中，物体が $x=x$ にあるときの運動方程式は加速度を a として，**回る人**から見て遠心力が $mx\omega^2$ となるので，

$$\begin{aligned}ma&=-k(x-l)+mx\omega^2\\&=-(k-m\omega^2)x+kl\\&=-\boxed{(k-m\omega^2)}\left(x-\boxed{\frac{kl}{k-m\omega^2}}\right)\end{aligned}$$

この式変形がポイント！

x に注目し，強引に
$-\boxed{}(x-\bigcirc)$ の形にもっていく。

よって，周期 $T_2=2\pi\sqrt{\dfrac{m}{k-m\omega^2}}$ $\boxed{\text{DATA 3}}$ get!

振動数 $f_2=\dfrac{1}{T_2}=\dfrac{1}{2\pi}\sqrt{\dfrac{k-m\omega^2}{m}}$ $\cdots$答

また，振動中心は $x = x_0 = \dfrac{kl}{k - m\omega^2}$ …① 答 **DATA 1** get!

ただし，$k - m\omega^2 > 0$ ∴ $\omega < \sqrt{\dfrac{k}{m}}$ が必要である。

ここで，ばねの長さの最大値は右側の「折り返し点」の位置で

$$x = 2x_0 - l$$

$$= \dfrac{2kl}{k - m\omega^2} - l \quad (①より)$$

$$= \dfrac{k + m\omega^2}{k - m\omega^2}l \quad \cdots 答 \quad \textbf{DATA 2} \text{ get!}$$

なっ得
イメージ　　上の $k - m\omega^2$ は何を意味しているのか。そう，これは何と，ばね定数がkではなく，見かけ上 $k - m\omega^2$ と小さくなってしまった（つまり，ばねはふにゃふにゃにやわらかくなってしまった）ことを表す。

これは，図3のように**遠心力がばねの復元力をじゃまするために，見かけ上ばねの力が弱くなってしまったように見える**ことが原因である。また，周期も通常のばね振り子に比べ，長く（ゆっくりと振動）なってしまっている。

10 全運動量０と重心の活用法

重要問題 **31** **質量逆比分配則(1)**

 答

$$\text{Aの速さ：} \sqrt{\frac{Mk}{m(m+M)}}\, l \quad , \quad \text{Bの速さ：} \sqrt{\frac{mk}{M(m+M)}}\, l$$

解説 全運動量０なので テクニック❶ より，弾性エネルギー $\frac{1}{2}kl^2$ を質量の逆比に分配して，A，Bの速さをそれぞれ v_A, v_B とすると，

$$\frac{1}{2}\,m\,v_A{}^2 = \frac{1}{2}kl^2 \times \underbrace{\frac{M}{m+M}}_{\text{質量の逆比}}\,(倍) \qquad \therefore \quad v_A = \sqrt{\frac{Mk}{m(m+M)}}\, l \quad \cdots 答$$

$$\frac{1}{2}\,M\,v_B{}^2 = \frac{1}{2}kl^2 \times \underbrace{\frac{m}{m+M}}_{\text{質量の逆比}}\,(倍) \qquad \therefore \quad v_B = \sqrt{\frac{mk}{M(m+M)}}\, l \quad \cdots 答$$

（ 重要問題 **14** (1)の解説(p.31)と比べてみよう）

重要問題 **32** **質量逆比分配則(2)**

 答

$$\sqrt{\frac{2Mgh}{m+M}}$$

解説 水平方向には全運動量０なので テクニック❶ により，重力による位置エネルギー mgh を質量の逆比に分配して，

$$\frac{1}{2}\,m\,v^2 = mgh \times \underbrace{\frac{M}{m+M}}_{\text{質量の逆比}}\,(倍) \qquad \therefore \quad v = \sqrt{\frac{2Mgh}{m+M}} \quad \cdots 答$$

（ 重要問題 **15** (1)の解説(p.34)と比べてみよう）

重要問題 **33** **重心不動**

 答

$$\text{向き：左向き} \quad , \quad x = \frac{M_2 h}{M + M_1 + M_2}$$

解説 水平方向の運動に関しては，M_1 と M は一体となって動くので，次ページの図のようにモデル化する。水平方向には全運動量０なので テクニック❸ よ

り，**全体の重心の x 座標は不変となり**，図
より，

$$x = h \times \frac{M_2}{(M+M_1)+M_2} \quad \cdots 答$$

とダンゼン楽に出てくる。

(重要問題 **07** (1)の解説(p.15)と比べてみよう)

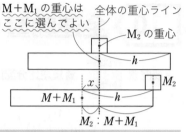

M+M₁ の重心はここに選んでよい 全体の重心ライン

M₂ の重心

h

x

M_2

$M+M_1$　h

$M_2 : M+M_1$

重要問題 **34**　　**重心に乗って見ると必ず全運動量 0 に見える**

(1) $v_1 = \dfrac{m-eM}{m+M}v$　　(2) $v_2 = \dfrac{m+e^2M}{m+M}v$　　(3) $u = \dfrac{m}{m+M}v$

解説　(1)(2)　本問は図1のように床から
見るときは，全運動量 0 ではない。しか
し テクニック❹ より，

$$重心速度\ v_G = \frac{mv+M\times0}{m+M} = \frac{m}{m+M}v \quad \cdots①$$

で動く人から見るときは図2のように，
全運動量 0 に見えるので，衝突時には
テクニック❷ が使えるようになる。

よって，重心から見た1回目，2回目
衝突後の小球の速度 v_{1G}，v_{2G} は図3，図
4より右向き正として テクニック❷ より，

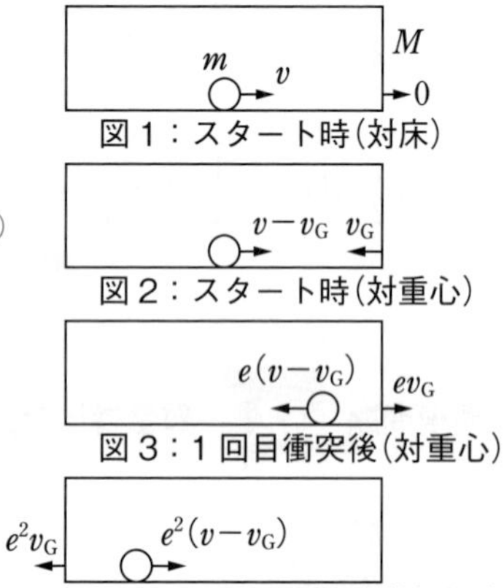

$$v_{1G} = (-e)(v-v_G), \quad v_{2G} = (-e)^2(v-v_G)$$

m　v　　M

0

図1：スタート時（対床）

$v-v_G$　v_G

図2：スタート時（対重心）

$e(v-v_G)$　ev_G

図3：1回目衝突後（対重心）

$e^2 v_G$　$e^2(v-v_G)$

図4：2回目衝突後（対重心）

これらを**床から見た速度 v_1，v_2 に直すには** v_{1G}，v_{2G} に v_G を上乗せして，

$$v_1 = \underset{上乗せ}{\underline{v_{1G} + v_G}} = (-e)v + (1+e)v_G = \frac{m-eM}{m+M}v \quad (①より) \quad \cdots答$$

$$v_2 = \underset{上乗せ}{\underline{v_{2G} + v_G}} = e^2 v + (1-e^2)v_G = \frac{m+e^2M}{m+M}v \quad (①より) \quad \cdots答$$

(3)　(1)(2)と同様にして，

$$v_{\infty G} = (-e)^\infty(v-v_G) = 0 \quad (e<1 \ より\ e^\infty = 0\ なので)$$

よって，**床から見た速度 u に直すと**，

$$u = \underset{上乗せ}{\underline{v_{\infty G} + v_G}} = 0 + v_G = \frac{m}{m+M}v \quad (①より) \quad \cdots答$$

と，**ほとんど計算せずに答が出てくるので実に能率的!!**

(重要問題 **10** の解説(p.22)と比べてみよう)

11 気体の熱力学

重要問題 **35** 球形容器気体分子運動論

問1 (1) $2mv\cos\theta$ 〔N・s〕 (2) $2r\cos\theta$ 〔m〕 (3) $\dfrac{v}{2r\cos\theta}$ 〔回/s〕

(4) $\dfrac{mv^2}{r}$ 〔N〕

問2 (1) $\dfrac{nN_{\mathrm{A}}m\overline{v^2}}{r}$ 〔N〕 (2) $p=\dfrac{nN_{\mathrm{A}}m\overline{v^2}}{3V}$ 〔Pa〕 (3) $\dfrac{3RT}{2N_{\mathrm{A}}}$ 〔J〕

問3 $\dfrac{3}{2}nRT$ 〔J〕

 流れは通常の箱形容器と同じであるが，1回はやっておくべき問題。

STEP 1 1分子の1回の衝突

問1(1) 図1で力積と運動量の関係より，

$$y：\underbrace{-mv\cos\theta}_{前}+\underbrace{I}_{中}=\underbrace{mv\cos\theta}_{後}$$

$$\therefore\quad I=2mv\cos\theta\,〔\mathrm{N・s}〕\quad\cdots①$$

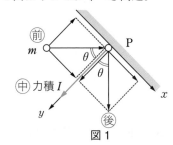

図1

STEP 2 1秒あたりの衝突回数

(2) 図2より，Pから次の衝突点 P′ までの距離 $\overline{\mathrm{PP'}}$ は，

$$\overline{\mathrm{PP'}}=2\times r\cos\theta\,〔\mathrm{m}〕\quad\cdots答$$

(3) 1秒あたり全長 v〔m〕進むので，その間の壁との衝突回数 N は，v を(2)の答の $2r\cos\theta$ で割って，

$$N=\dfrac{v}{2r\cos\theta}\,〔回/\mathrm{s}〕\quad\cdots②$$

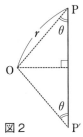

図2

STEP 3 一定の力に換算する

(4) 1秒間に壁に与える力積は平均の力を f とすると，力積の定義より，

$$\underbrace{f}_{力}\times\underbrace{1\,秒}_{時間}\quad\cdots③$$

一方，①，②式より1秒間に衝突を繰り返して壁に与える全力積は，

$$I\times N=2mv\cos\theta\times\dfrac{v}{2r\cos\theta}=\dfrac{mv^2}{r}\quad\cdots④$$

③, ④式を比べて,

$$f = \frac{mv^2}{r} \ (\mathrm{N}) \quad \cdots ⑤ \ 😊$$

STEP 4　全分子から受ける力の総和を求める

問2(1)　全分子にわたる f の総和 F は,

$$F = \underbrace{\overline{f}}_{f\text{の平均値}} \times \underbrace{nN_\mathrm{A}}_{\text{全分子数}}$$

ここで, ⑤式より $\overline{f} = \dfrac{m\overline{v^2}}{r}$ なので,

$$F = \frac{m\overline{v^2}}{r} nN_\mathrm{A} \ (\mathrm{N}) \quad \cdots ⑥ \ 😊$$

STEP 5　圧力を求める

(2)　$p = \dfrac{F\ (\mathrm{N})}{4\pi r^2\ (\mathrm{m}^2)} = \dfrac{m\overline{v^2}nN_\mathrm{A}}{4\pi r^3} \quad (⑥より)$

ここで, $V = \dfrac{4}{3}\pi r^3$ なので,

$$p = \frac{nN_\mathrm{A}m\overline{v^2}}{3V} \ (\mathrm{Pa}) \quad \cdots ⑦ \ 😊$$

STEP 6　状態方程式と比べる

(3)　状態方程式より $pV = nRT$ に⑦式を代入して,

$$\frac{nN_\mathrm{A}m\overline{v^2}}{3} = nRT$$

よって,

$$\frac{1}{2}m\overline{v^2} = \frac{3RT}{2N_\mathrm{A}} \ (\mathrm{J}) \quad \cdots ⑧ \ 😊$$

STEP 7　内部エネルギーを求める

問3　(内部エネルギー U) = (分子の運動エネルギーの総和)
　より

$$U = \frac{1}{2}m\overline{v^2} \times nN_\mathrm{A} = \frac{3}{2}nRT \ (\mathrm{J}) \quad (⑧より) \quad \cdots 😊$$

やはり, 箱形容器での気体分子運動論と同じ結果が出てきた。

答 (1) $\dfrac{pM_0}{R}$ (2) $\dfrac{T_0}{T}$ (3) $M+\rho V$ (4) $\rho_0 V$ (5) $\dfrac{\rho_0 V}{\rho_0 V - M}$

解説 気球の問題の3大ポイントは「密度」,「気球内の気体の重さ」,「浮力」である。

(1) 図1のような気体を考える。分子量 M_0 とは1mol あたりの質量である。この気体の質量 m は $m = n \times M_0$ より,その密度 ρ（1 m^3 あたりの質量）は,

$$\boxed{\text{密度 } \rho = \frac{\text{質量 } m}{\text{体積 } V} = \frac{n \times M_0}{V}}$$

ここに状態方程式 $pV = nRT$ を代入して,

$$\rho = \frac{pM_0}{R} \times \frac{1}{T} \quad \cdots \text{答} \left(n = \frac{pV}{RT} \text{ を代入した}\right)$$

図1
p, V, n, T
密度 ρ,質量 m
分子量 M_0

よって, $\boxed{\text{密度}\rho \text{ は} \begin{array}{l} \textbf{圧力 } p \textbf{ に比例し}（圧縮するとギューと固まる）, \\ \textbf{温度 } T \textbf{ に反比例する}（あたためるとフワッと膨張する）。\end{array}}$

ここまでの式変形と結果は超頻出なので,何度も手で書いて覚えてほしい。

(2) 図2で外気に比べて,内気は圧力1倍（同じ）で温度だけが $\dfrac{T}{T_0}$ 倍となるので,(1)の結果より,密度は逆に $\dfrac{T_0}{T}$ 倍となり,

$$\rho = \frac{T_0}{T} \times \rho_0 \quad \cdots \text{①答}$$

(3) 例えばキミが体重計に乗ると,体重計はキミの体にかかる重さと肺の中にある空気の重さを足した合計の全重量を測っている。全く同様に,次ページの図2で気球全体にかかる全重力は,気球本体の質量 M と「気球内空気」の質量 ρV にかかる重力を足した $(M + \rho V)g$ 答となる（(1)で見たように $T \to$ 大ほど $\rho \to$ 小となり,この全重力は小さくなり,気球は浮きやすくなる）。

結局，気球というのはすべて，この「気球内空気」の質量を減らすことによって（温度を高くして密度を小さくしたり，分子量の小さなヘリウムガスを入れたりして），浮き上がるというのが本質である。

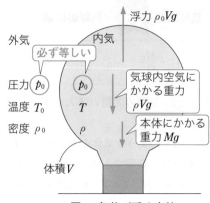

図2：気体が浮く直前

(4)　「浮力」とくれば，あの有名な**アルキメデスの原理**（p.60）を思い出そう。

$$\begin{pmatrix}流体（気体，液体）の中の\\物体が受ける浮力の大きさ\end{pmatrix}=\begin{pmatrix}物体がその位置を占めるた\\めに排除した流体の重さ\end{pmatrix}$$

　　▶式でいうと，（浮力）＝（流体の密度）×（物体の体積）×g

　　本問では図2を見ると，気球はその位置を占める際に，もともとその位置にあった密度 ρ_0 の外気を，気球の体積 V の分だけ排除しているから，

　　　（浮力）＝$\rho_0 V \times g$　…答

(5)　図2で気球にかかるすべての力のつりあいの式より，

$$\rho_0 Vg=(M+\rho V)g=\left(M+\frac{T_0}{T}\rho_0 V\right)g \quad （①より）$$

$$\therefore \quad T=\frac{\rho_0 V}{\rho_0 V-M}\times T_0 \quad …答$$

重要問題 37　**$p\text{-}V$ グラフと熱サイクル**　

　(1) $18pV$　　(2) $2pV$　　(3) 0.11（11%）

　(1)　**熱力学の解法3ステップで解く**（**STEP 2** は問題文のグラフ）。

STEP 1　状態 A, B, C の温度を未知数 T_A, T_B, T_C，気体定数を R として，**気体といえば，「いつも心に状態方程式を」**より，

　A：$pV=1\cdot RT_A$ …①　　B：$3pV=1\cdot RT_B$ …②　　C：$3p\cdot 3V=1\cdot RT_C$ …③

STEP 3 各変化の熱力学第1法則を表にまとめると，

	Q_{in} =	ΔU +	W_{out}
A→B （定積 変化）	$3pV$ （吸収熱）	$\dfrac{3}{2}R\cdot1\cdot(T_B-T_A)$ $=3pV$（①，②より）	0 （ピストンは動いていない）
B→C （定圧 変化）	$15pV$ （吸収熱）	$\dfrac{3}{2}R\cdot1\cdot(T_C-T_B)$ $=9pV$（②，③より）	$=+$（B→Cの下の面積） $=3p\times2V$
C→A	$-16pV$ （放出熱）	$\dfrac{3}{2}R\cdot1\cdot(T_A-T_C)$ $=-12pV$（③，①より）	→ピストンが押しこまれたので負 $=\ominus$（C→Aの下の面積） $=-\dfrac{1}{2}(p+3p)\times2V$

よって，A→B，B→Cで気体が吸収した全熱量は，

$3pV+15pV=18pV$　…㊤

(2) A→B→C→Aの1サイクルにわたる W_{out} の和は，

$0+6pV-4pV=2pV$　…㊤　（これは次のように図からもカンタンにわかる）

> **コツ**　この1サイクルにわたる W_{out} の和は，問題文の p–V グラフによって囲まれる面積 $\{$（B→Cの下の面積）－（C→Aの下の面積）$\}$ に必ず等しくなることは覚えておくとよい。つまり，今回は三角形 ABC の面積
>
> $2p\times2V\times\dfrac{1}{2}=2pV$ が W_{out} の和となっているのだ。

(3) 熱効率の定義は次のようになるが，**STEP 3** の表を利用すると楽に求められる。

> **重要**
>
> 熱効率 $e=\dfrac{（1サイクルにわたるすべての\ W_{out}\ の和）}{（1サイクルにわたる\underline{吸収熱}の和）}$
>
> $Q_{in}>0$ のみ
>
> （分母には放出熱（$Q_{in}<0$）を入れてはいけない！）

本問では **STEP 3** の表より（分母には，$-16pV$（放出熱）を入れてはいけない！），

$e=\dfrac{0+6pV+(-4pV)}{3pV+15pV}=\dfrac{2}{18}=\dfrac{1}{9}≒0.11$　（11%）　…㊤

(1) A：4.8×10^2 〔K〕　　B：4.8×10^2 〔K〕　　C：1.2×10^2 〔K〕

(2) 6.0×10^3 〔J〕　　(3) ① b, c　　② a, d, f　　③ c, e

(4) 解説の図1, 2を参照

解説 (1) **熱力学の解法3ステップで解く（STEP2は問題文のグラフ）。**

STEP1 状態 A, B, C の温度を T_A, T_B, T_C とおくと, 状態方程式は,

A：$4.0 \times 10^5 \times 1.0 \times 10^{-2} = 1 \cdot R T_A$ …①

B：$1.0 \times 10^5 \times 4.0 \times 10^{-2} = 1 \cdot R T_B$ …②

C：$1.0 \times 10^5 \times 1.0 \times 10^{-2} = 1 \cdot R T_C$ …③

$R = 8.3$ を代入して, ①, ②, ③を解くと,

$T_A = T_B \fallingdotseq 4.8 \times 10^2$ 〔K〕　, $T_C \fallingdotseq 1.2 \times 10^2$ 〔K〕 …答

(2) 単原子分子の気体なので, $\boxed{C_V = \dfrac{3}{2} R}$ に注意して,

（内部エネルギー U）$= C_V n T_A = \dfrac{3}{2} R \cdot 1 \cdot T_A = 6.0 \times 10^3$ 〔J〕 …答

①を利用するとカンタン！

(3) **STEP3** 各変化の熱力学第1法則を表にまとめると,

	Q_{in} =	ΔU +	W_{out}
A→B （等温 変化）	S 正	$\dfrac{3}{2}R \cdot 1 \cdot (T_B - T_A)$ $= 0$ （①, ②より）	$+$（曲線A→Bの下の面積） $= S$ とおく 正
B→C （定圧 変化）	-7.5×10^3 負	$\dfrac{3}{2}R \cdot 1 \cdot (T_C - T_B)$ 負 $= -4.5 \times 10^3$ （②, ③より）	→ピストンが押しこまれている！ $(-)$（B→Cの下の面積） $= -3.0 \times 10^3$ 負
C→A （定積 変化）	4.5×10^3 正	$\dfrac{3}{2}R \cdot 1 \cdot (T_A - T_C)$ 正 $= 4.5 \times 10^3$ （③, ①より）	0 （ピストンが動いていない）

この表より,

A→B（①の過程）では $W_{out} > 0$, $Q_{in} > 0$ より, (b), (c)。 …答

B→C（②の過程）では $W_{out} < 0$, $Q_{in} < 0$, $\Delta U < 0$ より, (a), (d), (f)。 …答

C→A（③の過程）では $Q_{in} > 0$, $\Delta U > 0$ より, (c), (e)。 …答

(4) まず「圧力 p-温度 T」グラフは，図1答のようになるが，ポイントはC→A過程では，体積 V が一定であることから，状態方程式で，

$$p=\frac{nR}{V}\times T\ (\text{◯は一定})$$

これより，p と T は比例する。

また，「体積 V-温度 T」グラフは，図2答のようになるが，ポイントはB→C過程では，圧力 p が一定であることから，

$$V=\frac{nR}{p}\times T\ (\text{◯は一定})$$

これより，V と T は比例する。

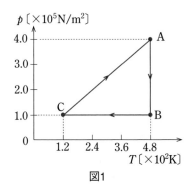

$p\,[\times10^5\mathrm{N/m^2}]$

図1

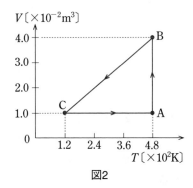

$V\,[\times10^{-2}\mathrm{m^3}]$

図2

重要問題 **39** p-V グラフ・断熱変化 　差がつく！

 (1) 解説を参照

(2)（i）1.9×10^2〔K〕　　（ii）e

　（iii）内部エネルギーの変化量：-3.6×10^3〔J〕　，　仕事：3.6×10^3〔J〕

解説 (1)　断熱変化なので，ポアソンの式 $\boxed{p\times V^\gamma=\text{一定}}$ が成り立つ。ここで γ は比熱比と呼ばれる定数で，単原子分子のときは $\gamma=\dfrac{5}{3}$ となる。また，状態方程式より $p=\dfrac{nRT}{V}$ を代入すると，

$$\left(\frac{nRT}{V}\right)\times V^{\frac{5}{3}}=\text{一定}\quad \text{つまり，}\quad T\times V^{\frac{2}{3}}=\text{一定}\ \cdots\text{答}$$

(2) (i), (ii), (iii) **熱力学の解法3ステップ**で解く。

STEP1 変化後の状態をDとして，その圧力を p_D，温度を T_D とする。ここで，AとDの間のポアソンの式は，状態Aの温度 $T_A \fallingdotseq 4.8 \times 10^2 \,[\mathrm{K}]$（ 重要問題 **38** より）なので，

$$p \times V^{\frac{5}{3}} = 4.0 \times 10^5 \times (1.0 \times 10^{-2})^{\frac{5}{3}} = p_D \times (4.0 \times 10^{-2})^{\frac{5}{3}}$$

$$T \times V^{\frac{2}{3}} = \underbrace{4.8 \times 10^2 \times (1.0 \times 10^{-2})^{\frac{2}{3}}}_{\text{Aにおいて}} = \underbrace{T_D \times (4.0 \times 10^{-2})^{\frac{2}{3}}}_{\text{Dにおいて}}$$

$$\therefore \quad p_D = 4.0 \times 10^5 \times \left(\frac{1}{\sqrt[3]{4}}\right)^5 \fallingdotseq 3.8 \times 10^4 \,[\mathrm{N/m^2}] \quad \cdots ①$$

$$T_D = 4.8 \times 10^2 \times \left(\frac{1}{\sqrt[3]{4}}\right)^2 \fallingdotseq 1.9 \times 10^2 \,[\mathrm{K}] \quad \cdots \text{(i)の答}$$

STEP2 断熱変化（$p \times V^{\frac{5}{3}} = $ 一定）の p-V グラフは，等温変化（$p \times V$ ＝一定）の p-V グラフ（(c)のグラフに相当）より**傾きが急**である。また，式①より状態Dにおける圧力が $p_D \fallingdotseq 3.8 \times 10^4 \,[\mathrm{N/m^2}]$ であることも考えあわせると，(ii)の問題で求めるグラフは(e)のグラフ答である。

STEP3 熱力学の第1法則の表をつくるが，A→Dの変化は**断熱変化な**ので $Q_{in} = 0$ をまず最初に埋めてしまおう。

Q_{in} =	ΔU +	W_{out}
断熱変化より 0	$\dfrac{3}{2}R \cdot 1 \cdot (T_D - T_A)$ $= -3.6 \times 10^3 \,[\mathrm{J}]$ …(iii)の答	（A→Dの曲線の下の面積） 長方形や台形ではない!!

ここで，$W_{out} = $（A→Dの曲線の下の面積）は積分しないと求まらないとあせってはダメ！ 熱力学第1法則で $Q_{in} = 0$（断熱変化）がわかっているので，

$$W_{out} = Q_{in} - \Delta U$$
$$= 0 - (-3.6 \times 10^3)$$
$$= 3.6 \times 10^3 \,[\mathrm{J}] \quad \cdots \text{(iii)の答}$$

(1) $\dfrac{p_0 A}{k}$　　(2) $\dfrac{1}{2}(p_0 + p_1)(V_1 - V_0)$　　(3) $\dfrac{3}{2}(p_1 V_1 - p_0 V_0)$　　(4) 4倍

解説 (1)　今までやってきた，p–V グラフが与えられた問題だろうと，今回のようなピストンの問題であろうと，熱力学の問題は**熱力学の解法3ステップ**で同じように解けてしまうのだ。

STEP 1　はじめの状態を⑦とし，その温度を T_0，そのときのばねの縮みを d とする。ヒーターで熱を与えられた後の状態を⑦とし，その温度を T_1，ばねの縮みは図1より，
$d + \dfrac{V_1 - V_0}{A}$ となる。

　次に，図1においてピストンといえば，力のつりあいの式を立てる。

⑦：$kd = p_0 A$　…①

⑦：$k\left(d + \dfrac{V_1 - V_0}{A}\right) = p_1 A$　…②

　また，気体の問題といえば，いつも状態方程式を立てる。

　ここで，気体定数を R として，

⑦：$p_0 V_0 = 1 \cdot R T_0$　…③

⑦：$p_1 V_1 = 1 \cdot R T_1$　…④

求めるばねの縮みは①より，

$$d = \dfrac{p_0 A}{k}　…\text{答}$$

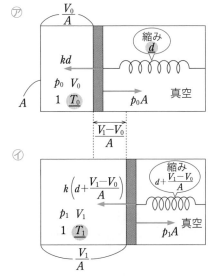

図1：▨は未知数

(2)，(3)　**STEP 2**　p–V グラフは図2。

ばねつきピストンの p–V グラフは必ず直線になる。

　なぜなら，式②で，圧力 p_1 は体積 V_1 の1次式（1次式のグラフは直線！）となるからである。

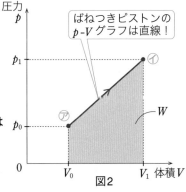

図2

STEP 3 熱力学の第1法則より，⑦→⑦の変化で，

Q_{in} =	ΔU	+	W_{out}
Q	$\dfrac{3}{2}R\cdot 1\cdot(T_1-T_0)$ $=\dfrac{3}{2}(p_1V_1-p_0V_0)$ …(3)の答 (③，④より)		$=\dfrac{1}{2}(p_0+p_1)(V_1-V_0)$ …(2)の答 $=W$ …⑤

よって，吸収熱 Q は，

$$Q=\frac{3}{2}(p_1V_1-p_0V_0)+\frac{1}{2}(p_0+p_1)(V_1-V_0) \quad\cdots⑥$$

(4) 問題文より $W=\dfrac{1}{3}Q$ となるが，この式に $p_1=\dfrac{3}{2}p_0$ と⑤，⑥を代入して，

$$\frac{1}{2}\left(p_0+\frac{3}{2}p_0\right)(V_1-V_0)=\frac{1}{3}\left\{\frac{3}{2}\left(\frac{3}{2}p_0V_1-p_0V_0\right)+\frac{1}{2}\left(p_0+\frac{3}{2}p_0\right)(V_1-V_0)\right\}$$

この式を整理すると，

$$V_1=4V_0 \quad\text{よって，}4\text{倍} \quad\cdots\text{答}$$

重要問題 **41** 気体の混合・真空への膨張

答

(1) $U_2=\dfrac{3}{2}Rn_2T_2$ ， $U_3=\dfrac{3}{2}Rn_3T_3$ (2) $T_A=T_2$ ， $p_A=\dfrac{n_2RT_2}{V_1+V_2}$

(3) $T_B=\dfrac{n_2T_2+n_3T_3}{n_2+n_3}$ ， $p_B=\dfrac{n_2T_2+n_3T_3}{V_1+V_2+V_3}R$

解説 (1) 単原子分子のときの内部エネルギーの式 $\boxed{U=\dfrac{3}{2}RnT}$ を使うだけ。

$$U_2=\frac{3}{2}Rn_2T_2 \quad\cdots\text{答}$$

$$U_3=\frac{3}{2}Rn_3T_3 \quad\cdots\text{答}$$

(2) **熱力学の解法３ステップ**で解く。

ＳＴＥＰ１　はじめの状態を⑦，栓Aを開けて十分に時間が経った後の状態を④とする。④では図１のように，容器1＋2全体の気体を１つの気体とみなすと，**1＋2全体でモル数は n_2 のままである。**

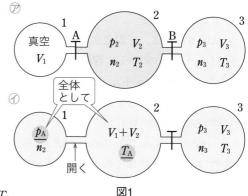

図1

気体といえば，状態方程式を立て，

⑦（容器２）　：$p_2 V_2 = n_2 R T_2$

④（容器1＋2）：$p_A(V_1 + V_2) = n_2 R T_A$　…①

ＳＴＥＰ２　p-V グラフを描きたいが，⑦→④の変化の途中で，気体が真空中に放出されるとき，**気体は一様でなくムラがある。**よって，その間の圧力や体積を求めるのは不可能。もちろんポアソンの式も使えない。ピンチ！

しかし，こういう場合は気にしないで，とりあえず次のステップに入ろう。

ＳＴＥＰ３　**容器1＋2全体（必ず全体）**に注目して，熱力学第１法則より，

$$Q_{in} \quad = \quad \Delta U \quad + \quad W_{out}$$

$$0 \quad = \underbrace{\frac{3}{2}Rn_2 T_A}_{④} - \underbrace{\frac{3}{2}Rn_2 T_2}_{⑦} \quad + \quad \underbrace{0}_{}$$

容器1＋2の外からは　　　　　　　　　　　　　容器1＋2の外へは
熱の出入りなし　　　　　　　　　　　　　　　気体の仕事はなし

よって，$T_A = T_2$　…②🙂（温度が変わらない。その理由は…）

空の容器中（真空中）へ気体を放出させても温度は変わらない！

読むとわかるそのイメージ　熱湯を空の容器に注いでも，熱湯のままですね（もちろん，はじめに容器内に水が入っていたら，ぬるま湯になってしまうが）。つまり気体の場合も一緒（(2)の場合）。

②を①に代入して，p_A について解くと，

$$p_A = \frac{n_2 R T_2}{V_1 + V_2} \quad …🙂$$

(3) **STEP 1** 栓Bも開けて，十分な時間後の状態を⑦とする。

状態方程式は，容器全体に注目し，図2のように**容器1+2+3全体で n_2+n_3 モル**ということに着目して，

⑦（容器1+2+3）：

$$p_B(V_1+V_2+V_3)=(n_2+n_3)RT_B \quad \cdots ③$$

STEP 2 気体にムラがあるので省略してOK！

STEP 3 **容器1+2+3全体に着目して**，熱力学第1法則は，

$$Q_{in} \quad = \quad \Delta U \quad + \quad W_{out}$$

$$0 \quad = \underbrace{\frac{3}{2}R(n_2+n_3)T_B}_{⑦} - \underbrace{\left(\frac{3}{2}Rn_2T_2+\frac{3}{2}Rn_3T_3\right)}_{④} + \quad 0$$

$$\therefore \quad T_B=\frac{n_2T_2+n_3T_3}{n_2+n_3} \quad \cdots ④ \text{答}$$

③，④より， $p_B=\dfrac{n_2T_2+n_3T_3}{V_1+V_2+V_3}R \quad \cdots$答

重要問題 **42** ピストンで仕切られた2気体 差がつく！

答

(1) $n_A=\dfrac{2Mgh}{3RT}$〔mol〕　(2) $n_B=\dfrac{1}{4}n_A$〔mol〕　(3) $\dfrac{1}{3}h$〔m〕

(4) $\dfrac{17}{8}n_ART$〔J〕

解説 (1) **熱力学の解法3ステップ**で解く。

STEP 1 気体の圧力を p_0 と仮定する。図1のピストンのつりあいの式は，糸の張力 F が $F=Mg$ となることに注意して，

$$p_0S=Mg$$

一方，いつも通り，状態方程式で，

$$p_0\frac{2}{3}hS=n_ART$$

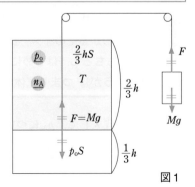

図1

以上の式より p_0 を消して n_A について解くと，

$$n_A = \frac{2Mgh}{3RT} \text{ [mol]} \quad \cdots \text{①} \text{答}$$

(2) **S T E P 1** Aの圧力を p_A，Bの圧力を p_B とする。図2のピストンのつりあいの式より，

$$p_A S = p_B S + Mg \quad \cdots \text{②}$$

状態方程式より，

$$A : p_A \frac{1}{2} hS = n_A RT \quad \cdots \text{③}$$

$$B : p_B \frac{1}{2} hS = n_B RT \quad \cdots \text{④}$$

③，④の p_A，p_B を②に代入して，

$$\frac{2n_A RT}{h} = \frac{2n_B RT}{h} + Mg$$

$$\therefore \quad n_B = n_A - \underbrace{\frac{Mgh}{2RT}}_{\text{①より}} = n_A - \frac{3}{4} n_A$$

$$= \frac{1}{4} n_A \text{ [mol]} \quad \cdots \text{答}$$

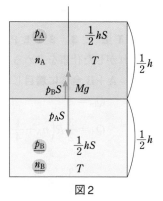

図2

(3) **S T E P 1** Aの圧力を $p_A{}'$，Bの圧力を $p_B{}'$ とする。また，図3のようにピストンの高さを H とすると A，B の体積はそれぞれ $(h-H)S$，HS となる。

ピストンのつりあいの式より，

$$p_A{}' S = p_B{}' S + Mg \quad \cdots \text{⑤}$$

状態方程式より，

$$A : p_A{}'(h-H)S = n_A R \cdot 2T \quad \cdots \text{⑥}$$

$$B : p_B{}' HS = \frac{1}{4} n_A R \cdot 2T \quad \cdots \text{⑦}$$

①，⑥，⑦を⑤に代入して，

$$\frac{4Mgh}{3(h-H)} = \frac{Mgh}{3H} + Mg$$

$$\therefore \quad 3H^2 + 2hH - h^2 = 0$$

$$\therefore \quad (3H-h)(H+h) = 0$$

$$\therefore \quad H = \frac{1}{3} h \text{ [m]} \quad \cdots \text{答} \quad (H > 0 \text{ より})$$

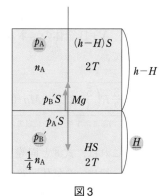

図3

⑷ **ＳＴＥＰ２** ⑵→⑶でのA, Bそれぞれの$p\text{-}V$グラフは，圧力，体積，そしてなんと，温度までもが同時に変化するので，複雑になる（ポアソンの式もダメ）。

　このような場合はムリしてグラフを描かずに，省略しよう。

ＳＴＥＰ３ ＳＴＥＰ２で$p\text{-}V$グラフを省略したので，A, Bの気体それぞれがした仕事を求めることはできない。そこで，**A＋B全体に注目**してみる。

　A＋B全体に着目した熱力学第１法則より，求める熱量Qは，

$$Q_{\text{in}} = \quad\quad \Delta U \quad\quad + \quad\quad W_{\text{out}}$$

$$Q = \frac{3}{2}R\left(n_\text{A}+\frac{1}{4}n_\text{A}\right)(2T-T)+\underbrace{Mg\times\left(\frac{1}{2}h-\frac{1}{3}h\right)}_{\text{気体が外部（おもり）にした仕事}} \quad\cdots\text{⑧}$$

$$= \frac{3}{2}R\times\frac{5}{4}n_\text{A}\times T+\frac{3}{2}n_\text{A}RT\left(\frac{1}{2}-\frac{1}{3}\right) \quad(\text{①より})$$

$$= \frac{17}{8}n_\text{A}RT\,〔\text{J}〕 \quad\cdots\text{答}$$

　別解　内部エネルギーとは何か？　そう，気体分子の運動エネルギーの総和であった。つまり，内部エネルギーも広い意味では，力学的エネルギーの一つなのだ。そこで，**（内部エネルギー）＋（おもりの位置エネルギー）** に注目した，A＋B全体のエネルギー保存の式より，⑵のときのおもりの高さを0として，

$$\underbrace{\frac{3}{2}R\left(\frac{5}{4}n_\text{A}\right)T}_{\text{内部エネルギー}}+\underbrace{Mg\cdot 0}_{\text{位置エネルギー}}+\overbrace{Q}^{\text{投入熱}}=\underbrace{\frac{3}{2}R\left(\frac{5}{4}n_\text{A}\right)2T}_{\text{内部エネルギー}}+\underbrace{Mg\left(\frac{1}{2}h-\frac{1}{3}h\right)}_{\text{位置エネルギー}}$$

これは，式⑧と同等！

　一般に，２気体問題ではこの（内部エネルギー）＋（位置エネルギー）の保存による解法も非常に有効である。

答

〔Ⅰ〕(1) $d=\dfrac{m}{\rho S}$　　(2) $r=\dfrac{P+\rho dg}{P}$　　〔Ⅱ〕(3) $Q=\dfrac{1}{2}RT$

解説　本問のような，水中に逆さまに入ったコップ中の気体の問題では，次の**3大原則**を活用しよう。

原則1　断面積 $1\,\mathrm{m}^2$ の水の柱を仮想し，水圧の公式

$$P=(\text{大気圧 } P_0)+(\text{水の密度 } \rho)\times(\text{水の深さ } d)\times g$$

をいちいち導け。

原則2　コップ内の空気を一種の箱「**空気箱**」とみなし，その浮力

$$F=\rho\times(\text{空気箱が押しのけた水の体積 } V)\times g \quad (\text{p.60})$$

とコップの重力のつりあいの式を立てて，コップ**内外の水位差**を求めよ。

原則3　**コップ内の気体の圧力**を，次の**パスカルの原理**を用いて求めよ。

 重要

> **パスカルの原理**
> 連続した液体中の同じ高さの点の圧力は，どの向きについても必ず等しくなる。

〔Ⅰ〕(1)　図1のような「**空気箱**」に着目。

原則2 の「**空気箱**」の力のつりあいより，

$$\rho dSg=mg \quad \cdots ①$$

$$\therefore \quad d=\frac{m}{\rho S} \quad \cdots \text{答}$$

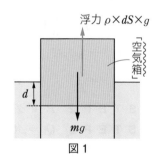

浮力 $\rho\times dS\times g$

「空気箱」

図1

(2)　初め，図2において **原則3** の**パスカルの原理**から，中の気体の圧力 P_1 は，

$$\underset{\substack{\text{⑦の圧力}\quad\text{⑦の圧力（原則1より）}}}{P_1=P+\rho dg} \quad \cdots ②$$

持ち上げた後は，次ページの図3のように中の圧力は P と等しくなる。

図2，3の中の気体の状態方程式は，②式より，

$$P_1=P+\rho dg$$

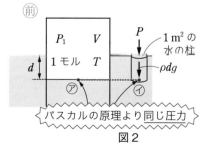

前

P_1　V

1モル　T

P

$1\,\mathrm{m}^2$ の水の柱

ρdg

d

⑦　⑦

パスカルの原理より同じ圧力

図2

となることに注意して

$$(P+\rho dg)V = 1 \times RT \quad \cdots ③$$

$$P \times rV = 1 \times RT \quad \cdots ④$$

辺々 ③÷④ して，

$$\frac{P+\rho dg}{Pr} = 1$$

$$\therefore \quad r = \frac{P+\rho dg}{P} \quad \cdots 答$$

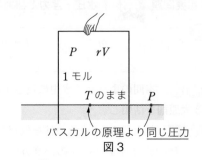

パスカルの原理より同じ圧力
図3

〔Ⅱ〕(3) 図4のように，原則2の「空気箱」の力のつりあいを考える。ここで①式と同じつりあいの式が成立するためには水位差は d のままである必要がある。

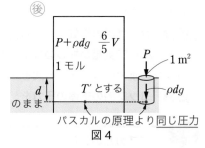

パスカルの原理より同じ圧力
図4

よって，パスカルの原理より，中の圧力は $P+\rho dg$ のままである。

熱力学の解法3ステップで解く。

STEP 1 状態方程式は温度を T' として，

$$(P+\rho dg)\frac{6}{5}V = 1 \times RT' \quad \cdots ⑤$$

辺々 ③÷⑤ して，

$$\frac{5}{6} = \frac{T}{T'} \qquad \therefore \quad T' = \frac{6}{5}T \quad \cdots ⑥$$

STEP 2 P-V グラフは図5。

STEP 3 $Q_{\text{in}} = \varDelta U + W_{\text{out}}$

$$Q = \frac{3}{2}R \times 1 \times (T'-T) + W$$

$$= \frac{3}{2}R \times 1 \times \left(\frac{6}{5}T - T\right) + (P+\rho dg) \times \frac{1}{5}V \quad (⑥，⑦より)$$

$$= \frac{3}{10}RT + \frac{1}{5}RT \quad (③より)$$

$$= \frac{1}{2}RT \quad \cdots 答$$

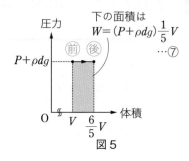

下の面積は
$$W = (P+\rho dg)\frac{1}{5}V \quad \cdots ⑦$$

図5

12 波のグラフ・式のつくり方

重要問題 **44** 波のグラフと縦波，式のつくり方 最重要

答 (1) (a) 0.3 〔m〕　　(b) 8 〔m〕　　(c) 60 〔m/s〕　　(d) 7.5 〔Hz〕

(2) $x=4$ 〔m〕　　(3) 解説の図2を参照

(4) 密：$x=4$ 〔m〕 ，　疎：$x=8$ 〔m〕　　(5) $y=-0.3\sin15\pi\left(t-\dfrac{x}{60}\right)$

解説 (1) 波のグラフを見たら，まず何よりも先に**横軸をチェック**し，y–x グラフ (ある時刻での波形の写真) なのか，y–t グラフ (特定の点の上下振動のグラフ) なのかを判定しよう。

　問題文のグラフは y–x グラフであり，

　　振幅は $A=0.3$ 〔m〕　…(a)の**答**

　　波長は $\lambda=8$ 〔m〕　…(b)の**答**

とわかる。

　そして，波形は 0.1 秒でPからQまで進んだので，その速さ v は，

$$v=\frac{\overline{PQ}}{0.1}=\frac{8-2}{0.1}=60 \text{〔m/s〕}\quad\text{…(c)の答}$$

すでに λ と v の **2 get!** しているので，波の基本式により振動数 f は，

$$\boxed{f=\frac{v}{\lambda}}=\frac{60}{8}=7.5 \text{〔Hz〕}\quad\text{…(d)の答}$$

(2) 各媒質点 (お客さん) の動きを問われたら，**いつも波形をわずかにずらして，その間の上下の振動を追う**とわかる。

　図1において，「**振動中心**」$(y=0)$ を上向きに通過している $x=4$ 〔m〕**答** の A君が，上向きに最大速度をもっている ($0<x<12$ に注意)。

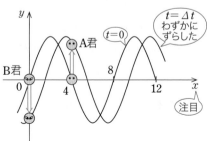

図1：ちょっとずらしてみたときの動き

(3) 前ページの図1より，原点
（$x=0$）の媒質点（B君）の動きは，
まず $t=0$ で $y=0$，その後時間と
ともに下へ動く。

また，(1)の結果と波の基本式よ
り媒質点の周期 T は，

$$\boxed{T=\frac{1}{f}}=\frac{1}{7.5}\ 〔\mathrm{s}〕$$

これより，図2⑳の y–t グラフが描ける。

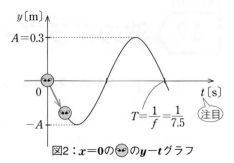

図2：$x=0$の😊のy−tグラフ

(4) 縦波ときたら図3のように，

$$\boxed{\begin{array}{l}上向きの変位 \to 右向きの変位 \\ 下向きの変位 \to 左向きの変位\end{array}}$$

に直すだけ。すると $0<x<12$ では
$x=4$〔m〕⑳の点に，周囲の媒質点が
集まっているので密。

一方，$x=8$〔m〕⑳の点からは，周
囲の媒質点が逃げているので疎。

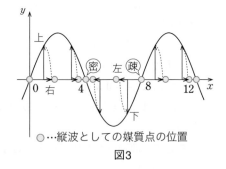

◯…縦波としての媒質点の位置

図3

(5) **波の式のつくり方3ステップ**で解く。
S T E P 1 図2の $x=0$ の😊の振
動の y–t グラフの式は，

$$y=-A\sin\frac{2\pi}{T}t \quad \cdots①$$

S T E P 2 図4のように，$x=0$ の
😊から $x=x$ の😊まで振動が伝わる
のに $\frac{x}{v}$ 秒かかる。

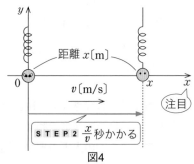

図4

S T E P 3 これより，$x=x$ の😊で
は，$x=0$ の😊と全く同じ振動が $\frac{x}{v}$ 秒
遅れて始まるので，図5のように，
$x=x$ の😊の y–t グラフは，**図2を右
へ $\frac{x}{v}$ だけ平行移動したグラフになる。**

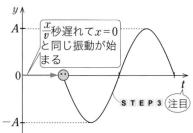

図5：$x=x$の😊のy−tグラフ

このグラフの式は，式①で

$$t \to t - \frac{x}{v}$$

とおきかえて，

$$y = -A \sin \frac{2\pi}{T}\left(t - \frac{x}{v}\right)$$

$$= -0.3 \sin 15\pi\left(t - \frac{x}{60}\right) \quad \cdots 答$$

 この式において，$t=0$ とおくと $y=0.3\sin\frac{\pi}{4}x$ となり，図１の y-x グラフを表す式になっている。また，$x=0$ とおくと $y=-0.3\sin 15\pi t$ となり，図２の y-t グラフを表す式になっていることを確かめてほしい。

重要問題 45 反射波・合成波の作図

答 (1) 解説の図１を参照　(2) $t=0.075$〔s〕

解説 (1) 問題文のグラフは，横軸が x なので y-x グラフであり，波長 $\lambda=8$〔cm〕とわかる。よって，すでに λ と v の **2 get！** しているので，波の基本式より，

$$\boxed{\text{周期 } T = \frac{1}{f} = \frac{\lambda}{v}} = \frac{8}{40} = 0.2 \text{〔s〕}$$

固定端での反射波の作図は，次の **作図手順** にしたがうだけ（自由端のときは **手順2** がなくなる）。答は図１の反射波。

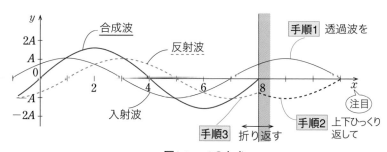

図1：$t=0$のとき

⑵　図 2 のように $t=0$ から $t=0.1$〔s〕まで，0.025 秒$\left(\dfrac{1}{8}\,\text{周期}\right)$刻み$\left(\text{つまり}\right.$

その間に入射波は$\dfrac{1}{8}$波長だけ進む$\left.\right)$で，入射波と反射波を足し算した合成波を

つくる。

　実際目に見えるのは合成波のみなので，問題文で単に「波の変位が 0 」と書いてあれば，それは合成波の変位が 0 となることを意味する。

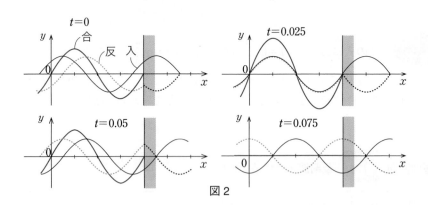

図 2

　図 2 で $t=0.075$〔s〕😁のときに，合成波の変位がすべての点で 0 となっていることがわかる。

　$t=0.075$ 秒以降も同様に作図していくと，合成波は平行移動せずに，その場でうねる波，つまり，次の **SECTION 13** で見る定在波となっていることを確かめておこう。

SECTION

13 弦・気柱の振動

重要問題 **46** 弦の振動

(1) $\lambda_n = \dfrac{2L}{n}$, $f_n = \dfrac{n}{2L}\sqrt{\dfrac{S}{\rho}}$

(2) 振動数：120〔Hz〕 , $\rho = 1.89 \times 10^{-3}$〔kg/m〕

解説 (1) **弦・気柱の解法3ステップ**で解く。

STEP 1 右図のよう
に n 倍音が生じる。「イ
モ」が n 個で L〔m〕なの
で，

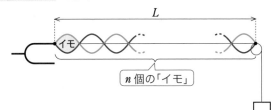

$$\frac{1}{2}\lambda_n \times n = L$$

$$\therefore \quad \lambda_n = \frac{2L}{n} \quad \cdots 答$$

STEP 2 弦の速さの公式より，$\boxed{v = \sqrt{\dfrac{S}{\rho}}}$

STEP 3 すでに λ_n と v の **2 get!** しているので，波の基本式より，

$$\boxed{f_n = \frac{v}{\lambda_n}} = \frac{n}{2L}\sqrt{\frac{S}{\rho}} \quad \cdots① 答$$

(2) $L = 0.6$〔m〕，$S = 4 \times 9.8$〔N〕。①で $f_n = 360$〔Hz〕，$f_{n+1} = 480$〔Hz〕として，

$$360 = \frac{n}{2 \times 0.6}\sqrt{\frac{4 \times 9.8}{\rho}}$$

$$480 = \frac{n+1}{2 \times 0.6}\sqrt{\frac{4 \times 9.8}{\rho}}$$

辺々引いて，

$$120 = \frac{1}{2 \times 0.6}\sqrt{\frac{4 \times 9.8}{\rho}} \quad \cdots②$$

ここで①と②を比べると，$n=1$，つまり基本振動の振動数は $f_1 = 120$〔Hz〕 答
となる。また②を ρ について解いて，

$$\rho \doteqdot 1.89 \times 10^{-3}\text{〔kg/m〕} \quad \cdots 答$$

(1) $\lambda=68.0$ 〔cm〕　(2) $v=340$ 〔m/s〕

(3) A：振動していない　，　B：水平方向の振動　　(4) 解説の図3を参照

解説 (1) **弦・気柱の解法3ステップ**で解く。

STEP 1 図1より，

$$\frac{1}{2}\lambda=l_2-l_1$$

$$\therefore\quad \lambda=2(l_2-l_1)$$

ここで表より，5回の実験による l_2-l_1 の平均値が 34.0 〔cm〕となるので，

$$\lambda=2\times34.0=68.0 \text{〔cm〕} $$

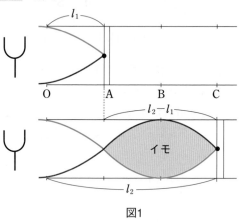

図1

(2) **STEP 2** 音速を v と仮定。

STEP 3 すでに λ と v の **2 get！** しているので，波の基本式より，

$$\boxed{v=f\lambda}=500\times0.68=340 \text{〔m/s〕} \quad\cdots$$

(3) $\boxed{音波＝空気分子の縦波}$ なので，空気の振動のようすを図2のように表すことに大注意!!

すると，位置Aでは定在波の節で全く振動していない。

一方，位置Bでは定在波の腹で，最も激しく左右（水平方向）に振動している。

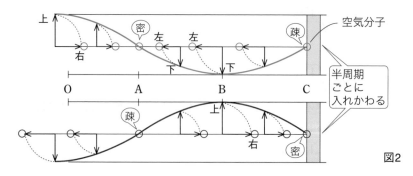

図2

⑷ 位置Bでは空気の密度は常にAとCの平均であり，ρ_0 のまま一定である。

一方，前ページの図2より位置Cでは，空気の密度は周期

疎密の変化(図2)

$$T=\frac{1}{f}=\frac{1}{500}=0.002 \text{ (s)}$$

で，最も大きく変動している。よって，❷は図3。

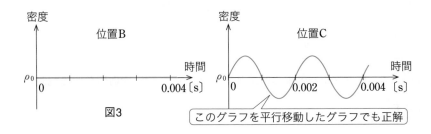

図3

このグラフを平行移動したグラフでも正解

14 ドップラー効果

重要問題 **48** ナナメ，動く反射板のドップラー効果

答

(1) $f_1 = \dfrac{V - v\cos\theta}{V} f_0$　　(2) $f_2 = \dfrac{V - v\cos\theta}{V + v\cos\theta} f_0$

(3) $v = \dfrac{(f_0 - f_2)V}{(f_0 + f_2)\cos\theta}$

解説 (1) ドップラー効果の解法3ステップで，まず 赤血球を仮の観測者と みなす 。

STEP 1 図1のように，発射波の伝わるようすを描く。

STEP 2 赤血球の速度 v は，音の伝わる方向とはナナメの方向を向いている。よって，図1のように v を分解し， 音の伝わる方向の速度成分 $v\cos\theta$ のみ考えて ，$v\sin\theta$ は捨てる。このとき，赤血球（仮の観測者！）は音速から逃げているので，音速は遅く見える。そこで，図1の⑦の位置に×印をつけ，新しい振動数 f_1 を仮定する。

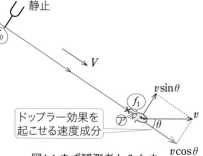

図1：まず観測者とみなす

（図中：静止，f_0，V，$v\sin\theta$，f_1，⑦，θ，v，$v\cos\theta$，ドップラー効果を起こせる速度成分）

STEP 3 ドップラー効果の式の立て方より，

⑦：(音速) 遅く見える $\Rightarrow f_1 = \dfrac{V - v\cos\theta}{V} f_0$ …① **答**

（分子小さく）

(2) 引き続いて，次に 赤血球を(1)で求めた f_1 で振動する仮の音源とみなす 。

また，受信部を観測者とみなす。

STEP 1 反射波を作図する（図2）。

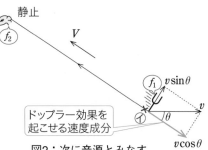

静止

STEP 2 今回も図2のように v を分解し，音の伝わる方向の 速度成分 $v\cos\theta$ のみ考えて ，

図2：次に音源とみなす

$v\sin\theta$ は捨てる。このとき，赤血球（仮の音源！）は，**受信部から逃げているので，波長が「ベローン」と引き伸ばされてしまう**。そこで，図2の⑦の位置に✕印をつけ，新しい振動数 f_2 を仮定する。

STEP 3 ドップラー効果の式の立て方より，

$$⑦：\underbrace{(波長)引き伸ばし}_{分母大きく} \Rightarrow f_2 = \frac{V}{V+v\cos\theta} \times f_1$$

$$= \frac{V-v\cos\theta}{V+v\cos\theta}f_0 \quad (①より) \quad \cdots ②答$$

(3) ②より，$f_2(V+v\cos\theta) = f_0(V-v\cos\theta)$

$$\therefore \quad v = \frac{(f_0-f_2)V}{(f_0+f_2)\cos\theta} \quad \cdots答$$

重要問題 **49** 円運動する音源のドップラー効果　　差がつく！

答

問1　$\omega = \sqrt{\dfrac{g}{l\cos\theta}}$

問2　(1) $L = \sqrt{x^2-(l\sin\theta)^2}$　　(2) $f_\mathrm{m} = \dfrac{V-\omega l\sin\theta}{V+\omega l\sin\theta}f_\mathrm{M}$　　(3) $t = \dfrac{3\pi}{2\omega}$

解説　問1　ドップラー効果の問題は音源や観測者が運動するので，しばしば**力学と組みあわせた問題**が出題される。

本問では，**回る人**から見た**円運動の解法３ステップ**に入る。図1のように，中心はO，回転半径は$l\sin\theta$，角速度がωとなる。次に**回る人**から見て，遠心力を含めた力のつりあいの式は，張力をTとして，

$$x : ml\sin\theta\cdot\omega^2 = T\sin\theta$$
$$y : T\cos\theta = mg$$
$$\therefore\quad \omega = \sqrt{\dfrac{g}{l\cos\theta}}\quad\cdots\text{答}$$

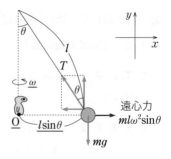

図1：音源は円運動する

問2(1), (2)　**ドップラー効果の解法３ステップ**で解く（今の場合，点Pは動かないので，$f = \dfrac{v}{\lambda}$ において，波長の伸び縮みだけを考えるとよい。とりあえず，図2の円運動する音源の動きを指でなぞり，発する音の波長がどこでギュッ（圧縮），ベローン（伸びる）となるか見てみよう）。

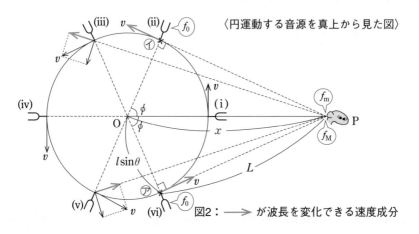

〈円運動する音源を真上から見た図〉

図2：　——→　が波長を変化できる速度成分

STEP 1　音源は速さ　$\boxed{v = r\omega}$ $= \omega\times l\sin\theta$ $\cdots$①の等速円運動をしている。その速度の向きは，円周上の位置によって変化するため一定ではない。そこで，まず，この円運動する音源によるドップラー効果をおおざっぱにイメージするために，(i)〜(vi)までの位置でのドップラー効果を考える。特に，(ii)と(vi)はPから引いた接線の接点である。

STEP 2　本問も実はナナメのドップラー効果なので，音源の速度vを分解し，波長を圧縮，引き伸ばしすることができる　$\boxed{\text{音の伝わる方向の成分のみ}}$

考える（図2では青の矢印で表した速度成分）。すると…，図2より**波長を最も引き伸ばしているのは(ii)の点**で，**このとき速度 v 全体で波長を引き伸ばしていることがわかる**。逆に**波長が最も圧縮されているのは(vi)の点**で，**このとき速度 v 全体で波長を圧縮している**。よって，この(vi)の点から発せられた音が最も高く聞こえる。これより，本問で求める距離は，図2で三平方の定理より，

$$L=\sqrt{x^2-(l\sin\theta)^2} \quad \cdots(1)の\text{\textcircled{答}}$$

ちなみに，(i)，(iv)の点では波長を全く圧縮も引き伸ばしもしていない。また，(iii)の点では少し引き伸ばし，(v)の点では少し圧縮している。以上より，**聞こえる音の振動数を高い順から並べると，**

$$(vi)>(v)>(iv)=(i)>(iii)>(ii) \quad \Longrightarrow (iv)と(i)による振動数は f_0 のまま$$

よって，(vi)の点に㋐の×印をつけ，新しい最大振動数 f_M を仮定し，(ii)の点には㋑の×印をつけ，新しい最小振動数 f_m を仮定する。

STEP 3 音源の振動数を f_0 とすると，**ドップラー効果の式の立て方**より，

㋐：**(波長)** 圧縮 $\Rightarrow f_M=\dfrac{V}{V-v}\times f_0$
　　　$\underbrace{}_{分母小さく}$

㋑：**(波長)** 引き伸ばし $\Rightarrow f_m=\dfrac{V}{V+v}\times f_0$
　　　　　　$\underbrace{}_{分母大きく}$

$$\therefore \quad \frac{f_M}{f_m}=\frac{V+v}{V-v}$$

$$\therefore \quad f_m=\frac{V-v}{V+v}f_M=\frac{V-\omega l\sin\theta}{V+\omega l\sin\theta}f_M \quad (①より) \quad \cdots(2)の\text{\textcircled{答}}$$

(3) 最も低い音 ((ii)で発した音) を聞いてから，最も高い音 ((vi)で発した音) を聞くまでの時間 t は，((ii)と(vi)から観測者まで，音が伝わるのに要する時間は全く同じなので)，(ii)で音を発してから，(vi)で音を発するまでの時間と等しい。ここで，問題文より図2の $x=\sqrt{2}\,l\sin\theta$ なので，

$$\cos\phi=\frac{l\sin\theta}{x}=\frac{1}{\sqrt{2}} \qquad \therefore \quad \phi=\frac{\pi}{4}$$

よって回転角が $\dfrac{\pi}{4}$ から，$2\pi-\dfrac{\pi}{4}=\dfrac{7\pi}{4}$ までの時間を求めるとよいので，

$$t=\frac{\dfrac{7\pi}{4}-\dfrac{\pi}{4}}{\omega(1秒あたりの回転角)}=\frac{3\pi}{2\omega} \quad \cdots\text{\textcircled{答}}$$

15 光の屈折・レンズ

答　(1) 3.5×10^{-7}〔m〕　　(2) 61.2〔cm〕　　(3) 86.6〔cm〕

解説　(1)　光の屈折の問題はワンパターン。光の屈折の解法3ステップで解く。

ＳＴＥＰ１　光線を作図する。

液体の屈折率を $n(>1)$ とし，図1
のように光線を作図する。ここで，入
射角は 30°（大注意!!　60° ではない！
あくまでも境界面と垂直に立てた法線
と，光線がはさむ角を考えるのだ）で，
屈折角は 45° となっている。

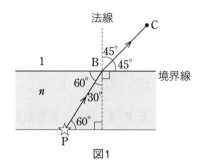

図1

ＳＴＥＰ２　屈折の法則を書く。

点Bでの屈折の法則は分数ではなく，次の積の形にするとミスがなくなる。

屈折の法則：「下かくしの積」＝「上かくしの積」

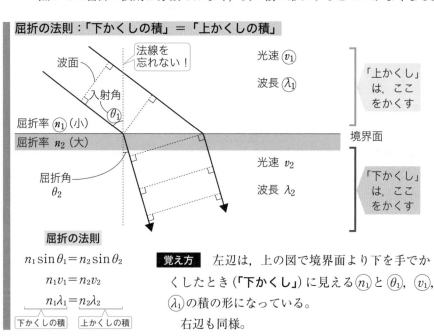

屈折の法則

$$n_1 \sin\theta_1 = n_2 \sin\theta_2$$

$$n_1 v_1 = n_2 v_2$$

$$n_1 \lambda_1 = n_2 \lambda_2$$

下かくしの積　上かくしの積

覚え方　左辺は，上の図で境界面より下を手でか
くしたとき（「下かくし」）に見える n_1 と θ_1，v_1，
λ_1 の積の形になっている。
　右辺も同様。

この法則を使って，

$$\underbrace{1 \times \sin 45°}_{\text{下かくしの積}} = \underbrace{n \times \sin 30°}_{\text{上かくしの積}} \quad \therefore \quad n = \sqrt{2}$$

下かくしの積
境界面から下を手でかくしたときに，上に残って見えるものの積

上かくしの積
上をかくしたときに，下に残って見えるものの積

屈折の法則：「下かくしの積」
＝「上かくしの積」

よって屈折率の定義より，**液体中の波長は空気中の波長の n 分の1に縮む**ので（液体中は空気中より，光にとって苦しい場所なので，波長は縮む！ とイメージ），

$$\lambda = 5.0 \times 10^{-7} \div \sqrt{2} \fallingdotseq 3.5 \times 10^{-7} \, [\text{m}] \quad \cdots \text{答}$$

ＳＴＥＰ３ 直角三角形に注目し，その **tan** や相似比などで長さの関係式を出す。本問では 答 が出ているので省略。

⑵ ⑴と同様に解く。

ＳＴＥＰ１ 図2のように，入射角を i，屈折角を r として，光線を作図する。ほぼ真上から見ると，Pの点光源がP′の位置にあるように見える。

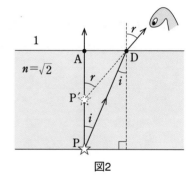

ＳＴＥＰ２ 点Dでの屈折の法則より，

$$\underbrace{1 \times \sin r}_{\text{下かくしの積}} = \underbrace{\sqrt{2} \times \sin i}_{\text{上かくしの積}} \quad \cdots ①$$

図2

ＳＴＥＰ３ 直角三角形 ADP と直角三角形 ADP′ に注目して，

$$\overline{\text{AD}} = \overline{\text{AP}} \tan i = \overline{\text{AP}'} \tan r \quad \cdots ②$$

②より，$\overline{\text{AP}'} = \dfrac{\tan i}{\tan r} \overline{\text{AP}} \fallingdotseq \dfrac{\sin i}{\sin r} \overline{\text{AP}} = \dfrac{\overline{\text{AP}}}{\sqrt{2}} = \dfrac{86.6}{\sqrt{2}} \fallingdotseq 61.2 \, [\text{cm}] \quad \cdots \text{答}$

ここで近似 $\tan \theta = \dfrac{\sin \theta}{\cos \theta} \fallingdotseq \sin \theta$ と①を使った

⑶　またまた同様に解く。

ＳＴＥＰ１　Ｐからの光が円
板をはずれた点に入射したと
き，全反射をすればよいので，
最小半径の円板の縁で，

| ギリギリ全反射＝屈折角 **90°** |

となればよい。よって図3の
ように光線を作図する。

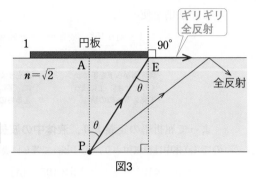

図3

ＳＴＥＰ２　点Ｅでの屈折の法則より，

$$\underbrace{1 \cdot \sin 90°}_{\text{下かくしの積}} = \underbrace{\sqrt{2} \cdot \sin \theta}_{\text{上かくしの積}} \qquad \therefore \quad \theta = 45°$$

ＳＴＥＰ３　直角三角形 AEP で，

$$\overline{\text{AE}} = \overline{\text{AP}} \tan 45° = \overline{\text{AP}} = 86.6 \text{〔cm〕} \quad \cdots \text{答}$$

重要問題 **51** **レンズによる像**

答 問1(1) 右方　　(2) 40　　(3) 実像　　(4) 倒立　　(5) 2　　(6) 左方

(7) 20　　(8) 虚像　　(9) 正立　　(10) 4　　問2(11) 30　　(12) 凹　　(13) 0.5

解説　問1(1)〜(5)　図1のように凸レンズの**3種の基本光線**(①, ②, ③)を作図する。

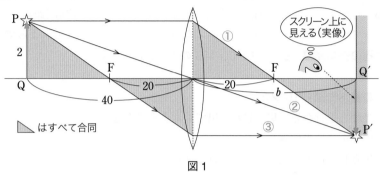

図1

　ここで図1の合同な三角形に注目して，像の位置はレンズの右方**答**, 40 cm**答**となる。像の種類は実像**答**（スクリーンに写して見える像）で，倒立**答**しており，その高さは2 cm**答**である。**レンズの公式**で確認してみると，

$$\frac{1}{40}+\frac{1}{b}=\frac{1}{20} \qquad \therefore \quad b=40\,[\mathrm{cm}]$$

倍率は，$\dfrac{b}{a}=\dfrac{40}{40}=1$ 〔倍〕で OK！

(6)〜(10)　図2のように，**3種の基本光線（凸レンズ）**(①, ②)を作図する。

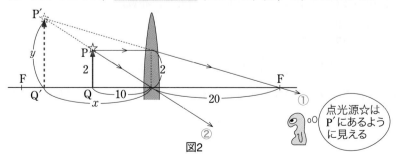

図2

図中の2組の相似な直角三角形に注目して，相似比より，

$$\frac{y}{2}=\frac{x}{10} \quad,\quad \frac{y}{2}=\frac{x+20}{20} \qquad \therefore \quad x=20 \quad, \quad y=4$$

よって，像の位置はレンズの左方答，20 cm 答になり，この像は虚像答（直接，目で見える像）で正立答しており，その高さは4 cm 答である。

問2(11)〜(13)　上で見たように**凸レンズの場合，虚像は必ず物体より遠い位置にできる**。しかし，本問では虚像が物体（距離30 cm）より近い位置（距離15 cm）にできている。このことから凹レンズを使っていることがわかる。よって，次の**3種の基本光線**（凹レンズ）で，図3のように作図する。

3種の基本光線（凹レンズ）

① 　光軸と平行な光は焦点Fから出てくるように進む。

② 　中心を通る光は直進する。

③ 　焦点Fへ向かう光は光軸と平行に進む。

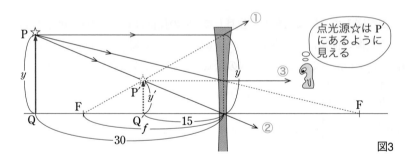

図3

図中の2組の相似な直角三角形に注目して，相似比より，

$$\frac{y}{y'}=\frac{30}{15}=\frac{f}{f-15}$$

$$\therefore \quad f=30 \quad, \quad \frac{y'}{y}=\frac{1}{2}=0.5 \text{〔倍〕}$$

よって，このレンズは焦点距離 $f=30$〔cm〕答の凹答レンズである。また，像の倍率は0.5 倍答である。

16 光の干渉

答 (1) 解説の図1を参照　　(2) 鏡Mで固定端反射のため位相がπずれるから

(3) $\Delta x = \dfrac{L\lambda}{2d}$　　(4) $\Delta x = 1.18 \times 10^{-3}$ 〔m〕

(1) 　鏡像S′とは，図1のように光源Sを鏡を含む面に関して，対称にとった点である**答**。これより，鏡で反射する光はすべて，このS′から出てくるように見える。つまりスリットSに加えて，もう1つのスリットS′があるのと同じである。

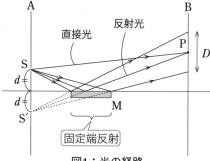

図1：光の経路

　ここで，鏡Mの長さは限られているので，反射光の届く範囲は，図1のDとなる**答**。

　結局はSPとS′Pの2つの光が重なる2スリットの干渉と同じ装置（ヤングの実験と同じ！）となる。

(2), (3) **光の干渉の解法3ステップ**で解く。

STEP 1 　図2で，$2d$ はLより十分に小さく，直線SPとS′Pはほぼ平行とみなせる。よって，行路差は，θ も十分小さいことから近似（$\sin\theta \fallingdotseq \tan\theta$）を考えて，

$$\overline{\text{S′P}} - \overline{\text{SP}} = 2d\sin\theta$$
$$\fallingdotseq 2d\tan\theta = 2d\frac{x}{L}$$

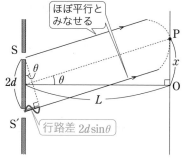

図2：結局は**2スリットと同じ**だ（が）

STEP2 　3大原則 その1で明るいしまができる条件は，mを整数として，

$$2d\frac{x}{L} = m\lambda \quad \cdots ①$$

と書けば答え…「**ちょっと待った！　反射があった**(図2は図1を考えやすくしたもの)」。そう，途中で鏡Mによって，固定端反射(位相がπずれる)が1回(奇数回)あるので，強めあいと弱めあいの条件が逆転するのだ！　このことが(2)の。

STEP3 　3大原則 その3より，干渉条件が逆転していることを考えると，①の式中のxは**暗いしまの位置を表す**xとなっているので，

$$x = \frac{L\lambda}{2d}m = 0, \quad \frac{L\lambda}{2d}, \quad \frac{L\lambda}{2d}\times 2, \quad \frac{L\lambda}{2d}\times 3, \quad \cdots \quad (m には具体例！)$$

これより，暗いしまはスクリーン上で，次の間隔Δxで並んでいることがわかる。

$$\Delta x = \frac{L\lambda}{2d} \quad \cdots ②$$ 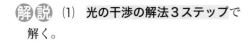 ◀━明るいしまの間隔も同じ!!

(4)　②に数値を代入して，しまの間隔Δxは，

$$\Delta x = \frac{1.00 (m)\times 589\times 10^{-9} (m)}{2\times 0.250\times 10^{-3} (m)} ≒ 1.18\times 10^{-3} (m) \quad \cdots 答$$

重要問題 **53** 　回折格子

答 　(1) $d\sin\theta = m\lambda$ 　(2) 2×10^{3} (nm) 　(3) 5×10^{-7} (m)

解説 　(1)　**光の干渉の解法3ステップで**解く。

STEP1 　図1のように，各スリットで回折して広がる光のうち，間隔dで隣りあうスリットからの光の行路差は$d\sin\theta$となる。

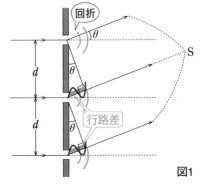

図1

STEP2 3大原則 その1より，強めあう条件は，

$$d\sin\theta = m\lambda \quad \cdots \text{①} \text{答}$$

ここまでの作図や条件式は，何度も書いて覚えてしまおう。また，θ は小さくないので $\sin\theta \fallingdotseq \tan\theta$ の近似はしないことに注意（**STEP3** は省略）。

⑵ 行路差が最も長くなるのは，図2のように式①で
$\theta = 90°$ のとき。そして，その中に入る波長が最も長くなるのは $m = 1$ 個のときである。よって①より，

$$d\sin90° = 1\cdot\lambda$$

$$\therefore \quad \lambda = d = \frac{1\times10^{-3}}{500\,\text{〔本〕}} = 2\times10^{-6}\,\text{〔m〕}$$

$$= 2\times10^{3}\,\text{〔nm〕} \quad \cdots\text{答}$$

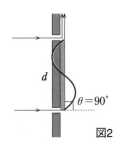

図2

⑶ ①より，

$$\lambda = \frac{d\sin\theta}{m} = \frac{2\times10^{-6}\,\text{〔m〕}\times\sin30°}{2} = 5\times10^{-7}\,\text{〔m〕} \quad \cdots\text{答}（緑色の光）$$

重要問題 54　くさび状薄膜　最重要

答　⑴ 暗線　　⑵ $D = 1.5\times10^{-5}$ 〔m〕

⑶ 明暗の逆転した干渉じまが観察される　　⑷ $\dfrac{1}{n}$ 倍

　⑴ **光の干渉の解法3ステップ**で解く。

STEP1 図1のように，Aの
下面とBの上面で反射した光どう
しの干渉を考える。行路差は AB
間の厚みを d として $2d$ となる。

STEP2，3 Aでの反射は自
由端反射（位相のずれなし）でB
での反射は固定端反射（位相のず
れ π）であり，干渉条件は逆転し
ているので，**3大原則 その1，その3**より，

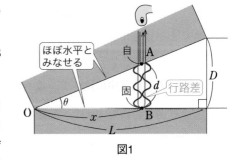

図1

$$2d = \begin{cases} \left(m + \dfrac{1}{2}\right)\lambda \quad (m = 0,\ 1,\ 2,\ \cdots) & \longrightarrow \text{明線} \quad \cdots ① \\ m\lambda & \longrightarrow \text{暗線} \quad \cdots ② \end{cases}$$

特に点Oでは $d = 0$ となり，上の式②で $m = 0$ に相当するので暗線🈷。

(2) 図 1 で $\overline{\mathrm{OB}} = x$ とすると，

$$d = x \tan\theta = x\frac{D}{L} \quad \cdots ③$$

③を①に代入して x について解くと，明線の位置 x は，

$$x = \frac{L\lambda}{2D}\left(m + \frac{1}{2}\right)$$

$$= \frac{L\lambda}{2D} \times \frac{1}{2},\ \frac{L\lambda}{2D} \times \frac{3}{2},\ \frac{L\lambda}{2D} \times \frac{5}{2},\ \cdots \quad (m \text{には具体例！})$$

よって，明線は間隔 $\varDelta x = \dfrac{L\lambda}{2D}$ $\cdots④$ で並ぶ。④より，アルミホイルの厚みは，

$$D = \frac{L\lambda}{2\varDelta x} = \frac{0.10\,(\text{m}) \times 5.9 \times 10^{-7}\,(\text{m})}{2 \times 2.0 \times 10^{-3}\,(\text{m})} ≒ 1.5 \times 10^{-5}\,(\text{m}) \quad \cdots🈷$$

(ここまでの作図や式変形は，そのまま出るので何度も書いて覚えてしまおう。)

(3) (1)と同様に 3 ステップを行う。

STEP 1 図 2 のような 2 つの光線を考え，行路差は $2d$ で(1)と全く同じ。

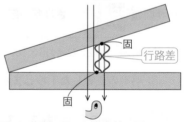

STEP 2，3 ただし図 2 を見ると，固定端反射が 2 回(偶数回)となっていて，(1)と比べると 1 回だけ増えて

図2：下から見ても行路差は図1と同じ

いる。よって，**下から見た場合は上から見た場合と比べて，明暗の逆転した干渉じまが見られる**🈷。

(4) **水中なので空気中に比べて，波長が $\lambda \to \dfrac{1}{n}\lambda$（$n$ 分の 1）となる。**ここで，式④より明線の間隔 $\varDelta x$ は，波長に比例するので $\varDelta x \to \dfrac{1}{n}\varDelta x$ つまり $\dfrac{1}{n}$ 倍🈷となる。

重要問題 **55** ニュートンリング

 (1) 3.75×10^{-6} 〔m〕　　(2) 2.70 〔m〕　　(3) 3.75×10^{-3} 〔m〕

解説 (1) **光の干渉の解法3ステップ**で解く。

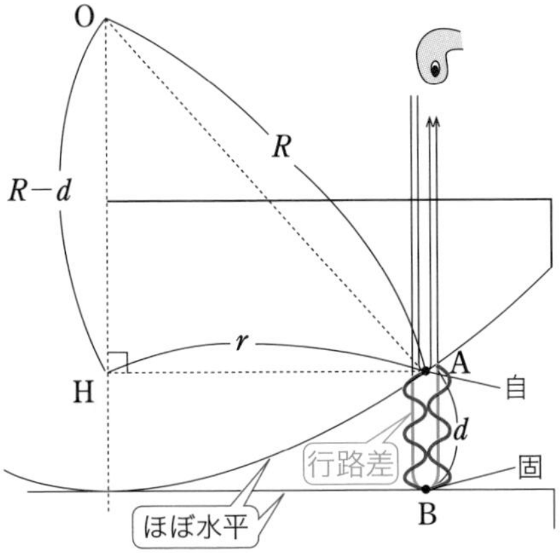

ＳＴＥＰ１ 図1で平凸レンズの
下面の点Aと，ガラス板の上面の
点Bとで反射した光の干渉を考え
る。$\overline{AB}=d$ として，行路差は往
復分の $2d$ となる。

ＳＴＥＰ２，３ Aでの反射は自
由端反射，一方，Bでの反射は固
定端反射であり，**合計1回（奇数
回）**の固定端反射があるので，干
渉条件は逆転する。よって，**3大
原則その1，その3**より，暗いし
ま（リング）が見える条件は，

$$2d = m\lambda \ (m=0, \ 1, \ 2, \ \cdots)$$

$$\therefore \quad d = \frac{m\lambda}{2} \quad \cdots ①$$

$$= \frac{12 \times 6.25 \times 10^{-7}}{2} = 3.75 \times 10^{-6} \text{〔m〕} \quad \cdots 答$$

図1

(2) 図1の三角形 OHA で三平方の定理より，

$$r^2 = R^2 - (R-d)^2 = 2Rd - d^2 \fallingdotseq 2Rd$$

ここで，$\fallingdotseq$ の近似で(1)の結果より d^2 は十分に小さく無視できることを用いた。
この式を R について解くと，

$$R = \frac{r^2}{2d} \quad \cdots ②$$ ◀── ニュートンリングの曲率半径 R は，必ずこの
形になるので自力で導けるようにしよう。

$$= \frac{(4.50 \times 10^{-3})^2}{2 \times 3.75 \times 10^{-6}} = 2.70 \text{〔m〕} \quad \cdots 答$$

(3) 暗輪の半径 r は②および①より，

$$r = \sqrt{2dR} = \sqrt{mR\lambda} \quad \cdots ③$$
$$= 0, \ \sqrt{R\lambda}, \ \sqrt{2R\lambda}, \ \sqrt{3R\lambda}, \ \cdots \quad (m には具体例を)$$

この結果より，真上から見ると図2の
ようなリングが見えることがわかる。

（ここまでの作図や近似は，そのまま出るので何
度も書いて覚えてしまおう！）

ここで③より，r は $\sqrt{\lambda}$ に比例する。
よって，屈折率1.44の液体を入れて，波
長が $\lambda \to \dfrac{1}{1.44}\lambda$ になると，暗輪の半径
r は，

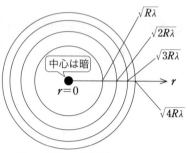

図2：外側ほど間隔がせまくなる

$$r \to \sqrt{\frac{1}{1.44}}\, r = \frac{1}{1.2} \times 4.50 \times 10^{-3} = 3.75 \times 10^{-3} \ (\mathrm{m}) \quad \cdots 答$$

重要問題 **56** 平行薄膜　　　　　　　　　　　　　　　　最重要

答 (1) 0.94　　(2) 5.6　　(3) 4.2

解説 (1) 図1の点Bにおいて，屈折の法則で入射角が $90° - 60° = 30°$ となる
ことに注意して，

$$\underbrace{1.0 \times \sin 30°}_{下かくしの積} = \underbrace{1.5 \times \sin\theta}_{上かくしの積} \quad \therefore \ \sin\theta = \frac{1}{3} \quad \therefore \ \cos\theta = \frac{2\sqrt{2}}{3} ≒ 0.94 \ 答$$

(2) **光の干渉の解法3ステップ**で解く。

STEP 1 図1のように，点B
から下ろした垂線の足をB′とす
ると，B，B′は同一波面上の点で，
ここまでは2つの光線は同じ長さ
でくる。さらに波面は折れ曲がり
ながら進行していき，C，C′はま
た同一波面上の点となる。つまり
2つの光線はC，C′までは同じ
光学的距離でくる。これより結局，

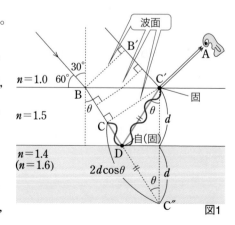

図1

2つの光線の光学的距離の差が生じるのは，**C—D—C′** の部分のみである。
その長さを求めるには，図1のように点 C″ をとるのが命!!

$$\overline{CD}+\overline{DC'}=\overline{CD}+\overline{DC''}=\overline{C''C}=2d\cos\theta \quad \cdots①$$

C—D—C′ の長さは結局 C″C と同じ！

STEP 2，3 本問では，まず C—D—C′ 中は光にとって「苦し〜い」場所である屈折率 $n=1.5$ の薄膜中を通るので，**3大原則 その2** より光学的距離を考える必要がある。また，点 C′ での反射は空気（$n=1$）から薄膜（$n=1.5$）へぶつかるので（「イタイ」と叫ぶイメージ），固定端反射となり，逆に点 D での反射は薄膜（$n=1.5$）からガラス（$n=1.4$）へぶつかるので，自由端反射であるため，合計で固定端反射は**1回（奇数回）**となる。よって，**3大原則 その3** より干渉条件は逆転する。

以上より強めあいの条件は，

$$\underline{n\times 2d\cos\theta}=\left(m+\frac{1}{2}\right)\lambda \quad (m=0,\ 1,\ 2,\ \cdots)$$

薄膜中なので屈折率をかける ➡ 光学的距離

$$\therefore\ \lambda=\frac{2nd\cos\theta}{m+\frac{1}{2}}=\frac{2\times1.5\times3.0\times10^{-7}\times0.94}{m+\frac{1}{2}}=\frac{8.46\times10^{-7}}{m+\frac{1}{2}} \quad \cdots①$$

ここで $3.8\times10^{-7}<\lambda<7.7\times10^{-7}$ より，式①が成り立つのは，

$m=1$ で $\lambda \fallingdotseq 5.6\times10^{-7}\,[\mathrm{m}]$ …**答**（黄緑色の光）

(3) 今度は点 D での反射も，薄膜（$n=1.5$）からガラス（$n=1.6$）へぶつかるので，固定端反射となり，合計で固定端反射は**2回（偶数回）**となる。よって，干渉条件は逆転しないので，強めあいの条件は，

$$n\times 2d\cos\theta=m\lambda \quad (m=0,\ 1,\ 2,\ \cdots)$$

$$\therefore\ \lambda=\frac{2nd\cos\theta}{m}=\frac{8.46\times10^{-7}}{m} \quad \cdots②$$

ここで $3.8\times10^{-7}<\lambda<7.7\times10^{-7}$ より，式②が成り立つのは，

$m=2$ で $\lambda \fallingdotseq 4.2\times10^{-7}\,[\mathrm{m}]$ …**答**（青色の光）

(1) 解説を参照　　**(2)** 解説を参照

解説　ヤングの干渉のように，スリットが 2 つの問題を解いた人は多いはず。しかし，本問ではなんと！　スリットが 1 つ。

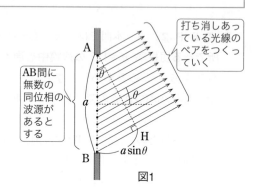

図1

　この単スリットの**解法**は，基本的には**3大原則　その1**をそのまま使うのであるが，少し独特な考え方をするので注意してほしい。

　それは，「図1のようにスリット AB 間に無数の同位相の波源があるとみなすこと」である。そして，ある方向に進む光について「それらの光線の中から，**互いの行路差が $\frac{1}{2}\lambda$ となって，打ち消しあう光線のペアをつくっていく**」ことを考える。もし，AB 間のすべての光線について，打ち消しあうペアがつくれてしまえば，その方向へ進む光はなくなり暗線ができる。

　ここで図1のように，Aから下ろした垂線上の点をHとすると，

$$\overline{\mathrm{BH}} = a\sin\theta \quad \cdots\text{①}$$

となる。ここまでのことを頭に入れながら，本問を解いてみよう。

(1) $\overline{\mathrm{BH}} = \lambda$ となる方向へ進む光を考えるとき，図2のように AB の中点をMとして，$\overline{\mathrm{AA_1}} = \overline{\mathrm{MM_1}}$，$\overline{\mathrm{AA_2}} = \overline{\mathrm{MM_2}}$，… となる点 A_1, A_2, …, M_1, M_2, … をとっていく。すると，A_1 と M_1，A_2 と M_2，… からの光は皆，行路差が $\frac{1}{2}\lambda$ となり各々すべて打ち消しあう。よって，この方向に進む光は暗くなる。

　このとき，式①で $\overline{\mathrm{BH}} = \lambda$，$\theta = \theta_1$ として，

$$\lambda = a\sin\theta_1 \quad \therefore \quad \sin\theta_1 = \frac{\lambda}{a} \quad \cdots\text{答}$$

$\overline{\mathrm{BH}} < \lambda$ となるときでは，打ち消しあわずに残る光

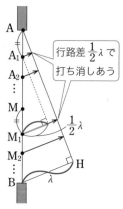

図2：$\overline{\mathrm{BH}} = \lambda$ のとき

が必ずあるので, $\overline{\mathrm{BH}}=\lambda$ が1番目の暗いしまの位置 P_1 になる。

(2) $\overline{\mathrm{BH}}=2\lambda$ となり, P_2 へ進む光を考える
とき, 図3のように AB を4等分する点を
C, D, E として, $\overline{\mathrm{AA}_1}=\overline{\mathrm{CC}_1}$, $\overline{\mathrm{AA}_2}=\overline{\mathrm{CC}_2}$,
… となる点 A_1, A_2, $\cdots$, C_1, C_2, $\cdots$ をと
っていく。すると A_1 と C_1, A_2 と C_2, $\cdots$
からの光は皆, 行路差が $\dfrac{1}{2}\lambda$ となりそれぞ
れ打ち消しあう。

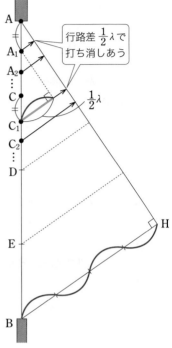

行路差 $\dfrac{1}{2}\lambda$ で
打ち消しあう

全く同様に DB 間の光も打ち消しあう。

よって, この方向に進む光は全て打ち消
しあい暗くなる。

このとき, ①で $\overline{\mathrm{BH}}=2\lambda$, $\theta=\theta_2$ として,
$$2\lambda=a\sin\theta_2$$
$$\therefore\quad \sin\theta_2=2\dfrac{\lambda}{a} \quad\cdots\text{答}$$

同様にして, $\sin\theta_n=n\dfrac{\lambda}{a}$ となる方向に,
n 番目の暗いしまが生じることが分かる。

ポイントは **AB を $2n$ 等分**して, **行路差**
が $\dfrac{1}{2}\lambda$ となり打ち消しあうペアをつくっていくことだ。

図3 : $\overline{\mathrm{BH}}=2\lambda$ のとき

> (1) $2l = m\lambda$
>
> (2) 長くしていくとき：7.5×10^{-7}〔m〕，短くしていくとき：5.0×10^{-7}〔m〕
>
> (3) (ア) $2(n-1)d = m\lambda$　(イ) $n = 1.4$

 (1) **光の干渉の解法3ステップ**で解く。

S T E P 1 図1より，PM_1 の**往復分**と，PM_2 の**往復分**で生じる行路差は

$$\underset{\text{往復分}}{2} \times l$$

である。

S T E P 2，3 固定端反射の数はPでの2回と M_1，M_2 での各1回の合計4回で**偶数**回。

よって，**3大原則　その3**より干渉条件は逆転しないので，強めあう条件は

$$2l = m\lambda \quad (m \text{ は整数}) \quad \cdots \text{答}$$

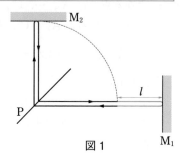

図1

(2) 数値代入して，

$$2 \times 1.5 \times 10^{-6} = m \times 6.0 \times 10^{-7} \quad \therefore \quad m = 5$$

波長λを長くしていくと，同じ行路差の中に入ることができる波長の数は減ってしまう。よって次は $m = 4$ で強めあうので，

$$2 \times 1.5 \times 10^{-6} = 4 \times \lambda \quad \therefore \quad \lambda = 7.5 \times 10^{-7} \text{〔m〕} \quad \cdots \text{答}$$

波長λを短くしていくと，同じ行路差の中に入ることができる波長の数は増える。よって次は $m = 6$ で強めあうので，

$$2 \times 1.5 \times 10^{-6} = 6 \times \lambda \quad \therefore \quad \lambda = 5.0 \times 10^{-7} \text{〔m〕} \quad \cdots \text{答}$$

(3) 本問では PM_1 間に物質を置いたので，**S T E P 3** で**光学的距離**を考えよう。

(ア) 図2より，光学的距離の差は，

$$\underset{\text{往復分}}{2} \times (\underset{\text{屈折率（3大原則　その2より）}}{n} \times d - d)$$

よって，強めあう条件は，

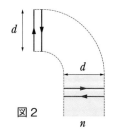

図2

$$2(n-1)d = m\lambda \quad \cdots 答$$

(イ) 数値を代入して，

$$2 \times 1.5 \times 10^{-6} \times (n-1) = m \times 4.0 \times 10^{-7} \quad \cdots ①$$

波長を長くすると，**同じ光学的距離の差の中に入ることのできる波長の数は減ってしまう。**よって，次は $m-1$ で強めあうので，

$$2 \times 1.5 \times 10^{-6} \times (n-1) = (m-1) \times 6.0 \times 10^{-7} \quad \cdots ②$$

①，②を解いて，$m=3$

$$n = 1.4 \quad \cdots 答$$

重要問題 **59** 　　斜交平面波の干渉

 (1) 位相の変化：π ， 最大変位：0

(2) $\lambda_x = \dfrac{\lambda}{\sin\theta}$ ， $\lambda_y = \dfrac{\lambda}{\cos\theta}$

(3) $v_x = \dfrac{v}{\sin\theta}$ ， $v_y = 0$

解説 本問のような斜交平面波の問題に当たったら，まずは図1のような「**横長のマス目**」をつくろう。そして，図2のように入射波の波面を実線は山，破線は谷で描き込もう。

　山の波面と山の波面を垂直にさしわたす長さが波長 λ となり，波の進行方向が y 軸となす角度が入射角 θ となる。

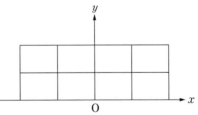

図1：まずは「横長のマス目」をつくろう

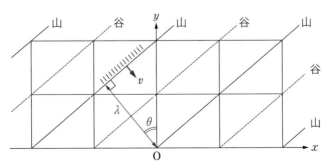

図2：入射波の波面と波長 λ，入射角 θ, 速度 v を描き込もう

次に図3のように，反射波の波面も青色で描き加える。本問ではx軸上の反射板上の原点で入射波の山（黒実線）の波面と，反射波の谷（青破線）の波面がつながっていることから，固定端反射していることが分かる。よって，(1)は「位相がπ変化している」，「反射板上での最大変位は0」 …答 が正解。

(2) 図3のように，**3種の合成波の印●○×をつける**。

> ●…山と山が重なって高さ$2A$となっている点
> ○…谷と谷が重なって高さ$-2A$となっている点
> ×…山と谷が重なって高さ0となっている点

これらの印をつけると，図3よりx軸方向の●と●の間隔，つまりλ_xは図の**三角形OABに注目して** $\lambda_x = \overline{BO}$ を利用して，

$$\overline{BO}\sin\theta = \lambda \qquad \therefore \quad \overline{BO}(=\lambda_x) = \frac{\lambda}{\sin\theta} \quad \text{…答}$$

一方，図3よりy軸方向の●と●の間隔，つまりλ_yは図の**三角形OACに注目して**$\lambda_y = \overline{CO}$ を利用して，

$$\overline{CO}\cos\theta = \lambda \qquad \therefore \quad \overline{CO}(=\lambda_y) = \frac{\lambda}{\cos\theta} \quad \text{…答}$$

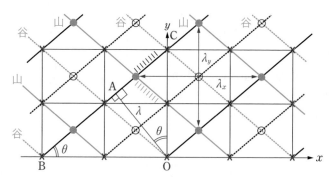

図3：反射波（青色）の波面を描き，3種の合成波の印●○×をつけよう

(3)　1つの●（入射波の山と反射波の山の交点1つ）に注目する。図4のように，入射波の山の波面と反射波の山の波面がそれぞれと直角方向に1秒あたり v だけ動く間に，●は x 軸と平行方向に v_x だけ動く。

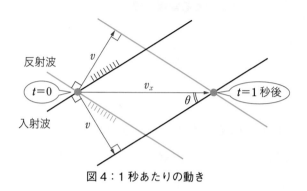

図4：1秒あたりの動き

図4より，

$$v_x \sin\theta = v$$

$$\therefore \quad v_x = \frac{v}{\sin\theta} \quad \cdots\text{答}$$

また，●は y 軸方向には動かないので，

$$v_y = 0 \quad \cdots\text{答}$$

　実際の例として，波が光波で x 軸上の反射板が鏡であるとする。y 軸上にスクリーンを置くと，その $y = 0, \frac{1}{2}\lambda_y, \lambda_y, \frac{3}{2}\lambda_y, \cdots$ の点は必ず×印がやってくるので，弱めあって暗くなる。一方，$y = \frac{1}{4}\lambda_y, \frac{3}{4}\lambda_y, \frac{5}{4}\lambda_y, \cdots$ の点には必ず●または〇印がやってくるので，強めあって明るくなる。つまり，y 軸上には間隔 $\frac{1}{2}\lambda_y$ の明暗の干渉縞が見えるのだ。

　なんと！　3大原則を全く使わずに，干渉縞の間隔を求められたのだ。

17 電場と電位

重要問題 **60** 点電荷のつくる電場と電位 最重要

答

(1) $\dfrac{2kQl}{(d^2+l^2)\sqrt{d^2+l^2}}$ (2) $-\dfrac{2kQl}{d^2-l^2}$ (3) $\dfrac{1}{2}mv_0^2+qV_C=\dfrac{1}{2}mv^2$

(4) $2\sqrt{\dfrac{kQql}{m(d^2-l^2)}}$

解説 (1) **点電荷のつくる電場・電位の問題**では，電場は

クーロンの法則 $F=k\dfrac{Qq}{r^2}$ と**電場の定義**にもどって考えればよいが，電位について**は次の式を知っておいてほしい。**

点電荷のつくる電位の式

（無限遠を基準点 0〔V〕とする）

$$V=\pm k\dfrac{Q}{r}$$

符号に　距離の
注意！　1乗に反比例

本題にもどり，点Dの電場を求める。

電場の定義より，図1のように点
Dに **+1C** を置き，**点 A，B の両方
の点電荷から受ける力の合力**が，点
Dでの電場 $\vec{E}$ となる。

クーロンの法則より，図1のよう
に点 A，B の点電荷から受ける電気
力の大きさはともに，

$$E_A=E_B=\dfrac{kQ}{(\sqrt{d^2+l^2})^2}$$

それらの合力（合成電場）の大き
さ E は，図1の三角形の相似に注目して，

$$E=\dfrac{2l}{\sqrt{d^2+l^2}}\times E_A=\dfrac{2kQl}{(d^2+l^2)\sqrt{d^2+l^2}}\ \text{〔V/m〕}\ \cdots\text{答}$$

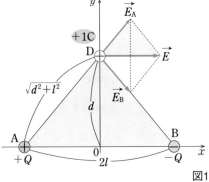

図1

(2) 点Cでの合成電位 V_C は，点A，Bの点電荷がつくる電位 V_A，V_B の符号に注意して，

$$V_C = V_A + V_B = k\underbrace{\frac{Q}{d+l}}_{\text{AC間の距離}} + \left(-k\underbrace{\frac{Q}{d-l}}_{\text{BC間の距離}}\right) = -\frac{2kQl}{d^2-l^2} \,\text{(V)} \quad \cdots① 答$$

(3) 「速さを求めよ」ときたら，**電位の定義 No. 3** より，+1 C が V_C (V) の位置に置かれたときにもつ電気力による位置エネルギーが V_C (J) なので，$+q$ (C) が V_C (V) の点に置

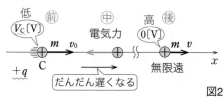

図2

かれたときにもつ位置エネルギーは，その q 倍の qV_C (J) となる。

いま，図2の途中で荷電粒子が受ける力は，電気力だけなので，

前後の**力学的エネルギー保存則**が成り立ち，

$$\underbrace{\frac{1}{2}mv_0{}^2 + qV_C}_{\text{前の力学的エネルギー}} = \underbrace{\frac{1}{2}mv^2 + q \times 0}_{\text{後の力学的エネルギー}} \quad \cdots② 答$$

(4) 荷電粒子は打ち出された後，だんだん遅くなってゆくが，無限遠になっても止まらなければ（$v \geqq 0$），脱出したことになる（図2）。

よって，②で，

$$\frac{1}{2}mv^2 = \frac{1}{2}mv_0{}^2 + qV_C \geqq 0$$

ここに①を代入して，

$$\frac{1}{2}mv_0{}^2 + q\left(-\frac{2kQl}{d^2-l^2}\right) \geqq 0$$

$$\therefore \quad v_0 \geqq 2\sqrt{\frac{kQql}{m(d^2-l^2)}} \,\text{(m/s)} \quad \cdots 答$$

答 (1) 22.5 (2) 18.0

解説 (1) 本問を図で表すと，図1のように

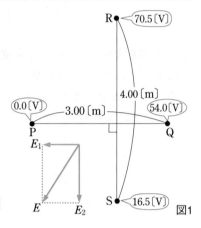

図1

なっている。このような一様な電場の推定の問題は次のように解いていこう。

とりあえず，

電場のQ→P方向の成分をE_1，R→S方向の成分をE_2と勝手に仮定しておく

のが命！

すると…本問は電位差がすでにわかっていて，その上で電場を求める問題になっている。そのようなときは**電位の定義No.2**にしたがって，

「**Pを基準としたQの電位：54.0−0＝54.0〔V〕**」

＝「**PからQまで電場E_1に逆らって，+1Cを運ぶのに要する仕事：**

（力E_1）×（距離 PQ＝3.00〔m〕）」

の式を立てるのが，お決まりのやり方である。

これより，

$$54.0 = E_1 \times 3.00 \qquad \therefore \quad E_1 = 18.0 \,〔\text{V/m}〕$$

全く同様にE_2は，

「**Sを基準としたRの電位：70.5−16.5＝54.0〔V〕**」

＝「**SからRまでの電場E_2に逆らって，+1Cを運ぶのに要する仕事：**

（力E_2）×（距離 SR＝4.00〔m〕）」

の式より，

$$54.0 = E_2 \times 4.00$$

$$\therefore \quad E_2 = 13.5 \,〔\text{V/m}〕$$

したがって，求める電場Eの大きさは三平方の定理より（図1），

$$E = \sqrt{E_1{}^2 + E_2{}^2}$$
$$= \sqrt{18^2 + (13.5)^2}$$
$$= 22.5 \,〔\text{V/m}〕 \quad \cdots 答$$

(2) 図2のように電場 $\vec{E}$ の Q→P 方向の
成分 $\vec{E_1}$ と大きさが等しく反対向きの電
場 $\vec{E_1'}$ を加えれば，Q→P 方向の合成電
場は 0 となるので，**電位の定義 No. 2 よ
り，Q から P に沿って，+1C を運ぶのに
要する仕事は 0，つまり Q と P は等電位**
になることができる。よって，

$$E_1' = E_1 = 18.0 \,(\text{V/m}) \quad \cdots \text{答}$$

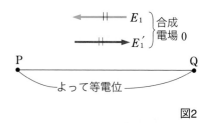

図2

 重要問題 62 ガウスの法則（球対称分布） 一度はやっとく!

（答）
(1) (i), (ii) $k\dfrac{Q}{r^2}$ (N/C)　(2) (i) $k\dfrac{Qr}{a^3}$ (N/C)　(ii) $k\dfrac{Q}{r^2}$ (N/C)

(3) (i) 0 (N/C)　(ii) $k\dfrac{Q}{r^2}$ (N/C)　(4) グラフは解説の図6を参照

（解説）　電気力線とは，電場ベクトルをつないだ線で，＋の電荷（または無限遠）
から湧き出し，－の電荷（または無限遠）へ吸いこまれる。途中で枝分かれした
り，途切れたりすることはない。そして，その本数や密度は，次の**ガウスの法則
の2大原則**にしたがう。

ガウスの法則の2大原則

右図のように，電気をとり囲むカプセル（閉
曲面）C を考える。C には電気のつくる電気力
線がグサグサ貫いている。このとき，

原則1　C を貫く電気力線の**総本数 N は，
C の内部の電気量 Q に比例し，**

$$N = 4\pi k \times Q = \dfrac{1}{\varepsilon_0} \times Q \,(\text{本})$$

（k：クーロン定数，ε_0：真空の誘電率）

原則2　$\begin{pmatrix} \text{C の表面での} \\ \text{電場の大きさ } E \end{pmatrix} = \begin{pmatrix} 1\,(\text{m}^2)\,\text{あたりを面に垂直に貫く} \\ \text{電気力線の本数（密度）} \end{pmatrix}$

ポイントは，**総本数と 1 (m²) あたりの本数を区別する**ことだ。

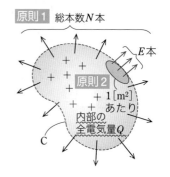

(1) 点電荷のとき

まず，電場を求めたい点を通る球面Cを考えるのが，はじめの一歩。

図1で半径 r の球面Cの内部の全電気量が Q〔C〕。よって，**ガウスの法則の2大原則**より

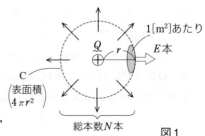

図1

原則1 Cを貫く電気力線の**総本数 N** は，

$N = 4\pi k \times Q$〔本〕

原則2 球面Cの表面積 $S = 4\pi r^2$〔m^2〕全体を貫く総本数が N 本であるので，**1〔m^2〕あたり貫く本数**（＝電場の大きさ E）は，

$$E = \frac{N \text{〔本〕}}{S \text{〔}m^2\text{〕}}$$

$$= \frac{4\pi kQ}{4\pi r^2} = k\frac{Q}{r^2} \text{〔N/C〕} \quad \cdots \text{答}$$

 E は r^2 に反比例し，これは**クーロンの法則**と一致。

(2) 一様電荷のとき

(i) $r < a$ のとき

図2で，半径 r の球面C内のみに存在できる全電気量 Q' は，

$$Q' = Q \times \underbrace{\frac{\frac{4}{3}\pi r^3}{\frac{4}{3}\pi a^3}}_{\text{体積比}} = \left(\frac{r}{a}\right)^3 Q \text{〔C〕}$$

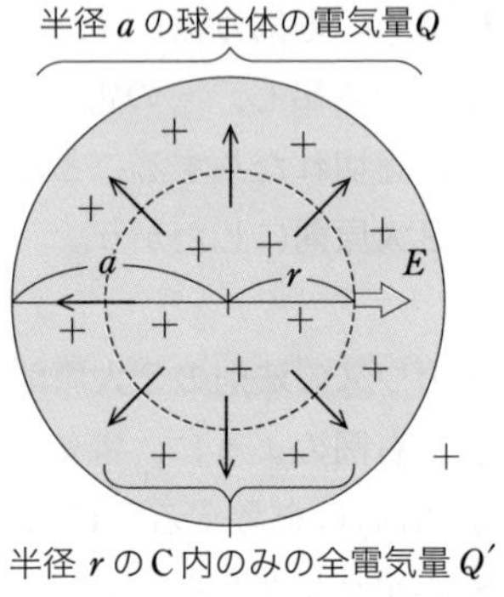

半径 a の球全体の電気量 Q

半径 r のC内のみの全電気量 Q'

図2

だけである。**ガウスの法則の2大原則**より，

原則1 $N = 4\pi k \times Q' = 4\pi k \times \left(\frac{r}{a}\right)^3 Q$〔本〕

原則2 $E = \frac{N \text{〔本〕}}{4\pi r^2 \text{〔}m^2\text{〕}} = \frac{4\pi k \left(\frac{r}{a}\right)^3 Q}{4\pi r^2} = \frac{kQr}{a^3}$〔N/C〕 $\cdots$ 答

 $r = 0$ で $E = 0$（中心では電場ベクトルが打ち消しあうので）。

$r \to$ 大 ほど $E \to$ 大（中心からはずれるほど電場ベクトルが生き残るので）。

(ii) $r > a$ のとき

図3でC内の全電気量はQ〔C〕

よって**ガウスの法則の２大原則**より，

原則1　$N = 4\pi k \times Q$〔本〕

原則2　$E = \dfrac{N\text{〔本〕}}{4\pi r^2 \text{〔m}^2\text{〕}} = k\dfrac{Q}{r^2}$〔N/C〕　…答

　　　　　　　　　<u>クーロンの法則と同じ</u>

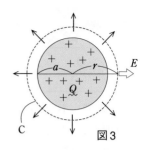

図3

(3) 表面電荷のとき

(i) $r < a$ のとき

図4よりC内部の全電気量 $Q = 0$〔C〕

より，$N = 0$ で $E = 0$〔N/C〕　…答

なっ得イメージ　球表面の電気がつくる電場が，球内部では打ち消しあって0となっている。

電気力線は＋から湧き出すが，＋へは吸いこまれないので，行き場のない球内部へは電気力線は出てこれないはずである。

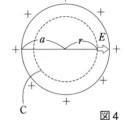

図4

(ii) $r > a$ のとき

図5でC内の全電気量はQ〔C〕

よって**ガウスの法則の２大原則**より，

原則1　$N = 4\pi k \times Q$〔本〕

原則2　$E = \dfrac{N\text{〔本〕}}{4\pi r^2 \text{〔m}^2\text{〕}} = k\dfrac{Q}{r^2}$〔N/C〕

　　　　　　　　　<u>クーロンの法則と同じ</u>

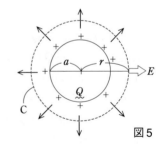

図5

(4) 以上の結果を１つのグラフにまとめてみると，図6 答のようになる。特に $r > a$ のときは(1)，(2)，(3)すべて**クーロンの法則**と一致した電場分布になっていることが分かる。

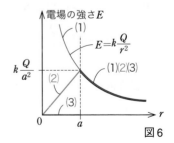

図6

答

(1) $\dfrac{Q}{2\varepsilon_0 S}$　(2) $\dfrac{Q}{\varepsilon_0 S}$　(3) 0　(4) $\dfrac{Q}{\varepsilon_0 S}L$　(5) $\dfrac{\varepsilon_0 S}{L}$

解説 (1)　図1のように，面積 S の極板をぐるりととり囲むように平べったい直方体Cを考える。C内部の全電気量は Q〔C〕である。ここでガウスの法則の2大原則より，

原則1　Cを図1のように左右に貫く電気力線の総本数 N は，

$$N = 4\pi k_0 \times Q = \dfrac{1}{\varepsilon_0} \times Q \text{〔本〕} \quad \cdots ①$$

原則2　図1のようにCの左右の面合わせて $2S$〔m²〕を貫く本数が N 本であるので，1〔m²〕あたりを貫く本数，つまり，電場の大きさ E は，

$$E = \dfrac{N \text{〔本〕}}{2S \text{〔m²〕}} = \dfrac{Q}{2\varepsilon_0 S} \quad （①より）\quad \cdots ② \text{答}$$

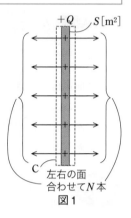

図1

(2)　図2のように $+Q$ と $-Q$ の電気を間隔 L で並べる。$-Q$〔C〕のつくる電場は図1の $+Q$〔C〕のつくる電場と全く逆向きで大きさは同じである。

　ここで，$+Q$ と $-Q$ のつくる電場をベクトルに合成した合成電場 $E_{合成}$ を考える。特に，$+Q$，$-Q$ にはさまれた空間では，

$$E_{合成} = 2E = \dfrac{Q}{\varepsilon_0 S} \quad （②より）\quad \cdots ③ \text{答}$$

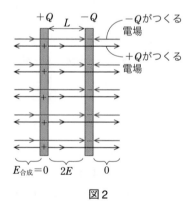

図2

(3)　(2)と同様に $+Q$ と $-Q$ の外側では，

$$E_{合成} = E - E = 0 \quad \cdots 答$$

(4) 図3のように合成電場をまとめる。

ここで，$-Q$ に対する $+Q$ の電位を V とすると**電位の定義 No.2**より，

$$V = \begin{pmatrix} +1\text{C を } -Q \text{ から } +Q \text{ の位置まで} \\ E_{合成} \text{ に逆らって運ぶ仕事} \end{pmatrix}$$

$$= \underbrace{E_{合成}}_{力} \times \underbrace{L}_{距離}$$

$$= \frac{Q}{\varepsilon_0 S} \times L \quad (③より) \quad \cdots④ 🤔$$

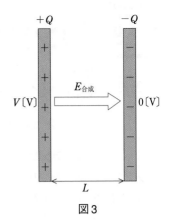

図3

(5) コンデンサーの容量 C の定義より，

$$\boxed{C = \frac{(極板の電気量 Q)}{(極板の電位差 V)}}$$

$$= \frac{\varepsilon_0 S}{L} \quad (④より) \quad \cdots 🤔$$

これで，あの有名なコンデンサーの容量公式が導けた！

補足 **重要問題 67** でコンデンサーの極板間の引力 F を仕事とエネルギーの関係から求めているが，実は，本問の解説の図2からもこの引力 F を直接求めることができる。

図2で左側の電荷 $+Q$ をもった極板は，右側の $-Q$ がつくる電場 E から，大きさ

$$F = Q \times \underbrace{E}_{-Q のみのつくる電場}$$

$$= \frac{Q^2}{2\varepsilon_0 S}$$

$$= \frac{(CV)^2}{2\varepsilon_0 S} \quad (Q = CV \text{ より})$$

$$= \frac{\varepsilon_0 S V^2}{2L^2} \quad \left(C = \frac{\varepsilon_0 S}{L} \text{ より} \right) \quad \longleftarrow \text{これは \textbf{重要問題 67} の(5)の答 (p.128) で } d \to L \text{ としたものと一致している。}$$

の引力を受けている。

ポイントは，$+Q$ は自分自身のつくる電場からは全く力を受けずに，**相手の $-Q$ のつくる電場からのみ力を受ける**ことである。

SECTION

18 コンデンサー

重要問題 **64** コンデンサー回路でのスイッチの切り換え

 (1) 15〔V〕　　(2) 6〔V〕　　(3) 9〔V〕　　(4) 7.2〔V〕

 (1) **コンデンサーの解法３ステ**
ップでコツコツ解くのが一番。

S T E P 1 図１のように電気の流
れをイメージして極板の電気を予想
し，電位差 V_1，V_2 を仮定する。

S T E P 2 閉回路で，

$\circlearrowleft : +V_1+V_2-45=0$　…①

S T E P 3 「島」の全電気量保存
より，

$\underset{\text{図1のC}_1\text{の右とC}_2\text{の上の和}}{-1 \cdot V_1+2V_2} = \underset{\text{はじめ}}{0+0}$　…②

①，②より，$V_1=30$〔V〕，$V_2=15$〔V〕　♩ V get!　…

(2) (1)と同様に解く。

S T E P 1 図２のように C_2, C_3
は並列なので共通の電位差 V_3 を
仮定するのがコツ（別々に仮定して
も○の式を立てると，結局等しい電位
差とわかる）。また，S_1 を開くと C_1
の左側の電気量 $+1 \cdot V_1$ がとり残
されるので，右側の電気量 $-1 \cdot V_1$
も残る。

S T E P 2 共通の電位差 V_3 を
仮定したので省略！

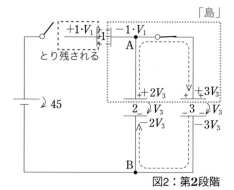

図2：第2段階

STEP 3 「島」の全電気量保存より，

$$\underbrace{-1 \cdot V_1 + 2V_3 + 3V_3}_{\text{図2の } C_1 \text{右と } C_2 \text{上と } C_3 \text{上の和}} = \underbrace{-1 \cdot V_1 + 2V_2 + 0}_{\text{図1の } C_1 \text{右と } C_2 \text{上と } C_3 \text{上の和}}$$

$$\therefore \quad V_3 = \frac{2}{5}V_2 = 6 \,〔\text{V}〕 \quad \text{⨆} \, V \, \text{get!} \quad \cdots \text{☻}$$

(3) またまた同様に解く（同様にコツコツ解くのが1番確実に解け，間違いもなくなる！）。

STEP 1 図3のように V_4, V_5 を仮定する。また，C_3 の上側には $+3V_3$ がとり残されている。

STEP 2 ○：$V_4 + V_5 - 45 = 0$
　　　　　　　　　　　$\cdots$③

STEP 3 S_2 を開くと，C_1 の右側と C_2 の上側の極板からなる「島」が孤立する。よって，その後，S_1 を閉じても C_1 の右側と C_2 の上側の合計の電気量の和は一定のままとなるので，

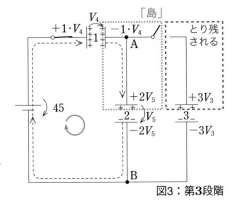

図3：第3段階

$$\underbrace{-1 \cdot V_4 + 2V_5}_{\text{図3の } C_1 \text{右と } C_2 \text{上の和}} = \underbrace{-1 \cdot V_1 + 2V_3}_{\text{図2の } C_1 \text{右と } C_2 \text{上の和}} \quad \cdots \text{④}$$

③，④に(1)，(2)の結果を代入して，$V_4 = 36 \,〔\text{V}〕$，$V_5 = 9 \,〔\text{V}〕$　⨆ V get!　$\cdots$☻

(4) 今までと同じように解く（図4）。

STEP 1 第2段階と同様に C_2，C_3 に共通の電位差 V_6 を仮定する。

STEP 2 省略。

STEP 3 「島」の全電気量保存より，

$$\underbrace{-1 \cdot V_4 + 2V_6 + 3V_6}_{\text{図4の } C_1 \text{右と } C_2 \text{上と } C_3 \text{上の和}}$$

$$= \underbrace{-1 \cdot V_4 + 2V_5 + 3V_3}_{\text{図3の } C_1 \text{右と } C_2 \text{上と } C_3 \text{上の和}} \quad \cdots \text{⑤}$$

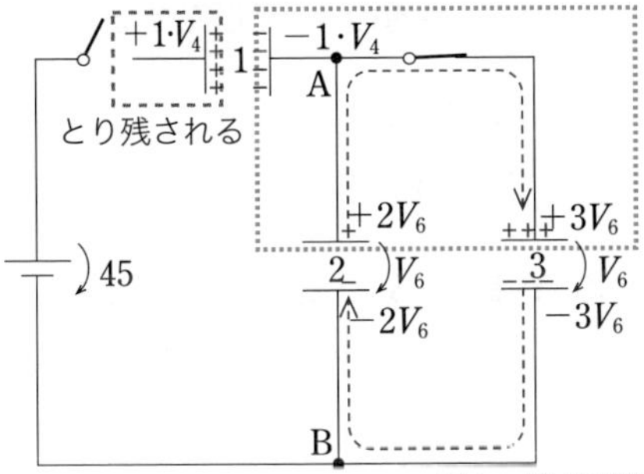

図4：第4段階

⑤に(2)，(3)の結果を代入して，$V_6 = 7.2 \,〔\text{V}〕$　⨆ V get!　$\cdots$☻

重要問題 **65** 誘電体を挿入したコンデンサー（その１）

$$(1)\ \frac{\varepsilon+1}{2}C \qquad (2)\ \frac{2(\varepsilon+1)}{3(\varepsilon+3)}CV \qquad (3)\ \frac{2(\varepsilon+5)}{3(\varepsilon+3)}V$$

解説 (1) 本問のように途中まで誘電体が挿入されたコンデンサーの新しい容量 C' を求めるには，挿入前の容量 $C=\dfrac{\varepsilon_0 S}{d}$ を仮定しておくのがコツで，図１のように分解（S や d に注意）して，それから合成して求めるのだ!!

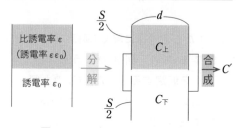

図1：コンデンサーの分解→合成

$$\underline{C'=C_上+C_下}=\frac{\varepsilon\varepsilon_0\cdot\dfrac{S}{2}}{d}+\frac{\varepsilon_0\cdot\dfrac{S}{2}}{d}=\frac{\varepsilon+1}{2}\times\underbrace{\frac{\varepsilon_0 S}{d}}=\frac{\varepsilon+1}{2}C \quad\cdots\text{答}$$

並列は和（単なる足し算!!）◀ p.131 参照　　　　　挿入前の容量

(2) まず初めにKを閉じたときについて**コンデンサーの解法３ステップ**を用いる。

STEP 1 図２のように，C_1 には V_1，C_2 と C_3 には並列なので，共通の V_2 を仮定する。

STEP 2

大外回り：$+V_1+V_2-V=0$

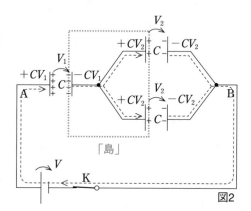

図2

STEP 3 「島」の全電気量保存は，

$$\underbrace{-CV_1+CV_2+CV_2}_{\text{図2}}=\underbrace{0+0+0}_{\text{はじめ}}$$

$$\therefore\quad V_1=\frac{2}{3}V,\ \ V_2=\frac{1}{3}V \quad \text{⌟} \ V\,\text{get!}$$

次にKを開いてから，C_3 に誘電体を挿入した後について，

STEP 1　図3のように，C_2 と C_3 には，やはり今回も並列なので，共通の V_3 を仮定する。ここで，C_1 の左側の極板は孤立するので（電池とつながっている！が，Kを開いたら電流は流れないのでやっぱり孤立でいいのだ），電気量 $+CV_1$ はとり残されている。

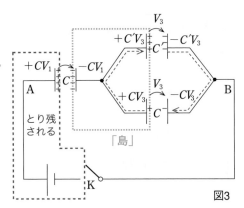

図3

STEP 2　省略。

STEP 3　「島」の全電気量保存より，

$$\underset{\text{図3}}{\underline{-CV_1+CV_3+C'V_3}}=\underset{\text{図2}}{\underline{-CV_1+CV_2+CV_2}}$$

$$\therefore\quad V_3=\frac{2C}{3(C+C')}V=\frac{4}{3(\varepsilon+3)}V \quad ⬜\ V\ \text{get!}$$

よって，求める電気量は，$C'V_3=\dfrac{2(\varepsilon+1)}{3(\varepsilon+3)}CV$　…答

(3)　図3より，$V_{AB}=V_1+V_3=\dfrac{2(\varepsilon+5)}{3(\varepsilon+3)}V$　…答

重要問題 **66**　**誘電体を挿入したコンデンサー（その２）**　差がつく！

答
(1) (a) CV 〔C〕　(b) $\dfrac{V}{d}$ 〔V/m〕　(2) (a) $2V$ 〔V〕　(b) CV^2 〔J〕

(3) (a) $\left(1+\dfrac{1}{\varepsilon_r}\right)V$ 〔V〕　(b) $\dfrac{V}{\varepsilon_r d}$ 〔V/m〕　(c) $\dfrac{\varepsilon_r+1}{2\varepsilon_r}$ 〔倍〕

解説　コンデンサーに誘電体を挿入したとき，'極板間の電位差や電場を求めよ' というのを苦手にしている人が意外と多い。これを攻略するために，ここでコンデンサー必須の公式をまとめておこう。

重要

コンデンサーの４大公式

① 容量 $\boxed{C = \dfrac{\varepsilon S}{d}}$

② 電気量 $\boxed{Q = CV}$

③ 電場 $\boxed{E = \dfrac{V}{d}}$

④ 静電エネルギー

$$\boxed{U = \frac{1}{2}CV^2 = \frac{1}{2}QV = \frac{1}{2}\frac{Q^2}{C}}$$

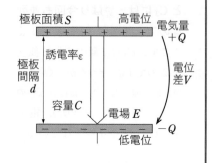

この４つの公式を見ると，戦略としてはまずコンデンサーの形のみで決まるCを求め，そしてあとはVさえわかれば（V get!），すべての公式が計算できることがわかる。とにかく「**コンデンサーを見たらCとVを求めよ**」である。

⑴ ⑵や⑶で行う，極板間をひろげたり，誘電体を挿入した後の容量を，何もしていないコンデンサーの容量Cで表すために，とりあえず極板面積をS，真空の誘電率をε_0として，**具体的に** $C = \dfrac{\varepsilon_0 S}{d}$ とおいておくことがコツ。ここで問題文から，電位差はV（V get!）。よって，**コンデンサーの４大公式**より，

(a) 電気量 $\boxed{Q = CV}$ 〔C〕 …答

(b) 電場の強さ $\boxed{E = \dfrac{V}{d}}$ 〔V/m〕 …答

⑵ 容量は $C_1 = \dfrac{\varepsilon_0 S}{2d} = \dfrac{1}{2}C$ ◀—— 何も挿入していないときの容量 $C = \dfrac{\varepsilon_0 S}{d}$ と比べることによって，C_1 を C でカンタンに表せる！

求める電位差を V_1 と仮定しておく。問題文より電気量は一定なので，

$$\underbrace{CV}_{\text{⑴の電気量}} = \underbrace{C_1 V_1}_{\text{⑵の電気量}} \qquad \therefore\ V_1 = \frac{C}{C_1}V = 2V \quad \rrbracket\ V\ \text{get!}$$

└── 問題文の電荷が逃げないより

(a) $2V$〔V〕 …答

(b) 静電エネルギー $\boxed{U = \dfrac{1}{2}C_1 V_1{}^2} = \dfrac{1}{2}\cdot\dfrac{1}{2}C\cdot(2V)^2 = CV^2$〔J〕 …答

(3) 右図のように，**誘電体を挿入されたコンデンサーは分解して考え**，上，下に独立したコンデンサーとして，それぞれの容量は，

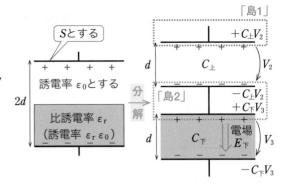

$$C_上 = \frac{\varepsilon_0 S}{d} \underset{\text{(1)より}}{=} C$$

$$C_下 = \frac{\varepsilon_r \varepsilon_0 S}{d} \underset{\text{(1)より}}{=} \varepsilon_r C$$

ここで，**コンデンサーの解法3ステップ**で，

S T E P 1 それぞれの電位差を V_2，V_3 と仮定する。

S T E P 2 省略（○を作れない！）。

S T E P 3 上の極板を「島1」，中央の2枚の極板を「島2」として，それぞれの全電気量保存の式より，

$$\boxed{島1}: \underset{\text{(3)の電気量}}{+C_上 V_2} = \underset{\text{(2)の電気量}}{+CV}$$

$$\boxed{島2}: \underset{\text{(3)の電気量}}{-C_上 V_2 + C_下 V_3} = \underset{\text{分解前}}{0+0}$$

$$\therefore \quad V_2 = \frac{C}{C_上} V = V, \quad V_3 = \frac{C_上}{C_下} V_2 = \frac{1}{\varepsilon_r} V \quad \text{／} V \text{ get!}$$

(a) $V_2 + V_3 = \left(1 + \dfrac{1}{\varepsilon_r}\right) V$ 〔V〕 …㊙

(b) $C_下$ のコンデンサーの電場の強さ $E_下$ は**コンデンサーの4大公式**で，

$$E_下 = \frac{V_3}{d} = \frac{V}{\varepsilon_r d} \ \text{〔V/m〕} \quad \cdots㊙$$

(c) 全静電エネルギーは，

$$\frac{1}{2} C_上 V_2{}^2 + \frac{1}{2} C_下 V_3{}^2 = \left(1 + \frac{1}{\varepsilon_r}\right) \frac{1}{2} CV^2$$

$$= \frac{\varepsilon_r + 1}{2\varepsilon_r} CV^2$$

よって，(2)の静電エネルギー CV^2 の $\dfrac{\varepsilon_r + 1}{2\varepsilon_r}$ 〔倍〕㊙となる。

$$(1)\ E=\frac{V}{d} \qquad (2)\ Q=\frac{\varepsilon_0 S}{d}V \qquad (3)\ W=\frac{\varepsilon_0 S}{2d}V^2 \qquad (4)\ \Delta W=\frac{\varepsilon_0 S V^2}{2d^2}\Delta d$$

$$(5)\ F=\frac{\varepsilon_0 S V^2}{2d^2}$$

解説 (1) 容量 $C=\dfrac{\varepsilon_0 S}{d}$，電位差 V（問題文より V get!）なので**コンデンサー**

の4大公式より，電場の強さ $E=\dfrac{V}{d}$ …**答**

(2) $Q=CV=\dfrac{\varepsilon_0 S}{d}V$ …①**答**

(3) $W=\dfrac{1}{2}CV^2=\dfrac{\varepsilon_0 S}{2d}V^2$ …**答**

(4) 右図のように，**電池をはずす**
   と，電気量 Q は一定のまま残る。
   ここで右図のように極板間引力
   F とつりあう外力 F を加えて，
   間隔を Δd だけひろげた。

外力 F
$+Q$
引力 F

$+Q$ Δd

$+\quad+\quad+\quad+$

d $\quad C=\dfrac{\varepsilon_0 S}{d}$

$C'=\dfrac{\varepsilon_0 S}{d+\Delta d}$

$-\quad-\quad-\quad-$
$-Q$
（前）

$-\quad-\quad-\quad-$
$-Q$
（後）

このとき，力学でやった**仕事とエネルギーの関係**より，

$$\underbrace{\frac{1}{2}\frac{Q^2}{C}}_{\substack{\text{（前）のコンデンサー}\\\text{のエネルギー}}} + \underbrace{F\times\Delta d}_{\substack{\text{（中）で手がした仕事}}} = \underbrace{\frac{1}{2}\frac{Q^2}{C'}}_{\substack{\text{（後）のコンデンサー}\\\text{のエネルギー}}} \cdots②$$

← この式が**極板間引力**を求める
ための最大のポイント！

$\left(\begin{array}{c}Q\text{が既知な}\\\text{のでこの形}\end{array}\right)$

$$\Delta W=F\times\Delta d=\frac{1}{2}\frac{Q^2}{C'}-\frac{1}{2}\frac{Q^2}{C}=\frac{Q^2}{2}\left(\frac{d+\Delta d}{\varepsilon_0 S}-\frac{d}{\varepsilon_0 S}\right)$$

$$=\frac{1}{2}\left(\frac{\varepsilon_0 S V}{d}\right)^2\left(\frac{\Delta d}{\varepsilon_0 S}\right)=\frac{\varepsilon_0 S V^2}{2d^2}\Delta d \quad（①より） \cdots③\,\text{答}$$

(5) ②，③より，$F=\dfrac{\Delta W}{\Delta d}=\dfrac{\varepsilon_0 S V^2}{2d^2}$ …**答**

（ 重要問題 **63** の 補足 （p.121）に本問の別解があるので参照すること。）

答

(1) $\dfrac{E_0}{d}$〔V/m〕　(2) $\dfrac{\varepsilon_0\pi r^2}{d}E_0$〔C〕　(3) $\dfrac{\varepsilon_0\pi r^2}{4d}E_0{}^2$〔J〕

(4) $\dfrac{2d\varepsilon_0\pi r^2}{d^2-x^2}E_0$〔C〕

解説　(1), (2)　図のようにBの極板を上面と下面の2つの極板に分ける。AB間，BC間をそれぞれ独立したコンデンサーとみなし，その容量Cを求める。そして，

コンデンサーの解法3ステップ

で，電位差Vさえget! すれば，あとは**コンデンサーの4大公式**より，何でも求められる。この解法の流れを確立してほしい。

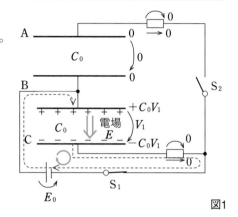

図1

STEP 1　AB, BC間のコンデンサーの容量はともに，

$$C_0=\dfrac{\varepsilon_0\pi r^2}{d}\quad\cdots①$$

また，図1のようにS_1だけを閉じているので，電位差V_1だけを仮定する。AB間のコンデンサーはS_2を閉じていないので，まだ電気量は0である。

STEP 2　○：$+V_1-E_0=0$　∴　$V_1=E_0$　…②　∬ V get!

STEP 3　省略。

あとは**コンデンサーの4大公式**より，

電場の強さ $E=\dfrac{V_1}{d}=\dfrac{E_0}{d}$〔V/m〕　（②より）　…**答**

電気量 $C_0V_1=\dfrac{\varepsilon_0\pi r^2}{d}E_0$〔C〕　（①，②より）　…**答**

⑶　**ＳＴＥＰ１**　V_2, V_3 を仮定（図2）。

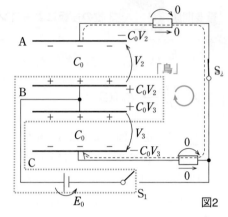

図2

ＳＴＥＰ２　⟳：$+V_2-V_3=0$

ＳＴＥＰ３　S_1 を開くとＢの極板が孤立し，「島」となり，全電気量が保存される。

$$\underbrace{+C_0V_2+C_0V_3}_{\text{図2のＢの全電気量}}=\underbrace{0+C_0V_1}_{\text{図1のＢの全電気量}}$$

以上の２式より（V_2, V_3 を get!），

$$V_2=V_3=\frac{V_1}{2}=\frac{E_0}{2}\quad（②より）\quad\cdots③$$

ここで**エネルギー保存則**で，

$$\underbrace{\frac{1}{2}C_0V_1^2}_{\substack{\text{図1のコンデンサー}\\\text{の全エネルギー}}}-\underbrace{J}_{\substack{\text{途中で発生し}\\\text{たジュール熱}}}=\underbrace{\frac{1}{2}C_0V_2^2+\frac{1}{2}C_0V_3^2}_{\substack{\text{図2のコンデンサーの}\\\text{全エネルギー}}}\qquad\therefore\underbrace{J=\frac{\varepsilon_0\pi r^2}{4d}E_0^2〔J〕}_{\text{①, ②, ③より}}\quad\cdots\text{答}$$

⑷　**ＳＴＥＰ１**　まずＡＢ間の容量 C_1，ＢＣ間の容量 C_2 は，

$$C_1=\frac{\varepsilon_0\pi r^2}{d+x}\quad\cdots④$$

$$C_2=\frac{\varepsilon_0\pi r^2}{d-x}\quad\cdots⑤$$

また，図3のように電位差 V_4, V_5 を仮定する。

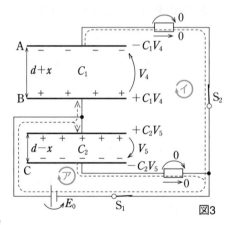

図3

ＳＴＥＰ２　㋐：$+V_5-E_0=0$

㋑：$+V_4-V_5=0$

$$\therefore\quad V_4=V_5=E_0\quad\cdots⑥\quad\text{ }V\ \text{get!}$$

Ｂの全電気量は，④，⑤，⑥より，

$$C_1V_4+C_2V_5=\frac{2d\varepsilon_0\pi r^2}{d^2-x^2}E_0〔C〕\quad\cdots\text{答}$$

特集 物理でよく出てくる「合成公式」のまとめ

物理で「合成」を使う主な場面は次の3つだ。

① ばね定数 k の合成
② コンデンサーの容量 C の合成
③ 電気抵抗 R の合成

ここで，合成のタイプは並列合成か，直列合成の2タイプである（ばねの場合には両側合成もある）。その合成後の結果の式の形は，ただ単に「和」をとるか，「逆数和の逆数」をとるしかない。

そのポイントは，

合成した結果 ┬─「**より大きくなる**」なら「**和**」をとる
        └─「**より小さくなる**」なら「**逆数和の逆数**」をとる

これより，次の表は丸暗記ではなく，イメージで根拠をつけて覚えてほしい。

物理量＼合成	並列合成	直列合成
①ばね定数 k	k_1　k_2　k_1+k_2（より硬くなるので $k\to$ 大）	k_1　k_2　$\dfrac{1}{\dfrac{1}{k_1}+\dfrac{1}{k_2}}$（より軟らかくなるので $k\to$ 小）
両側合成	k_1　k_2　k_1+k_2（より硬くなるので $k\to$ 大）	
②コンデンサーの容量 C	C_1　C_2　C_1+C_2（面積広くなるので $C\to$ 大）	C_1　C_2　$\dfrac{1}{\dfrac{1}{C_1}+\dfrac{1}{C_2}}$（間隔大きくなるので $C\to$ 小）
③電気抵抗 R	R_1　R_2　$\dfrac{1}{\dfrac{1}{R_1}+\dfrac{1}{R_2}}$（太くなるので $R\to$ 小）	R_1　R_2　R_1+R_2（長くなるので $R\to$ 大）

補足 コイルのインダクタンス L は抵抗 R と同じタイプになる

(1) $\{l+(\varepsilon-1)x\}\dfrac{CV^2}{2l}$　　(2) $(\varepsilon-1)\dfrac{CV^2}{2l}\varDelta x$　　(3) $(\varepsilon-1)\dfrac{CV^2}{l}\varDelta x$

(4) $(\varepsilon-1)\dfrac{CV^2}{2l}$

解説　真空の誘電率を ε_0 として

$$C=\dfrac{\varepsilon_0 l^2}{d}\quad\cdots\text{①}$$

とおくのがコツ。問題の図の状態でのコンデンサーの容量は，**左側部分と右側部分との並列合成容量として** x の関数の形で，

$$C(x)=\dfrac{\varepsilon\varepsilon_0 lx}{d}+\dfrac{\varepsilon_0 l(l-x)}{d}$$

$$=\dfrac{\varepsilon_0 l\{l+(\varepsilon-1)x\}}{d}=\{l+(\varepsilon-1)x\}\dfrac{C}{l}\quad\cdots\text{②}\quad(\text{①より})$$

チェック　$C(0)=C$，$C(l)=\varepsilon C$ より②式は正しいことが分かる

(1)　**V が一定**であることに注目して，

$$\dfrac{1}{2}C(x)V^2=\{l+(\varepsilon-1)x\}\dfrac{CV^2}{2l}$$

$$(\text{②より})\quad\cdots\text{答}$$

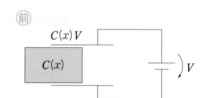

(2)　$\dfrac{1}{2}C(x+\varDelta x)V^2-\dfrac{1}{2}C(x)V^2$

$$=(\varepsilon-1)\dfrac{CV^2}{2l}\varDelta x\quad\cdots\text{③}$$

$$(\text{②より})\quad\cdots\text{答}$$

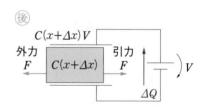

(3)　送り出した電気量は，

$$\varDelta Q=C(x+\varDelta x)V-C(x)V$$

よって，電池のした仕事は，

$$W_{\text{電}}=\varDelta Q\cdot V$$

$$=\{C(x+\varDelta x)-C(x)\}V^2$$

$$=(\varepsilon-1)\dfrac{CV^2}{l}\varDelta x\quad\cdots\text{④}\quad(\text{②より})\quad\cdots\text{答}$$

(4) **仕事とエネルギーの関係**より,

$$\underbrace{\frac{1}{2}C(x)V^2}_{\text{②のエネルギー}}+\underbrace{W_電+W_{外力}}_{\text{⑭で投入された全仕事}}=\underbrace{\frac{1}{2}C(x+\varDelta x)V^2}_{\text{③のエネルギー}}$$

$$\therefore \quad W_{外力}=\frac{1}{2}\{C(x+\varDelta x)-C(x)\}V^2-W_電$$

$$=-(\varepsilon-1)\frac{CV^2}{2l}\times\varDelta x \quad (\text{③, ④より})$$

ここで, $W_{外力}=-F\varDelta x$ より,

$$F=(\varepsilon-1)\frac{CV^2}{2l} \quad \cdots\text{答}$$

ここで, $\varepsilon>1$ より $F>0$ であることから, 誘電体は電気的引力で, 極板間に吸いこまれる向きに力を受けていることが分かる。

SECTION

19 直流回路

重要問題 70 直流回路

 (1) 電流の大きさ：1.0×10^{-2}〔A〕 ， 向き：A→B ， 電圧：0.20〔V〕

(2) $R_2 = 10$〔Ω〕

解説 (1)「電池が2コもある！」などとあわててはいけない。**直流回路の解法3ステップ**でいつでも同じように解ける。

STEP 1 図1のように**各抵抗に流れる電流を勝手に仮定する**。ただし，点Aでの電流保存をみたす（AB間の電流を$I_2 - I_1$）ようにすること。そしてオームの法則によって，各抵抗に電位差 $V = IR$ をサッと作図する。

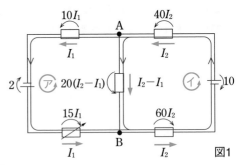

図1

STEP 2 図1の2つの閉回路で，

⑦：$10I_1 - 2 + 15I_1 - 20(I_2 - I_1) = 0$

④：$40I_2 + 20(I_2 - I_1) + 60I_2 - 10 = 0$

STEP 3 コンデンサーがないので不要！

以上の連立方程式を解いて，

$I_1 = 8.8 \times 10^{-2}$〔A〕，$I_2 = 9.8 \times 10^{-2}$〔A〕 ♩ I get!

よって，AB間を流れる電流は，

$I_2 - I_1 = 1.0 \times 10^{-2}$〔A〕（向きはA→B） …答

また，図1より，

$V_{AB} = 20(I_2 - I_1)$

$= 0.20$〔V〕 …答

(2) (1)と同様に解く。

S T E P 1 図2のように各抵抗に流れる電流を仮定し，オームの法則で電位差を作図する。R_3 を流れる電流は 0 なので，$V_{AB}=0$ となる。

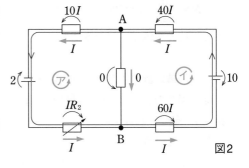

図2

S T E P 2 図2の2つの閉回路で，

㋐：$10I-2+IR_2-0=0$

㋑：$40I+0+60I-10=0$

以上より，$I=0.10$〔A〕 I get! ，$R_2=10$〔Ω〕 …㊜

重要問題 **71** 電圧計・電流計の倍率器・分流器　　差がつく！

㊜ (1) 999 ，直列　　(2) 0.010 ，並列

解説 **電流計・電圧計は一種の抵抗（内部抵抗）である。** 電流計はその抵抗に流れ込む電流を，電圧計はその両端にかかる電圧を表示できるようになっているだけである。よって，解法はふつうの抵抗と同じく扱い，オームの法則を用いる。

　本問で与えられた電流計の内部抵抗 r は，$r=1$〔Ω〕であり，その測定範囲は，$i_{max}=10$〔mA〕$=0.01$〔A〕までである。

(1) **電圧計の測定できる範囲を増す**には，図1のように，**電圧計に直列㊜に抵抗 R をつければよい。**

　なぜかというと…，

㋐　本来 $i_{max}r=1.0\times10^{-2}$〔V〕までしか電圧を測れないが，

㋑　抵抗Rを直列につけた状態で，**全体を1つの電圧計とみなすと**（図1），$i_{max}(r+R)$ まで測定可能となる。

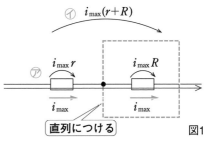

図1

ここで，$i_{\max}(r+R)=10$〔V〕にしたいのであるから，

$$R=\dfrac{10}{i_{\max}}-r=1000-1=999\;〔\Omega〕\quad\cdots\text{答}$$

この抵抗 R を電圧計の**倍率器**という。

(2)　一方，**電流計の測定できる範囲を増す**には，図2のように，電流計に並列**答**に抵抗 R' をつければよい。

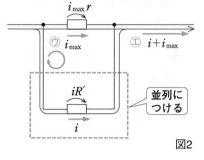

図2

　　なぜかというと…，

㋒　本来 $i_{\max}$ までしか電流を測れないが，

㋓　抵抗 R' を並列につけた状態で，**全体を1つの電流計とみなすと**，$i+i_{\max}$ まで測定可能となる。

　ここで，$i+i_{\max}=1$〔A〕　$\cdots$①

にしたいのであるが，図2の◯より，

　◯：$i_{\max}r-iR'=0$　$\cdots$②

①，②より，

$$R'=\dfrac{i_{\max}}{1-i_{\max}}r=\dfrac{0.01}{0.99}\times1\fallingdotseq0.010\;〔\Omega〕\quad\cdots\text{答}$$

この抵抗 R' を電流計の**分流器**という。

重要問題 **72** 電圧計の内部抵抗

答 A：1200 Ω ， B：2000 Ω

解説 電流計・電圧計を見たら，必ずチェックしたいのが内部抵抗だ。ふつう，電流計の内部抵抗は充分小さく，無視してただの導線とみなすことができる。また，電圧計の内部抵抗は充分大きく，電圧計を流れる電流を0とおくことができる。しかし，**本問のように内部抵抗の値が与えられている場合は，電流計・電圧計も1つの抵抗とみなして，直流回路の解法3ステップ**で解く。

まずは，求めるA，Bの抵抗をそれぞれ R_A，R_B と仮定する。そしてAの両端に電圧計をつないだときは，

STEP 1 図1のように電流 i，i_1 を仮定する。ここで，電圧計を流れる電流 i はオームの法則より，

$$i = \frac{30 \,[\text{V}]}{1500 \,[\Omega]} \quad \cdots ①$$

STEP 2 ㋐：$i_1 R_A - 30 = 0$ ②

㋑：$30 + (i_1 + i) R_B - 120 = 0$ $\cdots$③

STEP 3 省略（「島」がない！）。

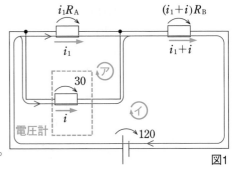

図1

次に，Bの両端に電圧計をつないだときは，

STEP 1 図2のように電流 I，i_2 を仮定する。ここで，電圧計を流れる電流 I はオームの法則より，

$$I = \frac{50 \,[\text{V}]}{1500 \,[\Omega]} \quad \cdots④$$

STEP 2 ㋐：$i_2 R_B - 50 = 0$ ⑤

㋑：$(i_2 + I) R_A + 50 - 120 = 0$ $\cdots$⑥

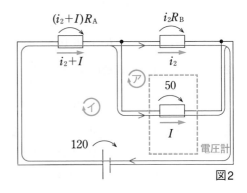

図2

<u>①～⑥</u>より，

がんばって解こう！

$$i_1 = i_2 = \frac{1}{40} \,[\text{A}] \quad \text{♪ } I \text{ get!, } R_A = 1200 \,[\Omega] \quad \cdots \text{答}, \quad R_B = 2000 \,[\Omega] \quad \cdots \text{答}$$

(1) 100〔V〕 (2) 2.0×10⁻³〔F〕 (3) 10〔J〕

(4) 仕事：20〔J〕 ， 熱の総量：10〔J〕

(5) 電流：$3.3×10^{-2}$〔A〕 ， 熱の総量：10〔J〕

解説 (1) まず，スイッチ S_1 だけを閉じると，⑦：その直後，**コンデンサーの電気量は 0 で直後型である**ので，R_1 には問題文のグラフから $I_0=0.10$〔A〕の電流がドッと流れ込んでくる。やがて，①：十分に時間が経つと，**コンデンサーは十分型になる**ので，R_1 にはこれ以上電流は流れ込めない。

直流回路の解法3ステップで，ON直後と十分時間後を考えて(図1)，

STEP 1 起電力 E，電位差 V_1 を仮定して，図1のように作図する。

STEP 2 ⑦：$I_0R_1-E=0$ ①：$V_1-E=0$

STEP 3 省略。

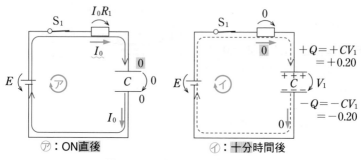

図1：コンデンサーの充電過程

以上より，$E=V_1=I_0R_1=0.10×1.0×10^3=100$〔V〕 *♪* V get! …答

(2) コンデンサーの容量 C は，$C=\dfrac{Q}{V_1}=\dfrac{0.20}{100}=2.0×10^{-3}$〔F〕 …答

(3) $\dfrac{1}{2}CV_1^2=\dfrac{1}{2}×2×10^{-3}×100^2=10$〔J〕 …答

(4) 図2のように，電池が－極から＋極へ ΔQ〔C〕の電気量を V〔V〕だけ「持ち上げる」際に，**電位の定義 No.2** より，

$\boxed{W=\Delta Q×V \text{〔J〕の仕事}}$ をする。本問では，$\Delta Q=Q=0.20$〔C〕，$V=E=100$〔V〕

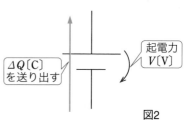

図2

であるので，

$$W = 0.20 \times 100 = 20 \,(\text{J}) \quad \cdots ⓐ$$

また，途中で抵抗 R_1 から発生したジュール熱を J とすると，**エネルギー保存則**より，

$$\underset{\substack{⑦のコンデンサー \\ のエネルギー}}{0} \quad + \quad \underset{\substack{⊕で電池が \\ した仕事}}{W} \quad - \underset{\substack{⊕で発生した \\ ジュール熱}}{J} \quad = \quad \underset{\substack{⑦のコンデンサー \\ のエネルギー}}{\frac{1}{2}CV_1^2}$$

$$\therefore \quad J = W - \frac{1}{2}CV_1^2 = 20 - 10 = 10 \,(\text{J}) \quad \cdots ⓐ$$

(5) ここでまた**直流回路の解法３ステップ**で，ON **直後**と**十分**時間後を考えて（図３），

ＳＴＥＰ１ 図３のように，⑦：ON直後と①：十分時間後の作図をする。このとき，⑦の（放電開始直後の）電流を I_1 と仮定する。

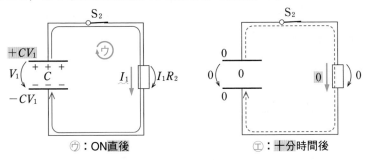

⑦：ON直後 ①：十分時間後

図3：コンデンサーの放電過程

ＳＴＥＰ２ ⑦：$I_1 R_2 - V_1 = 0$

$$\therefore \quad I_1 = \frac{V_1}{R_2} = \frac{100}{3.0 \times 10^3} \fallingdotseq 3.3 \times 10^{-2} \,(\text{A}) \quad \text{𝄜} \, I \,\text{get!} \quad \cdots ⓐ$$

ＳＴＥＰ３ 省略。

また，途中で抵抗 R_2 から発生したジュール熱を J' とすると，**エネルギー保存則**より，

$$\underset{\substack{⑦のコンデンサー \\ のエネルギー}}{\frac{1}{2}CV_1^2} \quad - \underset{\substack{⊕で発生した \\ ジュール熱}}{J'} \quad = \quad \underset{\substack{①のコンデンサー \\ のエネルギー}}{0} \quad \therefore \quad J' = \frac{1}{2}CV_1^2 = 10 \,(\text{J}) \quad \cdots ⓐ$$

(1) $I = 0.16 - 0.08V$ 　(2) $V_A = 1.38$ 〔V〕

解説 問題のグラフより，抵抗Aは $1.0 \div 0.08 = 12.5$ 〔Ω〕，一方，抵抗Bは電流と電圧が素直に比例していない。このような非直線抵抗では，特別な解法手順である，次の**非直線抵抗の解法3ステップ**がある。

(1) **非直線抵抗の解法3ステップ**で解いてみよう。

STEP1 図1のように，何よりも先に非直線抵抗に流れる電流 I，かかる電圧 V を仮定する。

（未知数が2つなので，式を2つ立てて解くしかない。）

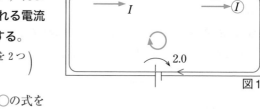

図1

STEP2 閉回路で，○の式を立て，I と V の関係式を求める。

　○：$12.5I + V - 2.0 = 0$

　∴ $I = 0.16 - 0.08V$ …① 答

　（1つめの式 get!）

(2) **STEP3** I と V の関係式を I-V グラフ上に図示し，**特性曲線（2つめの式）**との交点（V_0, I_0）を求める。これが**STEP1**の未知数の答え！

本問では，図2のように式①のグラフを I-V グラフ上に作図すると，Bの特性曲線との交点から，

　$I = 0.11$ 〔A〕，$V = 0.625$ 〔V〕

と読み取れる（関係式で check! してみよう）。

よって，

　$V_A = 12.5 \times 0.11$

　$\fallingdotseq 1.38$ 〔V〕 …答

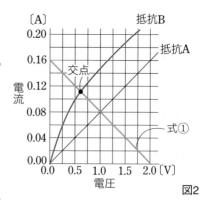

図2

(1) $V = \dfrac{E - R_1 I}{2}$　　(2) $I = 7 \times 10^{-2}$ 〔A〕　　(3) 0.4 〔W〕　　(4) 0.05 〔A〕

(5) 0.1 〔W〕　　(6) $E = 21.5$ 〔V〕

解説　(1)　重要問題 **74** と同様，**非直線抵抗の解法３ステップ**で解ける。

S T E P 1　図１で L_1，L_2 は直列な
ので，全く同じ電流が流れる。また，
L_1，L_2 は全く同じ特性（抵抗のこと）
をもつので，同じ電圧 V がかかる。

S T E P 2　○：$IR_1 + V + V - E = 0$

　　∴　$V = \dfrac{E - R_1 I}{2}$　…**答**

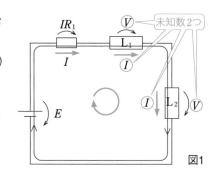

図1

(2)　よって，I と V の関係式は，

$$I = -\frac{2}{R_1} V + \frac{E}{R_1}$$

$$= -\frac{2}{100} V + \frac{18}{100} \quad \cdots ①$$

S T E P 3　図２のように式①と特
性曲線との交点 P_1 より，

　　$I = 0.07 = 7 \times 10^{-2}$ 〔A〕　…**答**

　　$V = 5.5$ 〔V〕

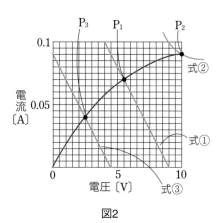

図2

(3)　よって，L_1 での消費電力は，

　　$\boxed{I \times V} = 0.07 \times 5.5$

　　　　　$\fallingdotseq 0.4$ 〔W〕　…**答**

(4)　もう一度，**非直線抵抗の解法３ステ
ップ**で解く。

ＳＴＥＰ１ 今回は図3のように，L_1 と L_2 には異なる電流 I_1，I_2 が流れるので，異なる電圧 V_1，V_2 がかかる。

ＳＴＥＰ２ 未知数が4つもあるのがやっかい。I-V グラフ上に図示するためには，I_1 と I_2，V_1 と V_2 が混ざっている式ではいけない。

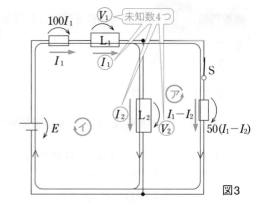

図3

しかし，回路の式◯を立てると必ず混ざってしまう。ピンチ！　そこで…，本問の条件を思い出そう。L_1 での消費電力が，

$$\boxed{I_1 V_1} = 0.9\ [\mathrm{W}]\quad \cdots ②$$

なんと！　実はこの式自身が，I_1 と V_1 の関係式になっているのだ！

このことに気づくかどうかが，本問の最大のポイント。

ＳＴＥＰ３ 式②のグラフ（反比例のグラフ）と特性曲線のグラフの交点 P_2 より（図2を参照せよ），

$$I_1 = 0.09\ [\mathrm{A}],\quad V_1 = 10\ [\mathrm{V}]$$

次は L_2 について調べよう。図3で，

⑦：$V_2 - 50(I_1 - I_2) = 0$

$$\therefore\ \underset{\sim\sim}{I_2} = -\frac{V_2}{50} + I_1 = -\frac{V_2}{50} + 0.09\quad \cdots ③\quad （これが\ I_2\ と\ V_2\ の関係式）$$

式③のグラフと特性曲線のグラフの交点 P_3 より（図2を参照せよ），

$$I_2 = 0.04\ [\mathrm{A}],\quad V_2 = 2.5\ [\mathrm{V}]$$

よって，R_2 に流れる電流は，

$$I_1 - I_2 = 0.09 - 0.04 = 0.05\ [\mathrm{A}]\quad \cdots 答$$

⑸　L_2 の消費電力は，

$$\boxed{I_2 V_2} = 0.04 \times 2.5 = 0.1\ [\mathrm{W}]\quad \cdots 答$$

⑹　図3を見て，

①：$100 I_1 + V_1 + V_2 - E = 0$

$$\therefore\ E = 100 I_1 + V_1 + V_2$$
$$= 100 \times 0.09 + 10 + 2.5 = 21.5\ [\mathrm{V}]\quad \cdots 答$$

出たら困る！　必ず見ておこう，ダイオードの解法

　ダイオードとは一方通行の抵抗と思えばよい（ただし，理想化されたダイオードはただの導線である）。その解法は，その両端の電位差の高低によって，次のようになる。

⑦　**$V > 0$ のとき**（点Aが点Bより高電位）

　⟹　**非直線抵抗として解く**

$$\left(\begin{array}{l}\text{理想化されたダイオードはただの導線と}\\\text{して扱う}\end{array}\right)$$

④　**$V < 0$ のとき**（点Bが点Aより高電位）

　⟹　**断線**

$$\left(\begin{array}{l}\text{B→Aの向きにダイオードは電流を流}\\\text{さない！つまり，逆流は不可能である}\end{array}\right)$$

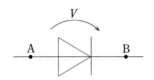

⑦の場合：——▶ 電流Iが流れる

④の場合：◀--- 電流Iは流れない

よく出る例

　理想化されたダイオードで，図1のような回路をつくり，図2上のグラフのような交流電圧 v を加えたときに，回路を流れる電流 i は図2下のようになる。

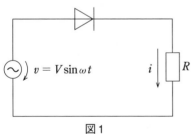

図1

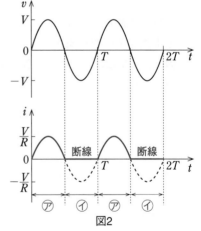

図2

　また，抵抗Rの代わりに，初めに電気量が 0 のコンデンサーCをつけると，$t = \dfrac{1}{4}T$ でいったん満プクになったコンデンサーは放電しようとするが，**電気はダイオードのせいで，逆流することが不可能な**ので，コンデンサーの電圧 v_C のグラフは図3のように $v_C = V$ になったところで変化しなくなってしまう。

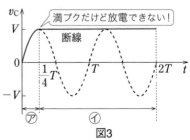

図3

重要問題 **76** 電流が受ける力のモーメントの問題

答
$$\frac{2Mgr}{Ba^2n} \text{〔A〕}$$

解説 磁場の中に電流が流れると，電流は磁場から電磁力を受ける。

ここで，図1のように磁場の方向に x 軸，コイルの回転軸の方向に y 軸，それらと直交するように z 軸をとる。

すると…，図1でコイルの各辺 AB，BC，CD，DA を流れる電流 I が受ける電磁力の向きは，**右手のパー②**より，

> 親指を電流 $\vec{I}$ の方向に，人指し指から小指までの束を磁束密度 $\vec{B}$ の方向にあてたときに，手のひらでプッシュする方向

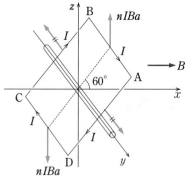

図1：コイル各辺の受ける電磁力の向きに注目

で，辺 AB は $+z$ 方向，辺 BC は $-y$ 方向，辺 CD は $-z$ 方向，辺 DA は $+y$ 方向の電磁力を受ける。大きさは，辺 AB，辺 CD で（導線 n 本分に注意！），

$$n \times IBa = nIBa \text{〔N〕}$$

これらの力のうち，コイルを回転軸のまわりに回転させられるのは，辺 AB と辺 CD に働く2つの力のみ。ここまでわかったら，あとは静止しているコイルを考えるので，力学のつりあいの問題だ！ 図2で，この2つの力とおもりに働く重力の，力のモーメントのつりあいの式 (本冊 p.14) より，

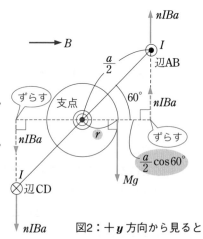

$$\underbrace{nIBa}_{\text{力}} \times \underbrace{\frac{a}{2}\cos 60°}_{\text{うでの長さ}} \underbrace{\times 2}_{\text{2つの力}} = \underbrace{Mg}_{\text{力}} \times \underbrace{r}_{\text{うでの長さ}}$$

$$\therefore \quad I = \frac{2Mgr}{Ba^2n} \text{〔A〕} \cdots \text{答}$$

図2：$+y$ 方向から見ると

答 $\dfrac{1}{\sqrt{3}}$

解説　例題の解説（本冊 p.113）と同様に，2 つの **手順** に分けて考えよう。

A，B，C の電流の大きさを I とし，正三角形の一辺の長さを r とする（向きは ⊙：裏→表とした）。

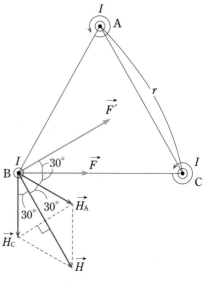

手順1　右図のように A，C の電流が B の位置につくる磁場 $\overrightarrow{H_A}$，$\overrightarrow{H_C}$ は，**右手のグー①**で，

> 親指をそれぞれの電流の方向（裏→表）に向けたときの，人指し指の先が向かう方向に巻く円の接線方向

を向きとし，その大きさは，

$$|\overrightarrow{H_A}|=|\overrightarrow{H_C}|=\dfrac{I}{2\pi r}$$

また，$\overrightarrow{H_A}$ と $\overrightarrow{H_C}$ の合成磁場 $\overrightarrow{H}$ の大きさは，右図より，

$$|\overrightarrow{H}|=|\overrightarrow{H_A}|\cos 30°\times 2=\dfrac{\sqrt{3}\,I}{2\pi r}$$

手順2　真空の透磁率を μ_0 とする。まず，電流 A が流れていないときを考え，$|\overrightarrow{H_C}|$ の磁場だけから，導線 B の電流 I の単位長さあたりが受ける電磁力 $\overrightarrow{F}$ は，**右手のパー②**より，上図の向きとなり，その大きさは，

$$\underbrace{|\overrightarrow{F}|=IBl}_{B=\mu_0 H\text{ より}}=I\cdot\mu_0|\overrightarrow{H_C}|\cdot l=I\cdot\mu_0\dfrac{I}{2\pi r}\cdot\underset{\text{単位長さ}}{1}=\dfrac{\mu_0 I^2}{2\pi r}\quad\cdots①$$

次に，$\overrightarrow{H_A}$ と $\overrightarrow{H_C}$ の合成磁場 $\overrightarrow{H}$ から，導線 B の電流 I の単位長さあたりが受ける電磁力 $\overrightarrow{F'}$ は，**右手のパー②**より，上図の向きとなり，その大きさは，

$$|\overrightarrow{F'}|=I\mu_0|\overrightarrow{H}|l=I\mu_0\dfrac{\sqrt{3}\,I}{2\pi r}\cdot 1=\dfrac{\sqrt{3}\,\mu_0 I^2}{2\pi r}\quad\cdots②$$

よって，①÷②より，$\dfrac{|\overrightarrow{F}|}{|\overrightarrow{F'}|}=\dfrac{1}{\sqrt{3}}$〔倍〕　…**答**

21 電磁誘導

重要問題 **78** ナナメに磁束線を切る導体棒

答

問1 (1) $V_1 = V_2 = vBl\cos\theta$

(2) $I_1 = \dfrac{vBl\cos\theta}{R_1}$　　向き：K→N　,　$I_2 = \dfrac{vBl\cos\theta}{R_2}$　　向き：L→M

(3) $I = \dfrac{(R_1 + R_2)vBl\cos\theta}{R_1 R_2}$

問2 運動方程式：$ma = mg\sin\theta - IBl\cos\theta$

$a = g\sin\theta - \dfrac{(R_1 + R_2)(Bl\cos\theta)^2}{mR_1 R_2}v$

問3 (1) $v_f = \dfrac{R_1 R_2 mg\sin\theta}{(R_1 + R_2)(Bl\cos\theta)^2}$　　(2) 解説を参照

解説 問1(1) **誘導起電力問題の解法**で**起→電→力**の順に解く！

起 導体棒PQは磁束を切りな
がら進むので，**ローレンツ力電
池**により起電力が発生する。こ
こで，図1のように棒の上に乗
せた +1C は磁場と直角方向に
は $v\cos\theta$ の速さで動くので，
Q→Pの向きに，

$1 \cdot v\cos\theta \cdot B$

の大きさのローレンツ力を受け
る。このローレンツ力が棒に
沿って +1C を運ぶときにする
仕事は，

$\underset{\text{力}}{\underline{1 \cdot v\cos\theta \cdot B}} \times \underset{\text{距離}}{\underline{l}}$

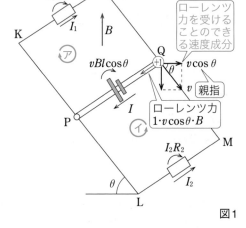

図1

で，これが発生する起電力の大きさと等しい。結局，図1より閉回路KNQP，
LMQP に生じる起電力の大きさはともに，

$V_1 = V_2 = vBl\cos\theta$　…**答**

(2) (1)で起電力を求めたので, 次は電流だ!

電 ㋐ : $I_1 R_1 - vBl\cos\theta = 0$　$\therefore$　$I_1 = \dfrac{vBl\cos\theta}{R_1}$ (K→Nの向き) …㊟

　　㋑ : $I_2 R_2 - vBl\cos\theta = 0$　$\therefore$　$I_2 = \dfrac{vBl\cos\theta}{R_2}$ (L→Mの向き) …㊟

(3) $I = I_1 + I_2 = \dfrac{(R_1 + R_2)vBl\cos\theta}{R_1 R_2}$ …① ㊟

問2　問1の(3)で電流がわかった。次はその電流が受ける力だ!

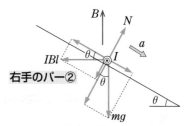

図2：真横(**P**側)から見た図

力 図2で**右手のパー②**より, 電流が受ける電磁力 IBl を水平左向きに作図する。斜面方向の運動方程式は(電磁力も分解することに注意),

$$ma = mg\sin\theta - IBl\cos\theta \quad …② ㊟$$

②に①を代入して, a について解くと,

$$a = g\sin\theta - \frac{(R_1 + R_2)(Bl\cos\theta)^2}{mR_1 R_2}v \quad …㊟$$

この式から v→大ほど a→小となり, だんだん一定速度に近づく。この速度 v–時間 t のグラフは図3のようになる。

問3(1)　十分な時間後, $v = v_f$ (一定) となる。このとき, 上の式で加速度 $a = 0$ として, $v = v_f$ について解くと,

$$v_f = \frac{R_1 R_2 mg\sin\theta}{(R_1 + R_2)(Bl\cos\theta)^2} \quad …㊟$$

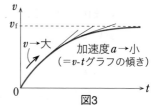

図3

(2)　1秒あたりの重力による位置エネルギーの減少は,

$$\Delta U = \underbrace{mg \times v_f \sin\theta}_{1秒あたりの高さの減少分} = \frac{R_1 R_2}{R_1 + R_2}\left(\frac{mg\sin\theta}{Bl\cos\theta}\right)^2$$

一方, R_1, R_2 が1秒あたりに発生するジュール熱の和は,

$$J = I_1^2 R_1 + I_2^2 R_2 = \frac{R_1 + R_2}{R_1 R_2}(Blv_f\cos\theta)^2 = \frac{R_1 R_2}{R_1 + R_2}\left(\frac{mg\sin\theta}{Bl\cos\theta}\right)^2$$

よって, 「(投入エネルギー ΔU)=(放出エネルギー J)」のバランスがとれている㊟。

答

(1) $V = \dfrac{1}{2}B\omega a^2$ 〔V〕 $\left(0 \leqq \theta < \dfrac{\pi}{3}\right)$

$V = 0$ 〔V〕 $\left(\dfrac{\pi}{3} \leqq \theta < \pi, \ \dfrac{4}{3}\pi \leqq \theta \leqq \dfrac{5}{3}\pi\right)$

$V = -\dfrac{1}{2}B\omega a^2$ 〔V〕 $\left(\pi \leqq \theta < \dfrac{4}{3}\pi\right)$, グラフは解説の図3を参照

(2)(i) 高い　(ii) 低い　(iii) $I = \dfrac{B\omega a^2}{2R}$ 〔A〕

(iv) $F_1 = \dfrac{B^2\omega a^3}{2R}$ 〔N〕 , $F_2 = 0$ 〔N〕　(v) $Q = \dfrac{B^2\omega^2 a^4}{4R}$ 〔J/s〕

解説 (1) **誘導起電力問題の解法で**解く。

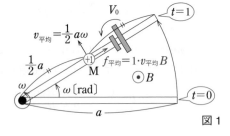

図1

起 まず一般に長さ a の棒が, 角速度 ω で回転しながら, 磁束密度 B の磁束を切るときに発生する起電力 V_0 を次の考え方で求める。

いま図1のように, 棒の中点Mは棒全体としての平均速度 $v_{平均} = \dfrac{1}{2}a\omega$ で動いているので, その位置に $+1$C を乗せるのがコツ。

この $+1$C が受けるローレンツ力が, 棒の上の $+1$C が受ける平均のローレンツ力 $f_{平均} = 1 \cdot v_{平均}B$ となる。

この平均のローレンツ力 $f_{平均}$ が, 棒に沿って $+1$C を運ぶときにする仕事は,

$V_0 = \underset{力}{f_{平均}} \times \underset{距離}{a}$

$= 1 \cdot v_{平均}B \times a$

$= 1 \cdot \dfrac{1}{2}a\omega B \times a$

$= \dfrac{1}{2}B\omega a^2$ 〔V〕 …①

図2では⑦：$0 \leqq \theta < \dfrac{\pi}{3}$，⑦：$\dfrac{\pi}{3} \leqq \theta < \pi$，⑦：$\pi \leqq \theta < \dfrac{4}{3}\pi$ の3つの領域に

分けて起電力を図示した（図の O→P→Q の向きが正なので，V_0 の正・負を check！）。

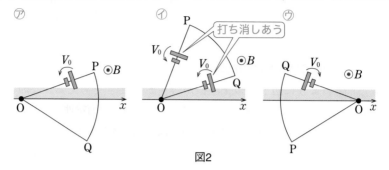

図2

よって，θ と V の関係を表すグラフは，$\dfrac{4}{3}\pi \leqq \theta \leqq \dfrac{5}{3}\pi$ では起電力が生じない（コイル全てが x 軸の下！）ことに注意して，図3答のようになる。

ただし，ここで①式より，

$$V_0 = \dfrac{1}{2}B\omega a^2 \ \text{〔V〕}$$

としている。

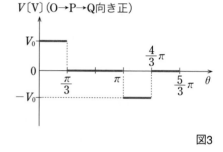

図3

(2) 図4より，(ⅰ)→高い答 (ⅱ)→低い答

(ⅲ) 電 図4で○の式は，

○：$IR - V_0 = 0$

∴ $I = \dfrac{V_0}{R} = \dfrac{B\omega a^2}{2R} \ \text{〔A〕}$ …答

(ⅳ) 力 図4より，

$$F_1 = IBa = \dfrac{B^2 \omega a^3}{2R} \ \text{〔N〕} \quad \cdots答$$

$$F_2 = 0 \ \text{〔N〕} \quad \cdots答$$

(ⅴ) $\boxed{Q = I^2 R} = \dfrac{B^2 \omega^2 a^4}{4R} \ \text{〔J/s〕} \quad \cdots答$

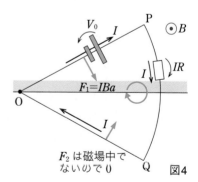

図4

答

(1) 辺BCDE：$\dfrac{9vbl}{23r}$ ， 辺EB：$\dfrac{vbl}{23r}$ ， 辺EFAB：$\dfrac{8vbl}{23r}$

(2) 解説を参照

解説 (1) **誘導起電力問題の解法**で解く。

起 下図のように辺AFのx座標が $x=x$ のときを考える。このとき，辺AF，辺BE，辺CDが磁束を切るので，**ローレンツ力電池**により起電力が発生する。各辺の棒に発生する起電力の向きは，棒に乗せた $+1$C の受けるローレンツ力の向きと同じで $-y$ 向き，大きさはそれぞれのローレンツ力が，棒に沿って $+1$C を運ぶときにする仕事に等しいので，

$$V_1 = \underbrace{1 \cdot vbx}_{力} \times \underbrace{l}_{距離} = vblx \quad \cdots ①$$

$$V_2 = 1 \cdot vb(x+l) \times l = vbl(x+l) \quad \cdots ②$$

$$V_3 = 1 \cdot vb(x+3l) \times l = vbl(x+3l) \quad \cdots ③$$

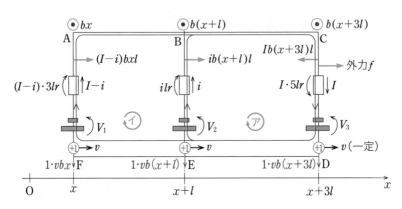

電 上図のように電流を仮定すると，BCDE部分（全長$5l$），EB部分（全長l），EFAB部分（全長$3l$）の抵抗は，それぞれ$5lr$，lr，$3lr$ となるから，

$\quad ⑦：I \cdot 5lr - V_3 + V_2 + ilr = 0 \quad \cdots ④$

$\quad ①：V_1 + (I-i) \cdot 3lr - ilr - V_2 = 0 \quad \cdots ⑤$

①～⑤より，$I = \dfrac{9vbl}{23r}$ ， $i = \dfrac{vbl}{23r}$ ， $I - i = \dfrac{8vbl}{23r}$ …**答**

(2) **力** 前ページの図で電磁力 (向きは**右手のパー②**) を含めた左右の力のつり
あいより, 一定速度で動かし続けるために加えている外力 f は,

$$f = Ib(x+3l)l - ib(x+l)l - (I-i)bxl = \frac{26b^2l^3v}{23r}$$

また, 1秒あたりに発生するジュール熱 $(Q = I^2R)$ の和 J は,

$$J = I^2 \cdot 5rl + i^2 \cdot rl + (I-i)^2 \cdot 3rl = \frac{26b^2l^3v^2}{23r}$$

よって, 外力が1秒あたりにする仕事は $f \times v = J$ となっている⦿。

重要問題 **81** **コイル内で時間変化する磁束密度**

⦿
(1) $B = B_1 + \left(\dfrac{B_2 - B_1}{t_2 - t_1}\right)(t - t_1)$ (2) $\Phi = \pi r^2 \left\{ B_1 + \left(\dfrac{B_2 - B_1}{t_2 - t_1}\right)(t - t_1) \right\}$

(3) $\dfrac{\pi r^2 |B_2 - B_1|}{t_2 - t_1}$ 〔V〕 ただし, $t_1 \leqq t \leqq t_2$ (4) 解説の図2を参照

 本問のようにコイルを貫く磁束密度 B が時間変化する場合は, もはや
ローレンツ力電池は使えず, 次の**レンツ&ファラデーの法則**で解くしかない。

┃ レンツ&ファラデーの法則

① **起電力の向き** … 磁束 $\Phi = BS$ の変化を妨げる向き

② **起電力の大きさ** $|V|$

    $|V|=1$ **秒あたりの磁束 Φ の変化の大きさ = Φ–t グラフの傾き** $= \left|\dfrac{d\Phi}{dt}\right|$

(1) 問題文から横軸 t, 縦軸 B のグラフを描いたときの, $t_1 \sim t_2$ までの直線の式が
答えとなる。よって, 磁束密度 $B (1\,\mathrm{m}^2$ あたりの磁束線の本数$)$ は,

$$B = B_1 + \left(\frac{B_2 - B_1}{t_2 - t_1}\right)(t - t_1) \quad \cdots⦿$$

(2) $\boxed{\Phi = (磁束線の総本数)}$

$$= \underbrace{\pi r^2}_{\text{コイルの面積}} \times \underbrace{\left\{ B_1 + \left(\frac{B_2 - B_1}{t_2 - t_1}\right)(t - t_1) \right\}}_{\text{磁束密度}(1\,\mathrm{m}^2\,\text{あたりの本数})} \quad \cdots⦿$$

(3) **誘導起電力問題の解法**で解く。

起 レンツ＆ファラデーの法則で，Φ が時間変化する $t_1 \sim t_2$ の間で発生する起電力の大きさは，

$$\boxed{V = \left| \frac{d\Phi}{dt} \right|} = \frac{\pi r^2 |B_2 - B_1|}{t_2 - t_1} \text{〔V〕} \cdots \text{答}$$

(2)の答を t で微分した！

$\left(\begin{array}{l} B_1，B_2 \text{のどちらが大きいかわからないの} \\ \text{で，絶対値は外せない。} \end{array} \right)$

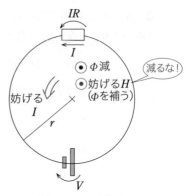

図1：$t_1 \sim t_2$ のとき

(4) **電** $t_1 \sim t_2$ のときのみ電流が流れる。ここで，Φ **が減っていくの**で，図1の向きに電流が流れる。よって，オームの法則より電流 i（右まわり正）は，

$$i = -I = -\frac{V}{R}$$

$$= -\frac{\pi r^2 |B_2 - B_1|}{R(t_2 - t_1)}$$

$$\fallingdotseq -3.9 \times 10^{-3} \text{〔A〕}$$

よって，答は図2のようになる。

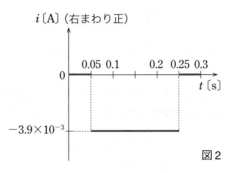

図2

 重要問題 **82** 磁場中で回転するコイル 差がつく！

答
(1) $Bl^2 \cos\theta$　　(2) 解説の図3を参照

(3) 力の大きさ：$\dfrac{B^2 l^3 \omega}{R} |\sin\omega t|$　，　力の向き：回転を妨げようとする向き

解説 (1) **誘導起電力問題の解法**で解く。

起 回転コイルの問題は**レンツ＆ファラデーの法則**で起電力を考える。

まず，図1のようにコイルを真上から見ると，**コイルを垂直に貫くことのできる磁束の横幅は$l\cos\theta$しかないので**，コイルを貫いている磁束Φ（磁束線の総本数）は，

$$\Phi = B \times (l \times l\cos\theta) \quad \cdots \text{答}$$
$$= Bl^2\cos\omega t \quad \cdots ①$$

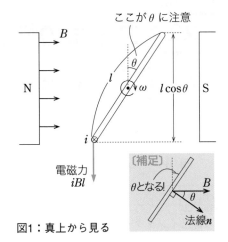

図1：真上から見る

ここがθに注意

〔補足〕
θとなる！
法線n

(2) S極側から見ると，**磁束Φは減っている**ので，図2より発生する起電力はP→Qの向きを正として，①より，

$$\boxed{V = \left|\frac{d\Phi}{dt}\right|} = Bl^2\omega\sin\omega t$$

①をtで微分し絶対値を外した

電 よって，P→Qの向きの電流iは，オームの法則より，

$$i = \frac{V}{R} = \frac{Bl^2\omega}{R}\sin\omega t$$

これより，グラフは図3答のようになる。

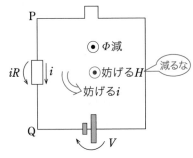

図2：S極側から見る

(3) あとは(2)で求めた電流が受ける力を考えるだけ。

力 PQ間に働く電磁力の大きさは，

$$|iBl| = \frac{B^2l^3\omega}{R}|\sin\omega t| \quad \cdots \text{答}$$

その向きは，図1に書いてあるように，回転を妨げようとする向き答になっている。

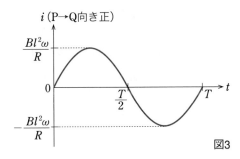

図3

22 コイルの性質

答

(1) $B = \mu nI$　　(2) $\Phi = \mu nSI$　　(3) $V = nl \left| \dfrac{\Delta\Phi}{\Delta t} \right|$　　(4) $L = \mu n^2 lS$

(5) $W = \dfrac{1}{2} \mu n^2 lSI^2$

解説　ソレノイドコイルの自己インダクタンスときたら，右図のように①～⑤のストーリーを追えるようにしよう。

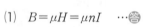

S　l　④　⑤

③ 妨げる磁場をつくりたい　→②　磁束Φ増

① 電流I増↑　1mあたりn回巻き（全nl回巻き）　右手のグー③

高　低

V

④ 妨げる電流 ⟨↑⟩ を流したい
⑤ そのために各1巻きごとに起電力 ⊣⊢ が発生

(1)　$B = \mu H = \mu nI$　…**答**

(2)　$\Phi = BS = \mu nIS$

　　　$= \mu nS \times I$　…①**答**

　　時間によらない定数

(3)　**レンツ&ファラデーの法則**より，コイル1巻きあたりに生じる起電力 v は，

$$v = \left| \frac{d\Phi}{dt} \right|$$

　よって，ソレノイドコイル全体に発生する誘導起電力の大きさ V は，上図より，**この起電力 v の電池を全部で nl〔個〕直列つなぎにした全体の起電力**なので，

$$V = \underline{nl} \times \underline{v} = nl \times \left| \frac{d\Phi}{dt} \right| \quad \cdots ②$$

　　　全巻数　1巻きあたり

$$= nl \times \left| \frac{\Delta\Phi}{\Delta t} \right| \quad \cdots \text{**答**}$$

(4) ②に①を代入して (ここで時間変化する電流 I だけが微分されることに注意),

$$V = nl \times \mu nS \left| \frac{dI}{dt} \right|$$

この式と $\boxed{V = L\dfrac{dI}{dt}}$ の式を比べて,

$L = \mu n^2 lS$ …答

ここまでの結果はそのまま試験に出るので, 何度も書いて覚えよう!

(5) コイルの磁気エネルギー $\boxed{W = \dfrac{1}{2}LI^2} = \dfrac{1}{2}\mu n^2 lSI^2$ …答

重要問題 **84** コイルを含む回路

差がつく!

答 (1) 5〔A〕　　(2) 10〔A〕　　(3) 2.0×10^2〔J〕　　(4) 3.0×10^2〔V〕

 (1) コイルを流れる電流は, 決して不連続変化 (0 A だったものが突然 3A 流れたり) することなく, **必ず直前の電流を一瞬は保とうとする。**

図1でSを閉じた**直後**, コイル は突然流れ込もうとする電流を妨 げ, **それまでの電流 0 を一瞬保と うとする。** よって,

◯ : $20I - 100 = 0$

∴　$I = 5$〔A〕 …答

(大外回り) : $4\dfrac{dI'}{dt} - 100 = 0$

∴　$\dfrac{dI'}{dt} = 25$

つまり, この瞬間 I' は 1 秒あ たりに 25A の割合で増加してい る。

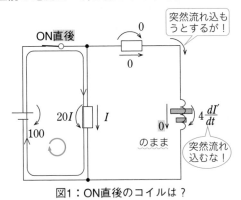

図1：ON直後のコイルは？

(2) **十分**時間後では，図2のように
一定電流となり，**コイルはただの
導線となり電圧は0**。よって，

$$\text{大外回り}: 10I' + 0 - 100 = 0$$
$$\therefore \quad I' = 10 \text{ [A]} \quad \cdots \text{答}$$

(3) $$\boxed{\frac{1}{2}LI'^2} = \frac{1}{2} \times 4 \times 10^2$$
$$= 2.0 \times 10^2 \text{ [J]} \quad \cdots \text{答}$$

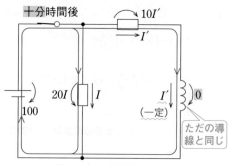

図2：十分時間後のコイルは？

(4) Sを切った**直後**は，図3のよう
に電流が突然止まるのを妨げる向
きに起電力が生じ，**それまでの電
流I'を一瞬は保つ**。ただし，ス
イッチSは切れているので，電流
はすべて右側の閉回路を流れてい
る。よって，

$$\circlearrowright: 20I' + 10I' - V = 0$$
$$\therefore \quad V = 30I'$$
$$= 30 \times 10$$
$$= 3.0 \times 10^2 \text{ [V]} \quad \cdots \text{答}$$

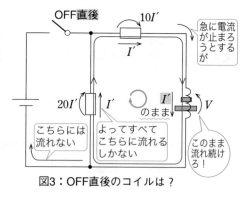

図3：OFF直後のコイルは？

答

(1) 0 〔V〕　　(2) $\dfrac{V_0}{\sqrt{2}}$ 〔V〕　　(3) $2\pi f_0 C V_0 \sin\left(2\pi f_0 t + \dfrac{\pi}{2}\right)$ 〔A〕

(4) $\dfrac{\pi}{2}$ 進む　　(5) $\dfrac{V_0}{2\pi f_0 L}\sin\left(2\pi f_0 t - \dfrac{\pi}{2}\right)$ 〔A〕　　(6) π 遅れる

(7) $\left(2\pi f_0 C - \dfrac{1}{2\pi f_0 L}\right)V_0 \cos\left(2\pi f_0 t\right)$ 〔A〕　　(8) $\dfrac{1}{2\pi\sqrt{LC}}$ 〔Hz〕

解説　(1)　図1のように $f = f_0$ のとき，
Rに流れる電流が $i_R = 0$ となるので，オー
ムの法則よりRにかかる電圧は，

$v_R = 0$ 〔V〕　…**答**

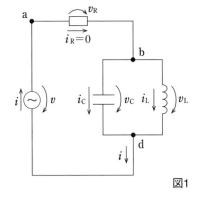

図1

(2)　(1)より，aとbは等電位だから，電源と
C，Lは並列とみなせ，共通の電圧がかか
るので，

$$v_C = v_L = v = \underbrace{V_0}_{振幅}\sin\underbrace{2\pi f_0 t}_{位相}$$

この実効値は，$\boxed{実効値＝振幅÷\sqrt{2}}$ の

定義より，$\dfrac{V_0}{\sqrt{2}}$ 〔V〕　…**答**

(3)　結局，CとLの並列回路なので，**交流回路の解法3ステップ[並列]** に入る。

STEP 1　共通の電圧は $V_0 \underbrace{\sin 2\pi f_0 t}_{\substack{電圧振幅\quad 電圧の位相}}$ と与えられている。

STEP 2　**コイル・コンデンサーと交流の表** より，コンデンサーに流れる

電流 i_C は，角振動数 ω と周波数 f_0 の関係 $\boxed{\boldsymbol{\omega = 2\pi f_0}}$ に注意して，

$$i_C = \underbrace{2\pi f_0 C \times V_0}_{(電流振幅)＝(電圧振幅)\times \omega C}\sin\underbrace{\left(2\pi f_0 t + \dfrac{\pi}{2}\right)}_{電流は電圧よりも \frac{\pi}{2} だけ進む}\text{〔A〕}\quad …\textbf{答}$$

◀━━ コンデンサーの場合

(4)　コンデンサーでは，電流は電圧よりも位相は $\dfrac{\pi}{2}$ だけ進む🈶。

　　⟶ **ずれのイメージ2**で，このことをイメージしてみよう（本冊 p.129）。

(5)　同様に，コイルに流れる電流 i_L は，

$$i_L = \frac{V_0}{2\pi f_0 L} \sin\left(2\pi f_0 t - \frac{\pi}{2}\right)\ \text{〔A〕}\ \cdots🈶$$

（電流振幅）＝（電圧振幅）×$\dfrac{1}{\omega L}$　　電流は電圧よりも $\dfrac{\pi}{2}$ だけ遅れる ⟵ **コイルの場合**

(6)　i_L は i_C よりも位相は π だけ遅れる🈶。

　　⟶ **ずれのイメージ1**で，このことをイメージしてみよう（本冊 p.129）。

(7)　**STEP3**　各電流を足したのが bd 間に流れる電流 i となるので，

$$i = i_C + i_L$$

$$= 2\pi f_0 C V_0 \sin\left(2\pi f_0 t + \frac{\pi}{2}\right) + \frac{V_0}{2\pi f_0 L}\sin\left(2\pi f_0 t - \frac{\pi}{2}\right)$$

$$= \left(2\pi f_0 C - \frac{1}{2\pi f_0 L}\right)V_0 \cos(2\pi f_0 t)\ \text{〔A〕}\ \cdots🈶$$

(8)　ここで図1より，$i = i_R = 0$ となるので，

$$2\pi f_0 C - \frac{1}{2\pi f_0 L} = 0$$

$$\therefore\ \ f_0 = \frac{1}{2\pi\sqrt{LC}}\ \text{〔Hz〕}\ \cdots🈶 \longleftarrow\ \boxed{\text{この結果は共振周波数と}\\ \text{して覚えておくとよい。}}$$

重要

　この周波数 f_0 の逆数，つまり周期 T_0 を求めると，

$$T_0 = \frac{1}{f_0} = 2\pi\sqrt{LC}$$

　この式を見て，何か気づくだろうか？

　そう，これは **SECTION 22** の例題(2)(b)の電気振動の周期となっている（⟹ 本冊 p.125）。つまり，本問でも，C と L の間で電流の「キャッチボール」が行われていて，電気振動と全く同じ状態となっているのだ。このような関連性を見つけるとより理解が深まっていく。

答

(1) $V_0 = I_0 \sqrt{R^2 + \left(\omega L - \dfrac{1}{\omega C}\right)^2}$ 〔V〕　　(2) $\omega_0 = \dfrac{1}{\sqrt{LC}}$ 〔rad/s〕

(3) $\omega > \omega_0$ のとき $\alpha = \dfrac{\pi}{2}$,　$\omega = \omega_0$ のとき α は不定 ,

　　$\omega < \omega_0$ のとき $\alpha = -\dfrac{\pi}{2}$

解説 (1)　**交流回路の解法3ス テップ[直列]**で解く。

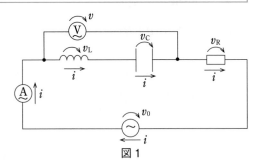

図1

STEP 1　直列の回路なの で, 図1のように共通電流 i が流れる。 i は与えられてお り,

$$i = I_0 \sin \underbrace{\omega t}_{}$$

電流振幅　電流の位相

STEP 2　L, C, Rの各部分にかかる電圧を v_L, v_C, v_R とおく。ここで, **コイル・コンデンサーと交流の表**より各電圧は,

$$v_L = \underbrace{\omega L I_0}_{} \sin \underbrace{\left(\omega t + \frac{\pi}{2}\right)}_{} \quad \cdots ①$$

(電圧振幅)＝(電流振幅)×ωL　　電圧の位相$\left(\text{電流より } \frac{\pi}{2} \text{ だけ進む}\right)$

別解　微分に慣れている人はコイルの電圧の式 $v_L = L\dfrac{di}{dt}$ に $i = I_0 \sin \omega t$ を 代入し, t で微分して

$$v_L = L I_0 \omega \cos \omega t$$

$$= \omega L I_0 \sin \left(\omega t + \frac{\pi}{2}\right)$$

としてもよい。

$$v_C = \frac{I_0}{\omega C} \sin \left(\omega t - \frac{\pi}{2}\right) \quad \cdots ②$$

(電圧振幅)＝(電流振幅)×$\frac{1}{\omega C}$　　電圧の位相$\left(\text{電流よりも } \frac{\pi}{2} \text{ だけ遅れる}\right)$

また, v_R はオームの法則より,

$$v_R = iR = R I_0 \sin \omega t$$

STEP 3 各電圧を足して，全体の電圧 v_0 を出すと，

$$v_0 = v_R + v_L + v_C$$

$$= RI_0 \sin\omega t + \omega L I_0 \sin\left(\omega t + \frac{\pi}{2}\right) + \frac{I_0}{\omega C} \sin\left(\omega t - \frac{\pi}{2}\right)$$

$$= RI_0 \sin\omega t + \left(\omega L I_0 - \frac{I_0}{\omega C}\right)\cos\omega t \quad \cdots ※$$

ここで，次の**交流必須の公式**を確認し，ぜひ使えるようにしよう。

 コツ

三角関数の合成公式

$$A\sin\theta + B\cos\theta = \sqrt{A^2 + B^2}\,\sin(\theta+\delta)\,\left(ただし, \ \tan\delta = \frac{B}{A}\right)$$

これより，式※は，上の「三角関数の合成公式」で

$$A = R, \ B = \omega L - \frac{1}{\omega C}$$

として，

$$v_0 = I_0 \underbrace{\sqrt{R^2 + \left(\omega L - \frac{1}{\omega C}\right)^2}}_{振幅}\, \underbrace{\sin(\omega t + \delta)}_{位相}$$

$$\left(ただし, \ \tan\delta = \frac{\omega L - \dfrac{1}{\omega C}}{R}\right)$$

この式が電源電圧を表す式になるので，電源電圧の振幅 V_0 は，

$$V_0 = I_0 \sqrt{R^2 + \left(\omega L - \frac{1}{\omega C}\right)^2} \quad \cdots ③\ 答$$

(2) ③より，電流の振幅（最大値）I_0 は，

$$I_0 = \frac{V_0}{\sqrt{R^2 + \left(\omega L - \dfrac{1}{\omega C}\right)^2}}$$

ここで ω をいろいろ変えていったとき，I_0 が最大となる（つまり分母が最小になる）のは，$\omega L - \dfrac{1}{\omega C} = 0$ のときで，

$$\omega = \frac{1}{\sqrt{LC}}\ (= \omega_0\ とおく)\,\text{[rad/s]} \quad \cdots 答$$

なんと！ 直列の場合でも共振角周波数は $\omega=\dfrac{1}{\sqrt{LC}}$ となる。

つまり，この場合でも $\omega=2\pi f$ より，

$$f=\frac{1}{2\pi\sqrt{LC}} \longrightarrow T=2\pi\sqrt{LC}$$

になるということ！ これは覚えておいて損はない。

(3) 電圧計にかかる電圧は，①，②の電圧の和であるので (p.159 の図 1)，

$$v=v_{\mathrm{L}}+v_{\mathrm{c}}$$

$$=\omega LI_0\sin\left(\omega t+\frac{\pi}{2}\right)+\frac{I_0}{\omega C}\sin\left(\omega t-\frac{\pi}{2}\right) \quad \cdots ④$$

　この式を $v=V\sin(\omega t+\alpha)$ の形にするときに注意したいのは，**V は振幅なので必ず正の値をとる**ことである。よって，次の 3 つの場合を考える。

(ⅰ) $\omega LI_0>\dfrac{I_0}{\omega C}$ つまり $\omega>\dfrac{1}{\sqrt{LC}}=\omega_0$ のとき

式④は，$v=\underbrace{\left(\omega LI_0-\dfrac{I_0}{\omega C}\right)}_{振幅>0}\sin\left(\omega t+\dfrac{\pi}{2}\right)$

よって，$\alpha=\dfrac{\pi}{2}$ …答 ◀──コイルの方の電圧が勝っている！

(ⅱ) $\omega LI_0=\dfrac{I_0}{\omega C}$ つまり $\omega=\dfrac{1}{\sqrt{LC}}=\omega_0$ のとき

　式④は $v=0$ となり，α は定まらない答。◀── コイルとコンデンサーの電圧
が完全に打ち消しあっている！

(ⅲ) $\omega LI_0<\dfrac{I_0}{\omega C}$ つまり $\omega<\dfrac{1}{\sqrt{LC}}=\omega_0$ のとき

式④は，$v=\underbrace{\left(\dfrac{I_0}{\omega C}-\omega LI_0\right)}_{振幅>0}\sin\left(\omega t-\dfrac{\pi}{2}\right)$

よって，$\alpha=-\dfrac{\pi}{2}$ …答 ◀──コンデンサーの電圧が勝っている！

SECTION
24 荷電粒子の運動

重要問題 **87** 電場中での放物運動・磁場中での円運動

(1) $\dfrac{2l}{v}$　　(2) qE　　(3) $\dfrac{qE}{m}$　　(4) $\dfrac{mv^2}{2ql}$　　(5) $\dfrac{2mv^2}{ql}$　　(6) qvB

(7) $\dfrac{mv}{qB}$　　(8) $\dfrac{mv}{ql}$　　(9) $\dfrac{mv^2}{ql}$

解説　本問のポイントは，荷電粒子が「どんな運動をするのか」を特定することである。そのためには「どんな力を受けているのか」を見極めることが大切。

(1)　粒子は**全く力を受けず，等速度運動をする**ので到達時間は，

$$t = \dfrac{2l}{v}\ \text{[s]}\ \cdots ① 答$$

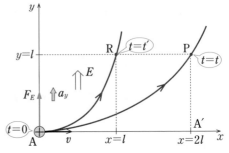

図1：一様電場中での放物運動

(2)　図1のように粒子は電場から
＋y 方向に一定の電気力
$$F_E = qE\ \text{[N]}\ \cdots 答$$
を受ける。

(3)　よって，粒子は **＋y 方向には等
加速度運動**をし，その加速度 a_y は運動方程式より，

$$ma_y = F_E$$

$$\therefore\ \ a_y = \dfrac{F_E}{m} = \dfrac{qE}{m}\ \text{[m/s}^2\text{]}\ \cdots ② 答$$

　一方，x 方向には全く力を受けないので（電場と垂直方向なので），(1)で見た**等速度運動**をする。よって，x, y 方向の運動を合わせると，図1のような**放物運動**をする。

(4)　Pに達する時間は①と全く同じである。よって，この時間 t の間に ＋y 方向において，粒子は l [m]だけ進めばPに達するので，**等加速度運動の公式**
公式❷（本冊 p.10）より，

$$\frac{1}{2}a_y t^2 = l$$

この式に①，②を代入して，

$$\frac{1}{2}\cdot\frac{qE}{m}\left(\frac{2l}{v}\right)^2 = l \qquad \therefore\quad E=\frac{mv^2}{2ql}\ [\mathrm{N/C}] \quad \cdots 答$$

(5) x 方向の等速度運動より，Rに達する時刻は $t'=\dfrac{l}{v}$

また，新しい電場の強さを E'，加速度を a_y' とすると，(4)と同様に，

$$\frac{1}{2}a_y' t'^2 = l \qquad \therefore\quad \frac{1}{2}\cdot\frac{qE'}{m}\left(\frac{l}{v}\right)^2 = l \qquad \therefore\quad E'=\frac{2mv^2}{ql}\ [\mathrm{N/C}] \quad \cdots 答$$

(6) 図2のように $\vec{v}$ と $\vec{B}$ が垂直なので，荷電粒子はローレンツ力を受ける。その向きは**右手のパー①**より，

> 親指を速度 $\vec{v}$ の向き（$+x$ 方向）へ，人指し指から小指までの束を磁束密度 $\vec{B}$ の向き（$+z$ 方向）へ向けたときに，手のひらでプッシュする方向

で（$-y$ 方向），その大きさは，

$$F_\mathrm{M}=qvB\ [\mathrm{N}] \quad \cdots 答$$

この力が向心力となって，粒子は**等速円運動**をすることになる。

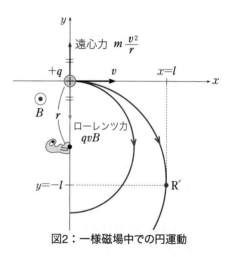

図2：一様磁場中での円運動

(7) 図2で円軌道の半径を r とすると，**回る人**から見た遠心力を含めた力のつりあいの式は，

$$m\frac{v^2}{r}=qvB \qquad \therefore\quad r=\frac{mv}{qB}\ [\mathrm{m}] \quad \cdots ③答$$

(8) R′ に達するには，半径が $r=l$ となる必要があるので，③より，

$$\frac{mv}{qB}=l \qquad \therefore\quad B=\frac{mv}{ql}\ [\mathrm{T}] \quad \cdots ④答$$

(9) 図 3 で ①〜③ の順に考える。

① まず初めに粒子は，ローレンツ力を
−y 方向に受けている（**右手のパー①**）。

② この粒子を +x 方向に直進させる
には，ローレンツ力とつりあうだけの
電気力が必要である。

③ よって，+y 方向に加えるべき電場
の強さを E'' とすると，力のつりあい
の式より，

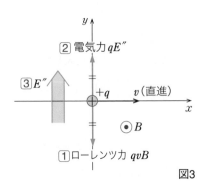

図3

$$qE'' = qvB \quad \therefore \quad E'' = vB = \frac{mv^2}{ql} \ (\text{N/C}) \quad (\text{④より}) \quad \cdots \text{答}$$

重要問題 **88** 電場中での加速・磁場中での円運動 　　最重要

答

(1) $v = \sqrt{\dfrac{2qV}{M}}$ 〔m/s〕 　(2) $x = \dfrac{2}{B}\sqrt{\dfrac{2MV}{q}}$ 〔m〕 　(3) 37

解説 (1) 問題文中で「電圧 V で加速」
ときたら，必ず図 1 のような一種のコン
デンサーの図を描くこと。ここで，荷電
粒子は**電気力を受けるので，ある加速度
運動をすること**がわかる。

また，電圧 V で加速された**後**の速度の
求め方は次のようにする。まず，コンデ
ンサーの上の極板の電位を 0 〔V〕，下の
極板の電位を V〔V〕とする。そして**電
位の定義 No. 3**（本冊 p. 95）の「**+1C を**

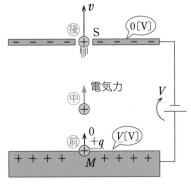

図1：電圧 V による加速

V〔V〕**の位置に置いたときにもつ，電気力による位置エネルギーは** V〔J〕」を
用いる。すると，+q〔C〕が V〔V〕の位置にあるときにもつ，電気力による位
置エネルギーは，q 倍の $q \times V$〔J〕であるので，**力学的エネルギー保存則**より，

$$\underset{\text{前}}{\underline{q \times V}} = \underset{\text{後}}{\underline{\frac{1}{2}Mv^2}} \quad \therefore \quad v = \sqrt{\frac{2qV}{M}} \ (\text{m/s}) \quad \cdots \text{①答}$$

(2) 図2のように, 粒子は**磁場からローレンツ力を受ける**。その向きは**右手のパー①**より, 常に $\vec{v}$ と $\vec{B}$ は直交し, 大きさは qvB となる。この力を受け, 粒子は**等速円運動**をする。

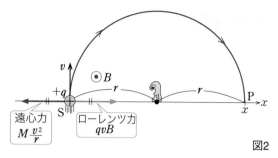

図2

遠心力 $M\dfrac{v^2}{r}$

ローレンツ力 qvB

その半径を r とすると, 図2で**回る人**から見た力のつりあいの式より,

$$M\frac{v^2}{r}=qvB \quad \therefore \quad r=\frac{Mv}{qB}$$

よって, 到達点Pまでの距離 x は図2から,

$$x=2r=\frac{2Mv}{qB}=\frac{2}{B}\sqrt{\frac{2MV}{q}} \ \text{[m]} \quad (①より) \quad \cdots② 答$$

(3) 式②より, 位置 x は粒子の質量 M と電荷 q に,

$$x \xleftrightarrow{\text{比例}} \sqrt{\frac{M}{q}} \quad \cdots③$$

のように比例していることがわかる。

　　この関係からいろいろな $\boxed{\text{比電荷}=\dfrac{q}{M}}$ をもつ荷電粒子が識別できる。この装置を質量分析器という。

　　本問では「ある元素を同じようにして」と書いてあり, これはイオンの価数を同じとみなしてよいということなので, 検出された2つの粒子について電荷 q は同じといえる。一方,「同位体」つまり原子番号(化学的性質)は同じで質量数(質量)が異なると書いてあるので, 質量は2つの粒子について異なり, それらを M_1, M_2 とおく。

　　いま, $x_1=2.00$ [m], および $x_2=2.06$ [m] であったので, ③の関係より,

$$\frac{x_1}{x_2}=\frac{\sqrt{\dfrac{M_1}{q}}}{\sqrt{\dfrac{M_2}{q}}}=\sqrt{\frac{M_1}{M_2}} \qquad \left(\begin{array}{l}\text{この式で } x_2>x_1 \text{ より } M_2>M_1 \text{ となる。}\\ \text{よって, 比電荷の大きい方は } M_1 \text{ である。}\end{array}\right)$$

$$\therefore \quad M_2=\left(\frac{x_2}{x_1}\right)^2 M_1=\left(\frac{2.06}{2.00}\right)^2 \times 35 \fallingdotseq \underline{37} \quad \cdots 答$$

質量数なので整数にする!

答

(1) $v = \dfrac{eaB_a}{m}$ ，　向き：反時計まわり

(2) $E_a = \dfrac{a}{2} \times \dfrac{\Delta \overline{B}}{\Delta t}$ ，　向き：時計まわり　，　$\dfrac{\Delta v}{\Delta t} = \dfrac{ea}{2m} \times \dfrac{\Delta \overline{B}}{\Delta t}$

(3) $\dfrac{\Delta B_a}{\Delta t} = \dfrac{1}{2} \times \dfrac{\Delta \overline{B}}{\Delta t}$

解説　ベータトロンでは，次のような，少し新しい考えが必要となる。それは誘導電場の法則である。この誘導電場の法則は実は，ファラデーの法則の本質を表している。

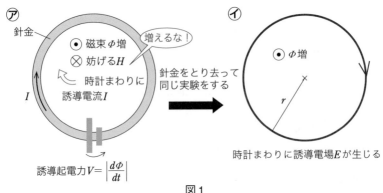

図1

　図1⑦のように，針金コイルを貫く磁束 Φ を時間とともに増すと，**レンツ＆ファラデーの法則**より，図の向きに誘導起電力 V が生じ，時計まわりに誘導電流 I が流れるといった反応が生じる。では，ここで，④のように針金をとり去って，今度は何もない空間に磁束 Φ を増やしていくことを考えよう。さて，④では針金がないからといって，何の反応も起こらないのだろうか。もしそうなら，電磁誘導の本質は針金にあることになってしまう。いや，そんなはずはないであろう。

　実際は，④のように，何もない空間中に，時計まわりに，**電場（誘導電場）$\vec{E}$ が生じているのだ**。そして，そこにたまたま⑦のように針金を置くと，その針金中の自由電子が，誘導電場 $\vec{E}$ から力を受けて動き，時計まわりに電流が流れる。これを，実は，今まで，誘導電流と呼んでいたのである。

ここで，起電力の定義より

$V=$（電場 E が $+1C$ を1周運ぶときにする仕事）

$$=\underbrace{E}_{\text{力}}\times\underbrace{2\pi r}_{\text{1周の距離}}$$

$\therefore$ 誘導電場 $E=\dfrac{1}{2\pi r}V=\dfrac{1}{2\pi r}\left|\dfrac{d\Phi}{dt}\right|$ …※

(1) 図2のように，粒子は磁場から大きさ evB_a のローレンツ力を受ける。その向きは，**右手のパー①**で親指は速度 $\vec{v}$ と逆向き（電子はマイナスの電荷なので）にあてることに注意して決める。この力を受け，電子は円運動している。図2で**回る人**から見た力のつりあいの式より，

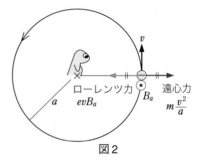

図2

$$m\dfrac{v^2}{a}=evB_a$$

$$\therefore\quad v=\dfrac{eaB_a}{m}\quad\cdots①\text{答}$$

$\vec{v}$ の向きは，図2より反時計まわり答である。

(2) 図1で見てきたように，空間には図3のように時計まわり答に，大きさは式※より，

$$E_a=\boxed{\dfrac{1}{2\pi a}\times\left|\dfrac{d\Phi}{dt}\right|}$$

$$=\dfrac{1}{2\pi a}\times\pi a^2\left|\dfrac{d\overline{B}}{dt}\right|\quad(\text{図3②より})$$

$$=\dfrac{a}{2}\times\dfrac{\Delta\overline{B}}{\Delta t}\quad\cdots③\text{答}$$

の誘導電場 E_a が生じる。

また，電子はこの電場 E_a から，図4のように大きさ eE_a の電気力を受ける。よって，その運動方程式は，

$$m\dfrac{\Delta v}{\Delta t}=eE_a$$

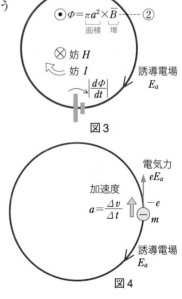

図3

図4

$$\therefore \quad \frac{\Delta v}{\Delta t} = \frac{eE_a}{m} = \frac{ea}{2m} \times \frac{\Delta \overline{B}}{\Delta t} \quad (\text{③より}) \quad \cdots \text{答}$$

よって Δt 秒間に電子は,

$$\Delta v = \frac{ea}{2m} \times \Delta \overline{B} \quad \cdots \text{④}$$

だけ,速さを増やす。

別解 力積と運動量の関係より,

　　　㊙　　㊥　　　㊨
$$mv + eE_a \Delta t = m(v + \Delta v)$$

$$\therefore \quad \Delta v = \frac{eE_a}{m}\Delta t = \frac{ea}{2m}\Delta \overline{B} \quad (\text{③より})$$

(3)　Δt 秒間で電子が,図5のように㊙→㊨へ
動いたとする。この間に電子の速さは
$v + \Delta v$ に増していく。このとき,遠心力も強
くなるが,**この増加する遠心力に対抗するた
めに,ローレンツ力も強化する必要がでてく
る。そのために,軌道上の磁束密度も**
$B_a + \Delta B_a$ **に強くする。**㊨の**回る人**から見た
力のつりあいの式より,

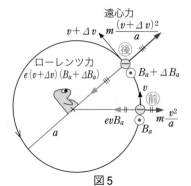

遠心力

図5

$$m\frac{(v + \Delta v)^2}{a} = e(v + \Delta v)(B_a + \Delta B_a)$$

$$\therefore \quad m(v + \Delta v) = ea(B_a + \Delta B_a)$$

この式に①,④を代入して,

$$eaB_a + \frac{ea}{2}\Delta \overline{B} = eaB_a + ea\Delta B_a$$

$$\therefore \quad \frac{1}{2}\Delta \overline{B} = \Delta B_a$$

$$\therefore \quad \underbrace{\frac{\Delta B_a}{\Delta t}}_{\substack{\text{軌道上での} \\ \text{増加率}}} = \frac{1}{2} \times \underbrace{\frac{\Delta \overline{B}}{\Delta t}}_{\substack{\text{軌道内部の} \\ \text{平均増加率}}} \quad \cdots \text{答}$$

(1) $\dfrac{1}{B}\sqrt{\dfrac{2mV_0}{q}}$ (2) $\dfrac{\pi m}{qB}$ (3) $\dfrac{qB}{2\pi m}$ (4) (a) $\dfrac{qB^2R^2}{2mV_0}$ (b) $\dfrac{(qBR)^2}{2m}$

解説 (1) 荷電粒子を加速する装置を加速器という。前問のベータトロンとともにサイクロトロンもその1つである。

図1で，**力学的エネルギー保存則**より，

$$\underbrace{q \times V_0}_{\substack{\text{点 } P_0 \text{ での電気} \\ \text{力による位置} \\ \text{エネルギー}}} = \underbrace{\frac{1}{2}mv_0^2}_{\substack{\text{点 } P_0' \text{ での} \\ \text{運動エネルギー}}}$$

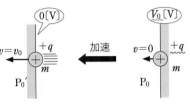

図1

$$\therefore\quad v_0 = \sqrt{\frac{2qV_0}{m}}\quad\cdots①$$

また，図2で荷電粒子が受けるローレンツ力 qv_0B の向きは**右手のパー①**より決まる。この力によって，粒子は P_0' から P_1' まで等速円運動していく。その半径を r とすると，**回る人**から見た力のつりあいの式は，

$$m\frac{v_0^2}{r} = qv_0B$$

$$\therefore\quad r = \frac{mv_0}{qB}\quad\cdots②\quad\left(\begin{array}{l}r \text{ は } v_0 \text{ に}\\\text{比例}\end{array}\right)$$

$$= \frac{1}{B}\sqrt{\frac{2mV_0}{q}}\quad(①より)\quad\cdots\text{答}$$

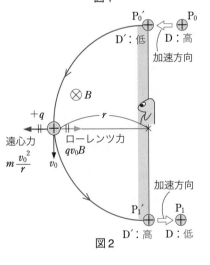

図2

(2) $P_0' \rightarrow P_1'$ までは円運動の $\dfrac{1}{2}$ 周期分

であるので，その時間 t_0 は，

$$t_0 = \frac{1}{2} \times \underbrace{\frac{2\pi r}{v_0}}_{\text{1周期分}} = \frac{\pi m}{qB}\quad(②より)\quad\cdots③\,\text{答}\quad\left(\begin{array}{l}t_0 \text{ は } v_0 \text{ に}\\\text{よらない}\end{array}\right)$$

(3) 粒子は P_0P_0' 間では左向きに加速された。逆に，$P_1'P_1$ 間では，図2のように，右向きに加速されなければならない。よって，そのためには，**粒子が P_0'**

から P_1' まで半周する間（t_0 秒間）に，D と D' の電位の高，低が逆転している必要がある。そのための条件は，一般に n を自然数として，

$$\binom{\text{半周回る}}{\text{時間 } t_0} = \binom{\text{高周波電圧}}{\text{の } \frac{1}{2} \text{ 周期}} \times \underbrace{(\text{奇数 } 2n-1)}_{\text{偶数だと元に戻ってしまうので}}$$

特に，$n=1$ のときに最も小さい t_0 となるので，

$$t_0 = \left(\frac{1}{2} \times \frac{1}{f}\right) \times (2 \times 1 - 1) = \frac{1}{2f}$$

$$\therefore \quad f = \frac{1}{2t_0} = \frac{qB}{2\pi m} \quad (\text{③より}) \quad \cdots \text{答}$$

(4) 加える高周波電圧の周波数が(3)で求めた周波数であれば，粒子は半周回るたびにタイミングよくD と D' の間で電圧 V_0 で加速され続けていく。しかし，式②で見たように，円運動の半径 r は，速さ v_0 に比例してどんどん大きくなっていく（図3）。そして，とうとう半径 $r=R$ になったときに粒子は磁場から脱出する。このとき式②で $r=R$, $v_0=v$ として，

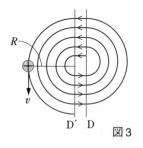

図3

$$R = \frac{mv}{qB} \quad \therefore \quad v = \frac{qBR}{m} \quad \cdots ④$$

よって，このときの運動エネルギーは，

$$\frac{1}{2}mv^2 = \frac{(qBR)^2}{2m} \quad \cdots \text{(b)の答}$$

また，加速回数を N 回とすると，**力学的エネルギー保存則**より，

$$\underbrace{q}_{} \times \underbrace{V_0}_{} \times N = \frac{1}{2}mv^2$$

1回の加速で得る　　最終的な
電気力による位置　　運動エネルギー
エネルギー

$$\therefore \quad N = \frac{mv^2}{2qV_0}$$

$$= \frac{qB^2R^2}{2mV_0} \quad (\text{④より}) \quad \cdots \text{(a)の答}$$

25 光子と電子波

答 (1) 1.0×10^{13}〔個/s〕 (2) 1.8〔eV〕 (3) 解説の図6を参照

(4) 仕事関数：2.3〔eV〕， プランク定数：6.6×10^{-34}〔J・s〕

 (1) 本問は原子の問題というより**電磁気の問題**。

AからBに1秒あたりに渡る（その後電流計を通る）電子の数をnとする。ここで電流の定義より，

（電流 I_0）＝（1秒あたりに通過する電気量）

$$= \underline{n} \times \underline{e}$$

1秒あたりに通　電子1個あたり
過する電子の数　の電気量の大きさ

$$\therefore \quad n = \frac{I_0}{e} = \frac{1.6 \times 10^{-6}}{1.6 \times 10^{-19}} = 1.0 \times 10^{13} \text{〔個/s〕} \quad \cdots \text{答}$$

(2) ここからが**原子特有の問題**である。プランク定数をhとするとき，光電効果ではいつも，次の**光電効果のストーリー3ステップ**にしたがって考えていくのが，お決まりである。

STEP 1 光電効果（1つの光子から1つの電子がエネルギーをもらい，金属内部から脱出するまでのこと）の式を立てる。

本問では図1のように，金属中に束縛された1つの電子⊖は，1つの振動数νの光子からエネルギー$h\nu$（120万円）をもらうが，金属表面上に出るために，ある一定以上のエネルギーW（100万円）を支払わねばならない（このエネルギーをその金属固有の仕事関数Wという）ので，脱出したときに残っている運動エネルギーは，最も多いときでも，

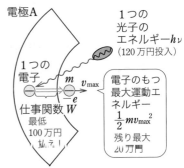

図1：**STEP 1**（光電効果）

$$\frac{1}{2}mv_{\max}{}^2 = h\nu - W$$

（20万円）　（120万円）　（100万円）

までしかない。よって，次の基本式が得られる。

$$\underset{\text{1つの光子のエネルギー}}{h\nu} = \underset{\text{仕事関数}}{W} + \underset{\text{1つの電子の運動エネルギー}}{\frac{1}{2}mv_{\max}{}^2} \quad \cdots ①$$

　ここで大切なことは，1つの光子が1つの電子に**完全に1対1の対応関係で，**エネルギーを与えることである。例えば，100個の光子が入れば，100個の電子が飛び出し，200個の光子が入れば，200個の電子が飛び出すということだ。

　別の言い方をすれば，**飛び出す電子の数は光子の量（光の強度）のみで決まる**ということである。

STEP 2　光電流 I-電圧 V のグラフの意味を理解する。

　ここから先は完全に電磁気の問題。図2のように極板A，Bは一種のコンデンサーとみなせる。Aの電位を 0〔V〕としたときのBの電位を V〔V〕とする。ここで，次の2つの場合に分ける。

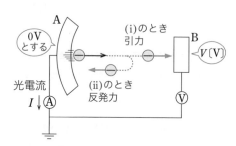

図2：**A**と**B**からなる「コンデンサー」

(i)　$V>0$ のとき

　このとき図2のコンデンサーの極板Aは負に，Bは正に帯電する。

　このため**A**から飛び出した電子⊖はすべて，**正の電気をもつ B に引きつけられ B へと渡っていく。**しかも $V>0$ であれば，V を増やしたところで，すべての⊖が渡れることに変わりはない。よって，<u>V を大きくしても光電流 I の値は一定のまま。</u>㋐

(ii)　$V<0$ のとき

　このとき図2のコンデンサーの極板Aは正に，Bは負に帯電する。このため，**A**から飛び出した電子⊖は，負の電気をもつ**B**から反発力を受け，**速さの遅い⊖は押し返されてしまう。**よって，<u>$|V|$ を大きくしていくと渡れる⊖の数が減り，光電流 I が減少していく。</u>㋑

以上の結果により，図3のようなI-Vグラフとなる意味がわかる（実はこれが問題文に与えられた図bのことである）。特に，(イ)で$V=-V_C$のときv_{max}をもつ電子(−)でさえ渡れなくなり，$I=0$となってしまう。この電位差V_Cのことを阻止電圧という。

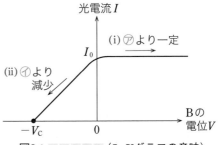

図3：**S T E P 2**（I-Vグラフの意味）

S T E P 3 $V=-V_C$（阻止電圧）における電子のエネルギー保存則を書く。

図4のように，Bが$V=-V_C$のときにv_{max}をもつ電子(−)がちょうど渡れなくなるので，**力学的エネルギー保存則**より，

$$\frac{1}{2}mv_{max}{}^2 = \underbrace{(-e)(-V_C)}$$

前の運動エネルギー　　後の電気力による位置エネルギー

$$\therefore \quad \boxed{eV_C=\frac{1}{2}mv_{max}{}^2} \quad \cdots ②$$

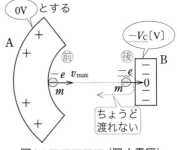

図4：**S T E P 3**（阻止電圧）

以上でストーリー完了。そのまま試験に出るので何度も繰り返しておこう。

本問では，問題文の図bより阻止電圧は$V=1.8$〔V〕とわかる。よって，式②より最大運動エネルギーは（1〔eV〕=e〔J〕に注意して），

$$\frac{1}{2}mv_{max}{}^2=eV_C=1.8e\,〔J〕=1.8\,〔eV〕 \quad \cdots ❓$$

(3) 光の波長を変えずに光の強度を強くするとは，いったいどういうことなのかといえば，図5を見て，（Ⅱ）→（Ⅰ）または（Ⅳ）→（Ⅲ）とすることと同じで，**1コ1コの光子のエネルギー$h\nu$は変えずに，光子の数だけ増す**ということになる。

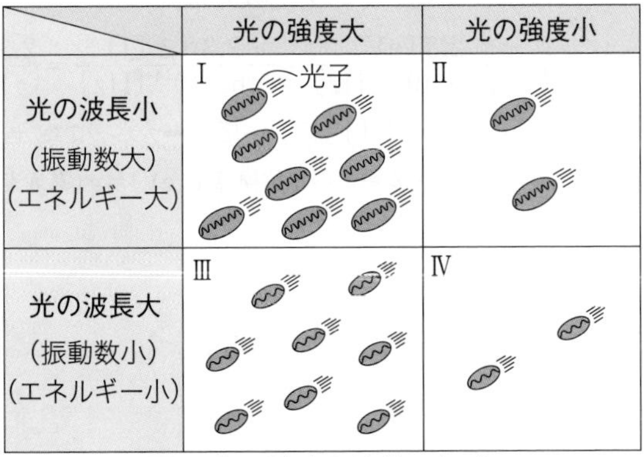

	光の強度大	光の強度小
光の波長小 （振動数大） （エネルギー大）	Ⅰ　光子	Ⅱ
光の波長大 （振動数小） （エネルギー小）	Ⅲ	Ⅳ

図5：光の強度と波長のちがい

よって，式①より，$h\nu$ を変えないということから v_{max} は変えず，このことから式②を見て，阻止電圧 V_C も変えない。一方，光子の数を増すということから，電子の数つまり電流だけを増すというわけである。

その結果，I-V グラフは図6のように変化する😊。

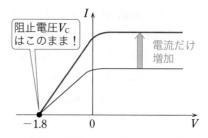

図6：頻出！I-Vグラフの変化

⑷ 問題文の図cもよく出るグラフである。グラフを見たら，まず軸をチェック。すると…，

縦軸が $\frac{1}{2}mv_{max}{}^2$ で，横軸が ν である。そう，この関係といえば式①だ。よって，①より，

$$\underset{\text{傾き}}{\frac{1}{2}mv_{max}{}^2} = \underset{}{h}\nu + \underset{\text{切片}}{(-W)}$$

覚えておこう：h は傾き，W は切片

これより，図7のような直線の式

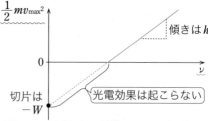

図7：このグラフの特徴をつかめ（式①のグラフ）

を表すことがわかる。$\left(\text{考えづらかったら，} \frac{1}{2}mv_{max}{}^2 \text{ を } y,\ \nu \text{ を } x \text{ とおきかえて，よく見る}\right.$

y-x グラフをイメージしてみよう。$\Big)$

まず，切片より仕事関数 W がわかり，$W = 2.3$ 〔eV〕😊となる。
次に傾きよりプランク定数 h は，

$$h = \frac{2.3\,〔\text{eV}〕}{5.6 \times 10^{14}\,〔\text{Hz}〕} = \frac{2.3 \times e\,〔\text{J}〕}{5.6 \times 10^{14}\,〔\text{Hz}〕} = \frac{2.3 \times 1.6 \times 10^{-19}\,〔\text{J}〕}{5.6 \times 10^{14}\,〔\text{Hz}〕}$$

$\fallingdotseq 6.6 \times 10^{-34}$ 〔J・s〕 …😊 ◀━プランク定数の値は暗記しておくと何かと便利！

（ここでエネルギーの単位換算 1〔eV〕$= e$（電気素量）〔J〕を用いた。）

答

(1) $h\dfrac{c}{\lambda}=h\dfrac{c}{\lambda'}+\dfrac{1}{2}mv^2$

(2) x方向：$\dfrac{h}{\lambda}=\dfrac{h}{\lambda'}\cos\phi+mv\cos\theta$ ， y方向：$0=\dfrac{h}{\lambda'}\sin\phi-mv\sin\theta$

(3) 解説を参照 (4) $\lambda'=2.34\times10^{-11}$〔m〕， $\varDelta E=9.71\times10^{-16}$〔J〕

解説 (1)，(2) 次の**コンプトン効果ストーリー３ステップ**で解こう。

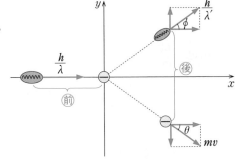

S T E P 1 衝突前，後の図を描き，光子と電子の運動量のベクトルを x，y 方向に分解して図示する。

本問では右図のように作図。

S T E P 2 力学の弾性斜衝突の問題として，エネルギー保存則と，x，y 方向の運動量保存則の式を立てる。

エネルギー保存則より，

$$\underset{前}{\underline{h\dfrac{c}{\lambda}}}=\underset{後}{\underline{h\dfrac{c}{\lambda'}+\dfrac{1}{2}mv^2}}\quad\cdots① 答$$

運動量保存則より，

$$x：\dfrac{h}{\lambda}=\dfrac{h}{\lambda'}\cos\phi+mv\cos\theta\quad\cdots② 答$$

$$y：\underset{前}{\underline{0}}=\underset{後}{\underline{\dfrac{h}{\lambda'}\sin\phi-mv\sin\theta}}\quad\cdots③ 答$$

(3) あとは計算するだけなのだ！ そこで…，

S T E P 3 「３つのお決まりの計算」によって，電子に関する測定不能な量 θ，v を消去して，波長のずれ $\lambda'-\lambda$ を求める。

②より，

$$mv\cos\theta=\dfrac{h}{\lambda}-\dfrac{h}{\lambda'}\cos\phi\quad\cdots②'$$

③より，

$$mv\sin\theta = \frac{h}{\lambda'}\sin\phi \quad \cdots ③'$$

辺々を②'²＋③'² して，$\cos^2\theta + \sin^2\theta = 1$，$\cos^2\phi + \sin^2\phi = 1$ を用いて，θ を消して，← お決まりの計算その1

$$(mv)^2 = \left(\frac{h}{\lambda}\right)^2 + \left(\frac{h}{\lambda'}\right)^2 - \frac{2h^2}{\lambda\lambda'}\cos\phi$$

この式を①に代入して，v を消して，← お決まりの計算その2

$$h\frac{c}{\lambda} = h\frac{c}{\lambda'} + \frac{h^2}{2m}\left\{\left(\frac{1}{\lambda}\right)^2 + \left(\frac{1}{\lambda'}\right)^2 - \frac{2}{\lambda\lambda'}\cos\phi\right\}$$

両辺×$\frac{\lambda\lambda'}{hc}$ して，← お決まりの計算その3

$$\lambda' - \lambda = \frac{h}{2mc}\left(\frac{\lambda'}{\lambda} + \frac{\lambda}{\lambda'} - 2\cos\phi\right)$$

$$\fallingdotseq \frac{h}{mc}(1 - \cos\phi) \quad \cdots 答 \quad \left(\frac{\lambda'}{\lambda} + \frac{\lambda}{\lambda'} \fallingdotseq 2 \text{ より}\right)$$

ここまでの式変形はそのまま出るので，何度も書いて覚えてしまおう！

(4) 与えられた数値を代入して，

$$\lambda' = \lambda + \frac{h}{mc}(1 - \cos 90°)$$

$$= 2.10 \times 10^{-11} + \frac{6.63 \times 10^{-34}}{9.11 \times 10^{-31} \times 3.00 \times 10^8}(1 - 0)$$

$$\fallingdotseq 2.34 \times 10^{-11} \text{〔m〕} \quad \cdots 答$$

$$\Delta E = \underbrace{\frac{hc}{\lambda}}_{前} - \underbrace{\frac{hc}{\lambda'}}_{後} = hc\left(\frac{1}{\lambda} - \frac{1}{\lambda'}\right)$$

$$= 6.63 \times 10^{-34} \times 3.00 \times 10^8 \times \left(\frac{1}{2.10 \times 10^{-11}} - \frac{1}{2.34 \times 10^{-11}}\right)$$

$$\fallingdotseq 9.71 \times 10^{-16} \text{〔J〕} \quad \cdots 答$$

(1) $\lambda = \dfrac{h}{\sqrt{2meV}}$ 〔m〕　(2) $2d\sin\theta = n\lambda$

(3) $d = 3.9 \times 10^{-10}$ 〔m〕　(4) $f = 5.5 \times 10^{17}$ 〔Hz〕

 (1)　次の**電子線回折ストーリー3ステップ**で解く。

S T E P 1　加速電圧 V で加速された電子の速さ v を求める。

図1のように一種のコンデンサーを用いて加速する。ここで**力学的エネルギー保存則**より，

$$\underbrace{(-e)(-V)}_{\substack{\text{前の電気力による}\\\text{位置エネルギー}}} = \underbrace{\frac{1}{2}mv^2}_{\substack{\text{後の}\\\text{運動エネルギー}}}$$

$$\therefore\ v = \sqrt{\frac{2eV}{m}}\quad\cdots①$$

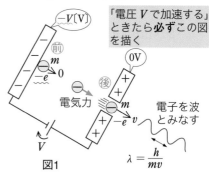

「電圧 V で加速する」ときたら**必ず**この図を描く

電気力

電子を波とみなす

$\lambda = \dfrac{h}{mv}$

図1

S T E P 2　電子波の波長を求める。

$$\boxed{\lambda = \frac{h}{mv}} = \frac{h}{\sqrt{2meV}}\ \text{〔m〕}\quad(①より)\ \cdots②\ ②$$

(2)　ここからは**波動の問題だ！**

S T E P 3　光の干渉と同様に考えて，行路差を求め干渉条件を書く。

図2で間隔 d だけ離れた2枚の格子面での反射光どうしの干渉を考える。よって，図2より**光の干渉の3大原則その1**（本冊 p.87）で，強めあう条件は，

$$\underbrace{2 \times d\sin\theta}_{\text{行路差}} = n\lambda\ (n=1,\ 2,\ 3,\ \cdots)\ \cdots③\ ②$$

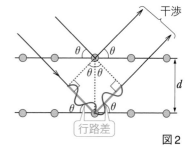

干渉

行路差

図2

（上下の面での反射は全く同じ反射なので，反射による位相のずれは考えなくてよかった。）

(3) ②を③に代入して，$2d\sin\theta=\dfrac{nh}{\sqrt{2meV}}$

$$\therefore\quad d=\dfrac{nh}{2\sin\theta\sqrt{2meV}}=\dfrac{①\times6.6\times10^{-34}}{2\sin30°\sqrt{2\times9.1\times10^{-31}\times1.6\times10^{-19}\times1.0\times10^1}}$$

$$\fallingdotseq3.9\times10^{-10}\,\text{(m)}\quad\cdots\text{答}$$

(4) X線（光波）の反射波が強めあう条件式も式③と同じである。光波の場合には，波の基本式 $\boxed{\lambda=\dfrac{c}{f}}$ が成り立つので，③より，

$$2d\sin\theta=n\dfrac{c}{f}$$

$$\therefore\quad f=\dfrac{nc}{2d\sin\theta}$$

$$=\dfrac{1\times3.0\times10^8}{2\times3.87\times10^{-10}\times\sin45°}$$

$$\fallingdotseq5.5\times10^{17}\,\text{(Hz)}\quad\cdots\text{答}$$

重要問題 **94** X線の発生と原子モデル

答
(1) $\dfrac{h}{\sqrt{2meV}}$　(2) $\dfrac{hc}{eV}$　(3) $\dfrac{h^2}{4\pi^2 m k_0 Z e^2} \times n^2$　(4) $-\dfrac{2\pi^2 m k_0{}^2 e^4}{h^2} \times \dfrac{Z^2}{n^2}$

(5) $Z \geqq 29$

解説　まず問題文の図1のスペクトルのグラフの意味を考えてみよう。例えば，ある選挙において全部で10000人の人が投票したとしよう。その開票の結果のイメージを図1の上に示した。A氏に1000票，B氏に2000票，C氏に4000票，D氏に3000票入っているようすが示されている。

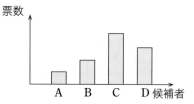

全く同様に，X線管から合計で例えば10000発のX線が出たときに，そのX線を波長ごとに，この波長では20発，あの波長では50発，…というように，各波長ごとに発生したX線の数をまとめたグラフが，図1の下のグラフである。

このグラフは，大きく分けて2つの部分からなる。

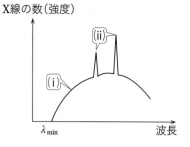

図1：強度-波長のグラフの意味

(i)　**連続的に分布するX線（連続X線）で最短波長 $\lambda_{\min}$ をもつ**

(ii)　**ピーク状に分布するX線（特性X線）**

(i)と(ii)それぞれのX線の発生のしくみについて，そのストーリーを押さえてしまおう。

(1), (2)　次の**連続X線の発生ストーリー2ステップ**で解く。

　STEP 1　電子を高電圧 V で加速する。

図2のように，陰極（フィラメント）と陽極（ターゲット金属）からなる，一種のコンデンサーで加速する。お決まりの**力学的エネルギー保存則**より，

$$\underbrace{(-e)(-V)}_{\substack{⑦\text{の電気力による}\\位置エネルギー}} = \underbrace{\frac{1}{2}mv^2}_{\substack{①\text{の}\\運動エネルギー}}$$

$$\therefore \quad v = \sqrt{\frac{2eV}{m}}$$

このときの電子波の波長は，

$$\boxed{\lambda = \frac{h}{mv}} = \frac{h}{\sqrt{2meV}}$$

$\cdots$(1)の🙂

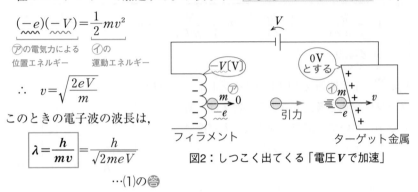

図2：しつこく出てくる「電圧Vで加速」

STEP 2 加速された電子が，ターゲット金属に衝突したときに発生する光子（X線）の波長を求める。

図3のように衝突後，発生する熱をQ，光子の波長をλとすると，**エネルギー保存則**より，

$$\underbrace{(-e)(-V)}_{図2\text{の}⑦\text{のエネルギー}} = \underbrace{h\frac{c}{\lambda} + Q}_{⑦\text{のエネルギーの和（図3）}}$$

熱Q

$h\dfrac{c}{\lambda}$

光子（連続X線）

図3

$$\therefore \quad \lambda = \frac{hc}{eV - Q}$$

ここで，1回1回の衝突によって発生する熱Qはいろいろな値をとるため，そのときに発生するλもいろいろな値をとり，連続的に分布する（これが連続X線の意味！）。その中で，最も短い波長$\lambda_{\min}$になるのは $Q=0$ のときで，

$$\lambda_{\min} = \frac{hc}{eV - 0} = \frac{hc}{eV} \quad \cdots(2)の🙂$$

(3) まずは，特性X線の発生のストーリーに必要な**原子モデルストーリー3ステップ**に入ろう（例題と同じように解く！）。ここでは一般に，原子番号Zの原子核（電荷 $+Ze$）を考える。

STEP 1 図4で**回る人**から見た力

のつりあいの式より，

$$m\frac{v^2}{r} = k_0\frac{Ze^2}{r^2} \quad \cdots①$$

電子⊖のもつ力学的エネルギーは，

$$E = \frac{1}{2}mv^2 + (-e) \times k_0\frac{Ze}{r}$$

$$= -\frac{k_0Ze^2}{2r} \quad (①より) \quad \cdots②$$

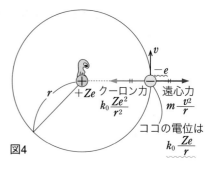

図4

STEP 2 図5で電子波が円軌道上に安定

に存在できる条件は，

$$\underbrace{2\pi r}_{1周の長さ} = \underbrace{n}_{自然数} \times \underbrace{\frac{h}{mv}}_{電子波の波長}$$

〈条件〉1周の長さが，波長のちょうど自然数n倍になるとよい！図5は$n=4$の例。

$$\therefore \quad v = \frac{nh}{2\pi mr} \quad \cdots③$$

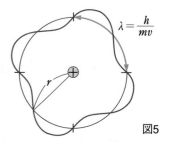

$$\lambda = \frac{h}{mv}$$

図5

STEP 3 ③を①に代入して，

$$\frac{m}{r}\left(\frac{nh}{2\pi mr}\right)^2 = k_0\frac{Ze^2}{r^2}$$

$$\therefore \quad r = \frac{h^2}{4\pi^2 mk_0Ze^2} \times n^2 \quad \cdots④㊇$$

(4) ④を②に代入して，

$$E = -\frac{2\pi^2 mk_0^2e^4}{h^2} \times \frac{Z^2}{n^2} \quad \cdots㊇$$

$$= -\underbrace{E_0}_{定数} \times \frac{Z^2}{n^2} = E(Z,\ n) \quad \cdots⑤ \quad とおく。$$

$$\begin{pmatrix} n \to 大ほど E(Z,\ n) \to 大 \\ Z \to 大ほど E(Z,\ n) \to 小 \end{pmatrix}$$

したがって電子⊖は，Zとnの値（自然数）によって決まる特定の半径とエネルギーをもつ軌道上のみ回ることができる。

⑸　いよいよ**特性X線の発生ストーリー3ステップ**に入ろう。この話はまるで「ダルマ落とし」にそっくりだ！

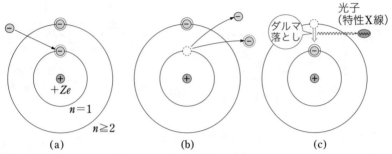

図6：特性X線の発生の3ステップ

STEP1　電圧 V で加速されてきた電子⊖が，ターゲット金属の原子に近づく（図6(a)）。

STEP2　その電子⊖が原子の $n=1$ の軌道にある電子⊖をたたき出し，$n=1$ の軌道に空席が生じる（図6(b)）。

STEP3　その空席に $n≧2$ の軌道にある電子⊖が落ち込む際に，余ったエネルギーが光子（特性X線）の形で放出される（図6(c)）。

　　ここで，式⑤で見たように軌道電子のエネルギーは，ターゲット金属によって固有の値をもつ。よって，放出されるX線はターゲット金属の種類のみで決まる特定の波長をもつ。ゆえに特性X線というのだ。

　以上より，初めに見た図1下のX線のスペクトルのグラフの理由がわかった。

　問題文にもどり，わかっていることをまとめよう。

　図7のように，水素原子（$Z=1$）において，$n=3$ の軌道から $n=2$ の軌道に移るときの可視光の波長が，

$$\lambda_{32}=656.3×10^{-9}〔\mathrm{m}〕$$

なので，**エネルギー保存則**より，

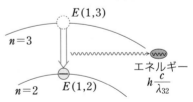

$$\frac{hc}{\lambda_{32}}=E(1, 3)-E(1, 2)$$
$$=E_0×\left(\frac{1^2}{2^2}-\frac{1^2}{3^2}\right)（⑤より）　\cdots⑥$$

よって，図8のように一般の金属原子 $(Z=Z)$ において，$n=2$ の軌道から $n=1$ の軌道に移るときに発生するX線の波長 $\lambda_{21}{}'$ は，**エネルギー保存則**より，

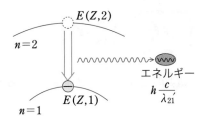

図8

$$\frac{hc}{\lambda_{21}{}'}=E(Z,\,2)-E(Z,\,1)$$

$$=E_0\times\left(\frac{Z^2}{1^2}-\frac{Z^2}{2^2}\right)\ (⑤より)\cdots⑦$$

⑥÷⑦ より，

$$\frac{\lambda_{21}{}'}{\lambda_{32}}=\frac{5}{36}\times\frac{4}{3Z^2}$$

$$\therefore\quad \lambda_{21}{}'=\frac{5\lambda_{32}}{27Z^2}$$

ここで条件より，$\lambda_{21}{}'\leqq1.5\times10^{-10}$〔m〕なので，

$$\frac{5\lambda_{32}}{27Z^2}\leqq1.5\times10^{-10}$$

$$\therefore\quad Z\geqq\sqrt{\frac{5}{27}\times\frac{656.3\times10^{-9}}{1.5\times10^{-10}}}\fallingdotseq28.5$$

よって，Z は整数なので 29 以上😆となる。

いま，加速電圧 V を上げてみよう。

まず(2)の結果より連続X線の最短波長 $\lambda_{\min}$ は V に反比例して小さくなる。一方，特性X線の波長は金属の種類のみで決まるので変わらない（図9）。

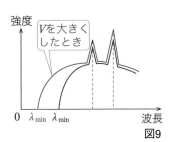

図9

SECTION

26 原子核

重要問題 95 β崩壊と半減期を利用した年代測定

答 (1) $_1^1\text{H}$（陽子）　　(2) $_7^{14}\text{N}$　　(3) 1.9×10^4〔年〕

解説 (1) わからないところはとりあえず空けておいた反応式を書いてみればよい。

$$\underset{\text{和}7}{\overset{\text{和}15}{_7^{14}\text{N}}} + _0^1\text{n} \longrightarrow \underset{\text{和}7}{\overset{\text{和}15}{_6^{14}\text{C}}} + \boxed{}\boxed{}$$

すると…$_1^1\text{H}$（陽子）**答**が放出されていることがわかる。

(2) **タイプ1** の問題だ。β線の正体は電子（$_{-1}^0\text{e}$）だから、反応式を書くと、

$$_6^{14}\text{C} \longrightarrow \underset{\text{和}6}{\overset{\text{和}14}{\boxed{}}} + _{-1}^0\text{e}$$

よって、$_7^{14}\text{N}$ **答**が生じることがわかる。

(3) **タイプ2** の問題なので、例題の解説（本冊 p.148）で見たように半減期の表を

つくっていくと、半減期の公式 $\boxed{N = N_0\left(\dfrac{1}{2}\right)^{\frac{t}{T}}}$ が導ける（公式は導く！）。いま、

半減期 $T = 5730$〔年〕の $_6^{14}\text{C}$ が死後 t 年で $\dfrac{1}{10}$ に減少したので、公式を

$$\left(\frac{1}{2}\right)^{\frac{t}{T}} = \frac{N\,(\text{いま})}{N_0\,(\text{はじめ})}$$

と変形して利用すると、

$$\left(\frac{1}{2}\right)^{\frac{t}{T}} = \frac{1}{10} \qquad \therefore \quad 2^{\frac{t}{T}} = 10$$

ここで両辺の対数 $\log_{10}$ をとって、

$$\log_{10} 2^{\frac{t}{T}} = \log_{10} 10$$

$$\frac{t}{T}\log_{10} 2 = 1 \qquad \therefore \quad t = \frac{T}{\log_{10} 2} = \frac{5730}{0.3010} \fallingdotseq 1.9 \times 10^4 \text{〔年〕} \quad \cdots \text{答}$$

(1) 7.8×10^{-13} 〔J〕　(2) 4.7×10^{-14} 〔m〕

解説 タイプ1 の応用。結局は**力学と電磁気の復習**となっている。原子核の知識としては，**α粒子の正体が $^4_2$He** であることと，原子核の質量は質量数に比例しているので，α粒子と $^{222}_{86}$Rn の質量をそれぞれ $4m$，$222m$ とおけることぐらいだ。

(1) 図1のように分裂後のα粒子，Rn の速度をそれぞれ v，V とすると，外力の力積がないので**運動量保存則**より，

$$0 = \underbrace{4mv + 222mV}_{後} \quad \cdots ①$$
$$\underset{前}{0}$$

ここで，Rn の運動エネルギーは，

$$\frac{1}{2} \cdot 222m \cdot V^2 = 1.4 \times 10^{-14} 〔J〕 \quad \cdots ②$$

であったので，α粒子の運動エネルギーは，

$$\frac{1}{2} \cdot 4m \cdot v^2 = \frac{1}{2} \cdot 4m \cdot \left(-\frac{222}{4}V \right)^2 \quad (①より)$$

$$= \frac{222}{4} \times \left(\frac{1}{2} \cdot 222m V^2 \right) = \frac{222}{4} \times 1.4 \times 10^{-14} \quad (②より)$$

$$≒ 7.8 \times 10^{-13} 〔J〕 \quad \cdots 答$$

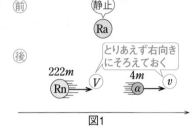

図1

(2) 図2のように求める距離を r_{min} とすると，**力学的エネルギー保存則**より，

$$\underbrace{\frac{1}{2} \cdot 4m \cdot v^2}_{\substack{前の運動エネルギー \\ （電気力による \\ 位置エネルギー 0）}} = \underbrace{2e \times k \overbrace{\frac{79e}{r_{min}}}^{\text{Au が α の位置につくる電位 } V}}_{\substack{後の電気力による \\ 位置エネルギー}}$$

$$\therefore \quad r_{min} = \frac{158 \, ke^2}{\frac{1}{2} \cdot 4m \cdot v^2}$$

$$= \frac{158 \times 9.0 \times 10^9 \times (1.6 \times 10^{-19})^2}{7.8 \times 10^{-13}}$$

$$≒ 4.7 \times 10^{-14} 〔m〕 \quad \cdots 答$$

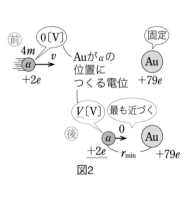

図2

重要問題 **97** 核融合をともなう衝突

答
(1) $5.0×10^6$ (2) 3.27 (3) 0.33 (4) 2.84

解説 [タイプ3] の応用で，最も出題されるケースが多い問題だ。これから口を
すっぱくして何度も言うが，特に2つの単位の換算に注意しよう。

- 質量：$1〔u〕＝1.66×10^{-27}〔kg〕$
- エネルギー：$1〔eV〕＝e〔J〕＝1.60×10^{-19}〔J〕$
  　　　　　　$1〔MeV〕＝10^6〔eV〕$

(1) ^2_1H の運動エネルギーは，求める速さを $v_H〔m/s〕$ とすると，

$$\frac{1}{2}(\underbrace{2.0136×1.66×10^{-27}}_{単位に注意！　u⇒kg})v_H^2＝\underbrace{0.26×10^6×1.60×10^{-19}}_{MeV⇒eV⇒J}$$

$∴\quad v_H≒5.0×10^6〔m/s〕$ …**答**

(2) 例題の解説（本冊 p.149）でも見たように，**アインシュタインの式**を用いる。
まず反応による質量の減少分（質量欠損）$ΔM$ は，反応前の質量から反応後の質
量を差し引いて，

$$ΔM＝\underbrace{2.0136×2}_{^2_1H×2}-\underbrace{(3.0150＋1.0087)}_{^3_2He＋^1_0n}＝0.0035〔u〕$$

ここで**アインシュタインの式**では，単位に〔kg〕，〔J〕を使うことに注意して，
発生するエネルギー $ΔE$ を求めると，

$$\boxed{ΔE＝ΔMc^2}＝0.0035×\underbrace{1.66×10^{-27}}_{u⇒kg}×(3.0×10^8)^2≒5.23×10^{-13}〔J〕$$

これが答えと思ってはダメ。問題文を見ると求める単位が〔MeV〕となって
いる。そこで，$1〔J〕＝1÷(1.6×10^{-19}×10^6)〔MeV〕$ の変換式を用いて，

$$ΔE＝5.23×10^{-13}÷(1.6×10^{-19}×10^6)$$

$$≒3.27〔MeV〕$$ …**答**

(3) 右図のように外力がなく，**単なる衝突の問題なので，運動量保存則**より，

$$\underset{前}{\underline{2mv_H - 2mv_H}} = \underset{後}{\underline{mv_n - 3mv_{He}}}$$

$$\therefore \quad \frac{v_{He}}{v_n} = \frac{1}{3} \quad \cdots ①$$

$$\fallingdotseq 0.33 \quad \cdots 答$$

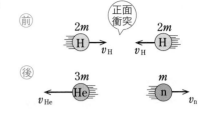

(4) ここで，**核反応をともなう衝突・分裂におけるエネルギー保存則のお決まりの関係式**

$$\boxed{(発生エネルギー \ \varDelta E) = (運動エネルギーの増加分 \underset{後}{} - \underset{前}{})}$$

を使って，

$$\varDelta E = \underset{後}{\underline{\frac{1}{2} \cdot 3m \cdot v_{He}{}^2 + \frac{1}{2}mv_n{}^2}} - \underset{前}{\underline{\frac{1}{2} \cdot 2m \cdot v_H{}^2 \times 2}}$$

①および数値を代入して，

$$3.27 \ [MeV] = \frac{1}{2}mv_n{}^2 \times \frac{1}{3} + \frac{1}{2}mv_n{}^2 - 0.26 \times 2 \ [MeV]$$

$$\therefore \quad \frac{1}{2}mv_n{}^2 = \frac{3.27 + 0.26 \times 2}{\frac{1}{3} + 1} \fallingdotseq 2.84 \ [MeV] \quad \cdots 答$$

重要問題 98 結合エネルギーの計算 〔差がつく!〕

答 (1) $_1^1 H$ (2) 3.27 (3) $_1^3 H$ (4) 18.4

解説 (1), (3) 反応式を完成させるだけ。

$$\overset{和4}{\overbrace{{}_1^2 H + {}_1^2 H}} \longrightarrow \overset{和4}{\overbrace{{}_1^3 H + \boxed{}}} \qquad これより，\ {}_1^1 H \quad \cdots(1)の答$$

 （和2 / 和2）

$$\overset{和5}{\overbrace{{}_1^2 H + \boxed{}}} \longrightarrow \overset{和5}{\overbrace{{}_2^4 He + {}_0^1 n}} \qquad これより，\ {}_1^3 H \quad \cdots(3)の答$$

 （和2 / 和2）

(2), (4)　結合エネルギーの意味さえわかれば OK！

> **結合エネルギー＝原子核をバラバラの核子にするのに要するエネルギー**

　このことから，本問を考えるときに重要なポイントは，バラバラ状態つまり**核子である陽子⊕，中性子◯が完全にバラバラな状態を 0 MeV（基準点）とする**ことである。

　そして，下のような図を描く（下図は(2)の場合）のだが，例えば前の状態 $^2_1\text{H}+^2_1\text{H}$ を完全にバラバラの 0 MeV にするには，

$$\underbrace{1.11}_{\text{核子1コあたり}} \times \underbrace{2}_{\text{2つの核子}} \times \underbrace{2}_{\text{2つの}^2_1\text{H}} \text{[MeV]}$$

のエネルギーを加える必要がある。よって，前の状態がもつエネルギーは **0 MeV より 1.11×2×2〔MeV〕だけ低い** $-1.11×2×2$〔MeV〕となる。

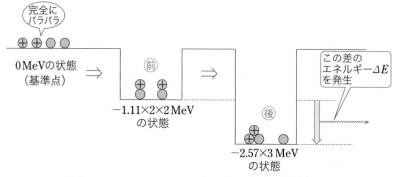

　ここで，前後のエネルギー差 ΔE が発生するので，上図を見て，

$$\Delta E = \underbrace{(-1.11×2×2)}_{\text{前}} - \underbrace{(-2.57×3)}_{\text{後}} = 3.27 \text{〔MeV〕} \quad \cdots(2)\text{の⊚}$$

　　　　　　　　　　　　　　　　⟹ ^1_0n はすでに中性子なので考えなくてよい

(4)も全く同様にして，

$$\Delta E = \underbrace{\{-1.11×2+(-2.57)×3\}}_{\text{前}} - \underbrace{(-7.07×4)}_{\text{後}} \fallingdotseq 18.4 \text{〔MeV〕} \quad \cdots(4)\text{の⊚}$$

　　　　　　　　　　　　　　　　　　　　　⟹ ^1_1H はすでに陽子なので考えなくてよい

答
(1) 4　　(2) 2　　(3) 30　　(4) 15　　(5) 30　　(6) 14　　(7) $2m_e$

(8) 8×10^{-14}　　(9) 3×10^{-22}　　(10) $\dfrac{2m_e c p_e}{p_e{}^2 + 4m_e{}^2 c^2}$

解説　耳慣れない陽電子という言葉を見ると，問題文を突然難しいように感じてしまうが，結局，今までやってきたことを使って解くだけのことである。

(1)〜(6)　**タイプ1** で α 線の正体は $^4_2$He ((1), (2)の**答**) なので，残る反応式は，今までと同様に質量数と原子番号の和を考え，

$$^{27}_{13}\text{Al} + {}^4_2\text{He} \longrightarrow {}_{15}^{30}\text{P} + {}^1_0\text{n} \qquad \text{これより，} {}^{30}_{15}\text{P} \quad \cdots (3),\ (4)の\text{答}$$

$$^{30}_{15}\text{P} \longrightarrow {}_{14}^{30}\text{Si} + {}^0_{+1}\text{e} \qquad \text{これより，} {}^{30}_{14}\text{Si} \quad \cdots (5),\ (6)の\text{答}$$

(7)　ここからは**タイプ3** の応用。陽電子と電子の質量はともに m_e で，消滅したので失われた質量，つまり質量欠損は $2m_e$**答**である。これより，**アインシュタインの式**で，エネルギー $2m_e c^2$ が発生することがわかる。

(8)　図1のように対消滅**前後**で発生する2つの光子(光子が1つしか発生しないということは運動量保存則よりありえない)の波長は，運動量保存則をみたすために，ともに等しく λ とおける。また，プランク定数を h とする。

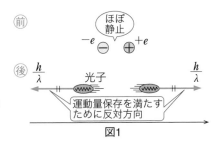

図1

ここで，

（発生エネルギー）＝（光子のエネルギーの和） より，

$$2m_e c^2 = 2 \times h\frac{c}{\lambda}$$

$$\therefore \quad h\frac{c}{\lambda} = m_e c^2 = 9 \times 10^{-31} \times (3 \times 10^8)^2$$

$$= 8.1 \times 10^{-14} \fallingdotseq 8 \times 10^{-14}\ [\text{J}] \ (有効数字1桁) \quad \cdots\text{答}$$

(9)　(8)より，

$$\frac{h}{\lambda}=\frac{8.1\times10^{-14}}{c}=\frac{8.1\times10^{-14}}{3\times10^{8}}\fallingdotseq3\times10^{-22}\ \text{[kg·m/s]}\quad\cdots\text{答}$$

(10)　図2のように前後の運動量を作図し，

外力がないので，**運動量保存則**より，

x：すでに成立している

$$y：\underset{\text{前}}{p_{e}}=\underset{\text{後}}{2\times\dfrac{h}{\lambda}\sin\theta}\quad\cdots①$$

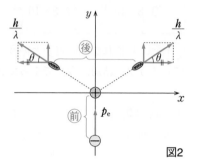

図2

また，

（発生エネルギー）＝（エネルギーの増加分）

で，

$$2m_{e}c^{2}=\underset{\text{後}}{2\times\dfrac{hc}{\lambda}}-\underset{\text{前}}{\dfrac{p_{e}{}^{2}}{2m_{e}}}\quad\cdots②$$

②に①を代入して，$\dfrac{h}{\lambda}$（未知数）を消すと，

$$\sin\theta=\frac{2m_{e}cp_{e}}{p_{e}{}^{2}+4m_{e}{}^{2}c^{2}}\quad\cdots\text{答}$$

〔大学受験 Do シリーズ　漆原の物理　最強の 99 題（五訂版）別冊〕漆原　晃